零基础
趣学C语言

杨中科 / 编著

人民邮电出版社

北 京

图书在版编目（CIP）数据

零基础趣学C语言 / 杨中科编著. -- 北京 ：人民邮
电出版社，2019.3
ISBN 978-7-115-50053-3

Ⅰ．①零… Ⅱ．①杨… Ⅲ．①C语言－程序设计
Ⅳ．①TP312.8

中国版本图书馆CIP数据核字(2018)第254979号

内 容 提 要

本书以 C 语言知识为基础，以如鹏游戏引擎为框架，分三篇共 13 章来介绍 C 语言，主要内容划分如下：第一篇为基础语法篇，内容包括 C 语言初识、数据类型、运算符与表达式、选择结构、循环结构、函数初识、数组；第二篇为中级游戏开发篇，内容包括如鹏游戏引擎初识、常用游戏元素介绍、游戏开发基础、游戏开发高级；第三篇为高级指针篇，内容包括指针初识、内存管理。本书内容最大的特点是在案例部分以开发游戏的方式讲解 C 语言，且本书提供课件、源程序、素材文件、教学视频、在线答疑等配套服务。

本书内容有趣、难度适中、实例丰富，非常适合 C 语言零基础的读者，也适合相关院校作为教材使用。

◆ 编　　著　　如鹏教育　杨中科
　　责任编辑　　税梦玲
　　责任印制　　马振武

◆ 人民邮电出版社出版发行　　北京市丰台区成寿寺路 11 号
　　邮编　100164　　电子邮件　315@ptpress.com.cn
　　网址　http://www.ptpress.com.cn
　　北京天宇星印刷厂印刷

◆ 开本：787×1092　1/16
　　印张：20.75　　　　　　　　　　2019 年 3 月第 1 版
　　字数：502 千字　　　　　　　2025 年 1 月北京第 20 次印刷

定价：59.80 元

读者服务热线：(010)81055256　印装质量热线：(010)81055316
反盗版热线：(010)81055315
广告经营许可证：京东市监广登字 20170147 号

为什么会有这本书

市面上介绍 C 语言的书有很多，但是基本都在讲解如何使用 C 语言输出"九九乘法表""杨辉三角"等黑底白字的"DOS"程序。这样的教学方式，会让初学者感觉学习 C 语言枯燥、无聊，最终失去对 C 语言的兴趣。

为了让初学者有兴趣地、零挫折地学习 C 语言，本书引入了如鹏游戏引擎，引导读者以游戏开发的形式学习 C 语言。读者只要掌握最基本的 C 语言语法，就可以开发一些简单、有趣、互动性强的游戏效果，学习起来更有成就感，更容易对 C 语言产生兴趣。

本书内容

本书的核心思想和内容，源自杨中科老师多年来精心录制的"C 语言也能干大事"系列视频教程。该系列视频教程在互联网上流传广泛，获得了很多 C 语言初学者的好评。

全书内容分为三篇共 13 章，具体内容如下。

第一篇为基础语法篇，共 7 章。

第 1 章主要介绍与 C 语言相关的基本概念，编辑、编译、运行、解释第一个 C 语言程序的方法，并对一些常见问题进行详细的描述与分析。

第 2 章主要讲解 C 语言中数据的两种表现形式：常量与变量，以及常用的数据类型，并重点讲解变量在 C 语言中的使用方法。另外，标识符、关键字、注释等知识点也会在本章作简单介绍。

第 3 章主要讲解 C 语言中常用的运算符，以及由运算符组合而成的运算表达式。

第 4 章主要讲解 C 语言中常用的两种选择结构：if 与 switch。由于在实际开发中，if 语句使用机会更多，本章将重点讲解 if 语句的使用，以及 if 语句的三种形式。

第 5 章主要讲解 C 语言中常用的三种循环结构：while、do…while、for。本章将分别使用 while、do…while、for 循环实现两个相同的案例，通过对比方式让读者了解这三种循环结构的特点。最后，本章还介绍了改变循环执行状态的两种语法：break 与 continue。

第 6 章主要帮助读者理解函数的定义、调用方法，掌握函数实参与形参的使用，以及函数返回值的使用，最后通过案例讲解来加强读者对函数的理解。

第 7 章主要讲解数组的定义和使用方法，并分析了使用数组过程中的常见问题以及注意事项，最后通过案例讲解来加强读者对数组的理解。

第二篇为中级游戏开发篇，共 4 章。

第 8 章主要内容是介绍如鹏游戏引擎，讲解游戏开发涉及的相关概念，配置游戏开发环境。

第 9 章详细介绍 C 语言游戏开发中常用的三个核心函数，以及三个常用游戏元素：文本元素、图片元素、精灵元素。

第 10 章主要以案例讲解的方式，让读者掌握文本、图片、精灵元素的使用方法。

第 11 章属于 C 语言游戏开发的高级部分，介绍了获取用户按键功能，它可以实现用户与游戏程序之间的交互，增强了用户的游戏体验。除此之外，本章还将让读者接触多个版本的吃金币游戏，以版本迭代的开发模式，让读者体验如何开发一个功能完善的游戏程序。

第三篇为高级指针篇，共 2 章。

第 12 章主要讲解如何定义、引用指针变量。本章通过大量案例，透彻分析了在使用指针过程中遇到的一些问题，并深入分析了数组与指针、字符串与指针之间的关系。本章最后介绍了 6 个字符串处理函数。

第 13 章内容分为两部分，第一部分主要介绍 C 语言中的内存管理方式，重点阐述栈区与堆区之间的区别。第二部分主要介绍用户自定义数据类型——结构体，讲解如何定义、使用结构体。

本书采用 Visual Studio 2012 中的 C89 语言标准，书中的代码在低版本编译器中可能不能正常工作。C 语言标准也在升级中，书中提到的一些"此用法不支持"的编程方式可能在 C99、C11 等新标准中已经被支持。由于此类语言标准版本的不同而造成的操作差异，本书不再额外说明。

本书特色

1. 删繁就简，重点突出。本书尽量减少了不必要的内容介绍，以减轻初学者的学习负担。

2. 实例丰富，解析透彻。本书对每个案例都进行了细致的讲解，并给出关键代码与注意事项。

3. 错误举例，深入分析。本书除了讲解 C 语言知识及编程方法，还引入了大量常见错误编程方法，透彻分析错误原因，让读者知其然，也知其所以然。

4. 内容有趣，题材新颖。本书第二篇为游戏开发，趣味性很强，通过游戏案例讲解知识点比单调地讲解理论更加有效，更有助于提高初学者对 C 语言的学习兴趣。

配套服务

本书提供了丰富的配套服务，包括配套教学视频、配套资源、技术交流和在线答疑。读者可以通过以下方式获取。

教学视频

读者用手机或平板电脑扫描右侧二维码，即可下载 / 观看教学视频。

配套资源

扫描右侧二维码，同时可获取本书配套的开发素材、教学课件、源代码等资源。读者也可到"人邮教育"社区（www.ryjiaoyu.com）下载本书配套资源。

技术交流与在线答疑

遇到问题？找老师！

读者可添加老师微信（微信号：yzk369），该老师会专门为您答疑解惑、指导学习方法、管理学习进度。

读者对象

本书适合对 C 语言感兴趣的零基础读者使用，也适合相关院校作为教材使用。

▣ 读者反馈与本书勘误

　　虽然我们已经尽力完善本书内容，但不可避免会有纰漏。读者在使用本书过程中遇到任何问题都可以给答疑老师留言，我们会及时发布最新的勘误结果，并诚恳感谢发现问题的读者。

编者

2018 年 9 月

十年了，这本书终于出版了！

2008 年，那时的我还在软件公司做程序员。工作之余，我建了一个 C 语言交流的 QQ 群，群里陆陆续续加入很多大一、大二的学生，大家都抱怨"C 语言太难学了""学 C 语言真没意思，都是打印黑底白字的 DOS 程序"。刚接触程序设计的学生往往对编程兴趣盎然，希望能编写出炫酷的程序，但一个学期的 C 语言学下来，可能会被打击得体无完肤，彻底丧失对编程的兴趣。

从那时起，我开始思考如何让学习 C 语言变得有趣。经过准备，我录制了第一版的"C 语言也能干大事"视频教程，讲解如何使用 C 语言调用 Windows API 编写 Windows 程序，其中包括计算器、音乐播放器几个例子。那是我第一次讲课，没有讲课经验，现在看来真是"惨不忍睹"。但由于教程内容新颖，瞬间引爆了 C 语言学习者社区，很多对 C 语言绝望的同学因为看了我的视频教程重拾对编程的兴趣，后来他们中很多人经过这十年的发展成为了公司的技术骨干。下面是当时的一些学生在微博上给我的留言，我感到很欣慰！

学员	Sun****

一晃五年多过去了，我依然记得大二那会看着杨老师的C语言视频写播放器代码，尤其那篇计算机专业是否应该考研的文章，真是影响了一代人。

学员	如意****

大学期间我唯一能坚持下来的就是跟着杨老师学习，那会做的第一个可交互的C语言程序窗口还是跟着您的C语言教程学会的，哈哈！后来我自学了安卓，现在从事了安卓程序开发！杨老师加油哦！

学员	M-咕****

感谢杨中科老师，虽然我是计算机专业，但是如果不是因为在大二看到您的C语言视频教程，估计我现在不会从事移动互联网开发。因为您，我喜欢上了编程，喜欢上了开发，从C++开始了自己的程序员之路。虽然大家都爱黑程序员，但是，我确实找到了自己喜欢的东西，希望老师您能带给更多大学生努力的方向！加油！

随着我讲课经验的不断提升，"C 语言也能干大事"视频教程又陆续出了几个版本，讲解越来越细致，知识点也越来越完善。由于 C 语言是偏底层的语言，Java、Python 等语言通过几行代码就可以实现的效果，C 语言可能要用几十行甚至上百行代码才能完成，因此课程学起来难度仍然很高。

为了让更多人爱上编程、轻松学会编程，我开始回忆我当年学习编程的经历。

1999 年，当时我高一，父亲给我买了一台电脑学习机，就是可以插到电视机上类似红白游戏机的机器。利用一个暑假的时间，我无师自通学会了电脑学习机上的 Basic 游戏编程。

从最开始连打字都不会，到后来能够编写几百行的游戏程序，我没有受任何老师的指导，靠的就是自学电脑学习机上提供的 Basic 游戏编程语言：调用几个函数就能显示马里奥精灵，再调用一个函数就能让马里奥运动起来，再调用一个函数就能播放美妙的背景音乐……我就是在玩儿中掌握了变量、循环、判断、函数等复杂的编程概念。

"把这个游戏引擎移植到 C 语言环境中试试看！"这个念头一下子从我的脑中闪过！

说干就干！我用一天一夜开发了 C 语言游戏引擎（该游戏引擎在 2018 年获得了国家版权局颁发的《软件著作权登记证书》）。使用这个游戏引擎，初学者同样只要用简单的几行代码就可以编写炫酷的游戏，这样他们就可以像当年的我一样，在玩儿中学会编程。

游戏引擎开发出来后，我又录制了新版的 "C 语言也能干大事" 视频教程。这套教程使用游戏引擎讲解 C 语言语法，通过让游戏人物转身讲解 "参数"，通过让游戏人物走路讲解 "循环"……游戏化的教学方法让更多人爱上了 C 语言。

教程上线后，我又马不停蹄地开始了这本书的编写工作。在讲课过程中，我大量地用口语化和形象化的方式表述，但落到纸面上，必须使用正式的书面用语。虽然在备课过程中，我编写了 100 多页的讲义，但要把讲义内容丰富、完善，变成一本书，是一个非常复杂的工作。在此，我要感谢吕旭州同学，是他帮助我完成了书稿的整理工作。我对这本书寄予厚望，因此对稿件的要求非常高。从初稿完成到提交给出版社，我提出了很多改进意见，吕旭州同学都一一进行了修改，后来又在出版社更专业的修改建议下不断完善，直到定稿。

十年愿望终成真，希望这本书能够像十年前我的视频教程那样继续影响一代代的编程学习者。把 "编程好玩，玩儿中学编程" 的理念一直传递下去。

杨中科

2018 年冬于北京

目 录

第一篇 基础语法篇

第3章 运算符与表达式

第二篇　中级游戏开发篇

第三篇　高级指针篇

第 13 章　内存管理

第一篇 基础语法篇

　　C 语言作为一门面向过程的程序设计语言，自诞生起几十年来经久不衰，被广泛应用于系统软件与应用软件中，掌握 C 语言是软件开发人员的一项基本功。从第一篇开始，我们将要逐步讲解 C 语言的基础语法，帮助读者打下坚实的基础。

本篇学习目标

- ◎ 掌握 C 语言开发环境的搭建，掌握编译、运行 C 语言程序。
- ◎ 掌握变量的声明、赋值及数学运算。
- ◎ 掌握以下常见数据类型：int、double、float、char。
- ◎ 掌握使用 if、switch 语句编写选择结构程序。
- ◎ 掌握如何调用函数以及定义函数。
- ◎ 掌握一维数组的定义、赋值及遍历。
- ◎ 掌握字符数组的特点及常用字符串操作函数。

本篇学习难点

- ◎ 计算机执行程序是严格按照语法执行的，在编写程序时不能像写文章一样天马行空，一定要用严谨的思维来考虑和编写。
- ◎ 循环结构是 C 语言中第一个复杂的程序结构，是一个学习的难点，读者要跟着书中的思路对程序进行分析，弄清楚程序执行的每一步。
- ◎ 函数是本篇最难的内容，读者需要明白"函数就是组成程序的零件"这个概念，明白函数在程序组装过程中的意义，明白"什么是函数，怎么定义、调用函数"。
- ◎ 数组，特别是字符数组，是程序开发中应用非常多的数据结构，数组本身概念不难，但是要多加练习才能灵活运用。

第 1 章　C 语言初识

　　1973 年 C 语言诞生于贝尔实验室，由 D.M.Ritchie 设计并实现。自那时起，几十年来，在编程语言排行榜中，C 语言一直稳定处于前三名，这是任何一种其他的编程语言都达不到的。几乎所有的高级语言都是以 C 语言为基础扩充或衍生而来（Java，C++，C# 等）。即使今后想要从事其他的编程语言工作，带着扎实的 C 语言功底也会让你的学习事半功倍。C 语言虽历史悠久，但却是不朽的传奇。

1.1　编程入门

　　学习编程，首先从学习一门编程语言开始。对于初学者来说，在没有选择自己的技术方向之前，建议从 C 语言开始入门，因为 C 语言是计算机基础编程语言，大多数高级编程语言都是在 C 语言的基础上修改而来。掌握了 C 语言，再去学习其他编程语言，就容易多了。

1.1.1　什么是程序

　　程序是一组计算机所能识别和执行的指令，每一条指令都可以使计算机执行特定的操作，完成相应的功能。计算机并不是"智能"的，不会自动进行所有的工作，它之所以能够自动实现各种功能，是因为软件工程师（程序员）使用计算机语言事先编写好程序，然后输入到计算机中执行。因此，可以认为计算机的一切都是由程序来控制的，计算机的本质就是执行程序的机器。

1.1.2　什么是计算机语言

　　语言是一种交流、传递信息的媒介。中国人交流用中国话、英国人交流用英语、法国人交流用法语……同理，工程师与计算机交流，也需要解决语言问题，因此，需要创造一种人与计算机都能识别的语言，就是所谓的计算机语言。至今，计算机语言的发展经历了多个发展：机器语言阶段、汇编语言阶段、高级语言阶段。

　　由于机器语言和汇编语言晦涩难懂、移植性差，在计算机语言发展初期只有极少数的计算机专业人员会编写计算机程序，计算机语言难以推广。直到 C、C++、Java、C#、Python、JavaScript 等一系列高级语言被创造出来，这类语言更接近人们习惯使用的自然语言，才使得计算机语言真正得到大规模推广和应用。

1.1.3　什么是编译

　　对于计算机来说，根本上只能识别、执行 0 和 1 组成的二进制指令，例如：

```
0101 1111 0000 0000
```

而使用高级语言编写的程序是无法被计算机直接识别、执行的。因此，需要一种程序可以将高级语言所编写的程序"翻译"为计算机可以直接执行的二进制机器指令。这种可以"翻译"的程序被称为编译器，"翻译"的过程被称为编译，如图 1-1 所示。

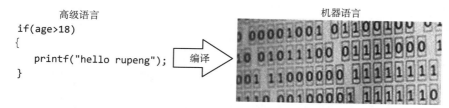

图 1-1　编译的过程

1.2　编辑器、编译器与集成开发环境

　　C 语言作为当下最流行的计算机语言之一，自诞生起就有众多商业公司、开源组织为其打造开发环境，例如：Visual C++ 6.0、DEV C++、Turbo C、Visual Studio 系列等。这些开发工具在各自的领域中，都扮演着重要的角色。但无论是哪种开发工具，它们都无一例外地支持 C 语言标准语法。因此，读者不必担心开发环境之间的差异影响到 C 语言学习。本书主要针对微软公司的 Visual Studio 2012 开发环境作介绍，因为它可视化好、调试方便、功能丰富。所谓"工欲善其事，必先利其器"，一款优秀的开发工具，可以让学习效果事半功倍。

　　编辑器、编译器、集成开发环境是初学者经常混淆的三个概念，本节将详细介绍这三者之间的区别与联系。

1.2.1　什么是编辑器

　　编辑器是用来编写代码的软件。一个好的编辑器可以帮助开发人员快速、方便地完成代码编写工作。现在市面上的编辑器有很多种，从功能简单的记事本到功能丰富的 notepad++、editplus、UltraEdit 等，如图 1-2 所示，这些编辑器都可以用来编写 C 语言程序。

图 1-2　常用的编辑器

1.2.2　什么是编译器

　　编译器是将源程序（如 C 语言源程序）编译生成可执行文件的软件。使用编辑器编写的 C 语言源程序只是一个文本文件，不能直接运行，必须被编译成可执行文件才能运行。常用的编

译器有：Microsoft C++ Compiler、gcc 等。

1.2.3 什么是集成开发环境（IDE）

集成开发环境（Integrated Development Environment，IDE）是为程序开发提供环境的应用软件，内部提供编辑器和编译器。常见的 IDE 有 Turbo C、Microsoft Visual Studio 系列、Dev C++ 等，如图 1-3 所示。

图 1-3　常见的 IDE

1.2.4 IDE 的比较与选择

虽然只使用编辑器和编译器可以完成程序的编辑、编译、执行，但是不建议读者这么做，原因有以下两点。（1）开发流程繁琐、效率低下、容易出错。（2）很难对程序进行调试。建议读者直接使用 IDE 编写 C 语言程序，大家的目标是学会 C 语言编程，不要因为开发环境给学习编程造成困扰，得不偿失。

那么 IDE 类型这么多，应该如何选择？

这里建议和本书的 IDE 保持一致，采用微软公司的 Visual Studio 2012（简称 VS2012），当然更高的版本也是可以的。经过测试，本书中的程序，在 VC6、VS2008、VS2013、VS2015、VS2017 上均可正常运行。如果没有装任何 IDE，建议读者安装 VS2012。这样，读者在编写程序时，IDE 中的菜单位置和本书中案例相对应，方便读者快速学习和掌握。

1.2.5 Visual Studio 2012 下载与安装

Visual Studio 2012 的下载、安装过程较为烦琐，这里不作详细介绍。为了方便读者学习具体的操作过程，本书提供教学视频，获取方式参见序一。

1.3　编写第一个 C 语言程序

所谓"万事开头难"，为了降低学习难度，本书将从最简单的 C 语言程序开始，由浅到深地介绍如何使用 C 语言编写程序。

Visual Studio 2012 的功能非常丰富，本节只介绍如何完成一个 C 语言程序的编辑、编译、运行等步骤，其他功能读者可以参考相关手册。由于操作系统可能会隐藏文件后缀名称，给我们的学习造成一定影响，所以在正式开始学习之前，还需要对系统环境做适当的配置。

下面介绍使用 Visual Studio 2012 开发一个 C 语言程序的完整流程。

小·贴士

在开始本节学习前，必须做一件非常重要的事：去掉"隐藏已知文件类型的扩展名"。

本书采用的是 Windows 7 操作系统，在该系统下，去掉"隐藏已知文件类型的扩展名"分为以下两个步骤。（对于 Windows 10 等操作系统下的设置方法，请参考本书的视频教程。）

第1步 打开【计算机】图标，单击【组织】，在下拉菜单中选择【文件夹与搜索选项】命令，如图 1-4 所示。

第2步 单击【查看】选项，取消选择【隐藏已知文件名类型的扩展名】复选框，最后单击【确定】，如图 1-5 所示。

图 1-4　组织视图

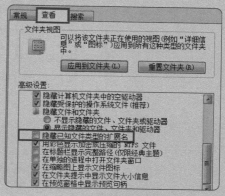

图 1-5　查看视图

【疑问】为什么要取消选择【隐藏已知文件类型的扩展名】？

【回答】如果不取消该选项，Windows 7 系统会默认隐藏文件的扩展名，此时，只凭借文件名，无法判断文件的具体类型。下面的一个文本文件给出了隐藏和取消隐藏扩展名的区别，如图 1-6 所示。读者务必注意文件扩展名的变化。

隐藏扩展名　　未隐藏扩展名

hello　　hello.txt

图 1-6　隐藏与未隐藏扩展名
的区别

1.3.1　新建第一个解决方案

Visual Studio 2012 采用解决方案的形式管理 C 语言项目，因此开始编写第一个 C 语言程序之前，需要先新建一个解决方案，创建解决方案分为以下几个步骤。

第1步 进入 VS2012，在起始页面板菜单栏中单击【文件】选项，依次选择【新建】、【项目】命令，如图 1-7 所示。

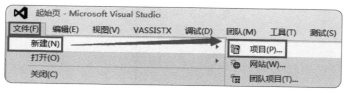

图 1-7　新建项目

第2步 依次选择【Visual C++】、【Win32 控制台应用程序】命令，在下方的【名称】文本框里将内容修改为"MyFirstC"，【位置】文本框里内容修改为"D:\C 语言"（注意：后续项目代码，默认都保存在该位置），如图 1-8 所示。最后单击【确定】。

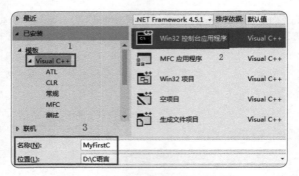

图 1-8　选择解决方案类型及保存路径

小·贴·士

如果您使用 Visual Studio 2017 及以上版本，是不会有【Win32 控制台应用程序】选项的，需要依次选择【Windows 桌面】、【Windows 桌面向导】选项，如图 1-9 所示。

图 1-9　Windows 桌面向导

第3步 单击【下一步】，如图 1-10 所示。

图 1-10　项目生成向导

第4步 依次选择【控制台应用程序】、【空项目】，最后单击【确定】，如图 1-11 所示。

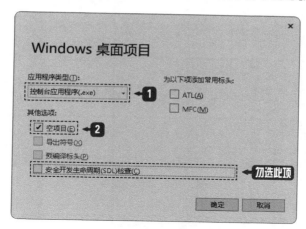

图 1-11　选择应用程序类型

提示： 选择【附加选项】时，一定要选择【空项目】复选框，千万不要选择【安全开发生命周期（SDL）检查】复选框，否则会影响后续学习。

第5步 如果【解决方案资源管理器】对话框中显示名称为 "MyFirstC" 的项目，表示解决方案创建成功，如图 1-12 所示。

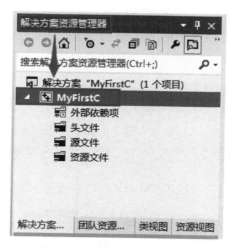

图 1-12　解决方案资源管理器

1.3.2　添加 .c 文件

C 语言程序一般保存在以 .c 结尾的文件中，添加 .c 文件，分为以下 3 个步骤。

第1步 用鼠标右键单击【源文件】选项，再依次选择【添加】、【新建项】命令，如图 1-13 所示。

第2步 单击【Visual C++】，选择【C++ 文件（.cpp）】选项，将【名称】文本框里内容修改为 "Main.c"，最后单击【添加】，如图 1-14 所示。

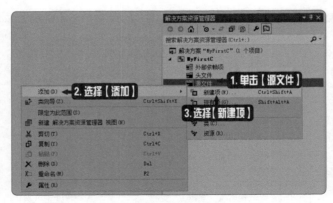

图 1-13　添加 .c 文件

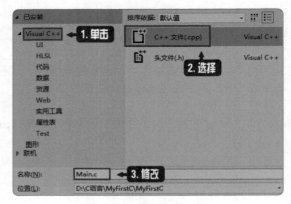

图 1-14　添加 Main.c 文件

小·贴·士

很多 C 语言书籍中都会创建 .cpp 文件编写 C 语言程序。虽然也可以编译运行，但是这样是不标准的，.cpp 文件一般是用来保存 C++ 语言程序的，C 语言程序应该保存在 .c 文件中。

第3步　如果【源文件】下生成了 "Main.c" 文件，表示添加成功，如图 1-15 所示。

图 1-15　添加 Main.c 文件

1.3.3　编辑 C 语言程序

编辑 C 语言程序需要在 .c 文件中进行，在上一节中，我们已经添加了 Main.c 文件，本节将在 Main.c 文件中编写第一个 C 语言程序。

用鼠标左键双击"Main.c"文件，输入以下几行程序，如图 1-16 所示，然后单击【保存】。

```
MyFirstC - Microsoft Visual Studio
文件(F)  编辑(E)  视图(V)  项目(P)  生成(B)
Main.c  ⊣ ×
(全局范围)
    #include<stdio.h>
    int main(void)
    {
        printf("www.rupeng.com");
        getchar();
        return 0;
    }
```

图 1-16　第一个 C 语言程序

注意： 1. 上述程序中所有字符、标点符号均为英文格式。

2. C 语言程序严格区分大小写，上述程序均采用小写字母。

3. return 与 0 之间有空格，不能省略。

1.3.4　生成可执行程序

C 语言程序编辑好后，还需要经过编译，最终生成 .exe 格式的可执行文件才可以运行，在 VS2012 中，编译 C 语言程序分为以下两个步骤。

第1步 在 VS2012 对话框中单击【生成】选项，选择【生成解决方案】命令，如图 1-17 所示。

第2步 单击 VS2012 底部状态栏【输出】选项，可以查看编译结果，如果提示"成功 1 个，失败 0 个，最新 0 个，跳过 0 个"，表示可执行程序成功，如图 1-18 所示。

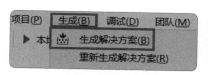

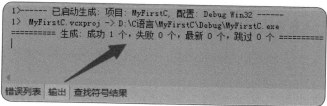

图 1-17　编译 C 语言程序　　　　　　　　图 1-18　编译提示信息

1.3.5　查看编译结果

C 语言源程序本质上和普通文本没有任何区别，是不能直接运行的，需要经过编译生成 .exe 可执行文件，才能运行。不过这一步 VS2012 已经帮我们做了，可以在项目路径下查看。

在 VS2012 中查看生成的 .exe 可执行文件，分为以下几个步骤。

第1步 用右键单击【解决方案"MyFirstC"】，再用左键单击【在文件资源管理器中打开文件夹】，如图 1-19 所示。

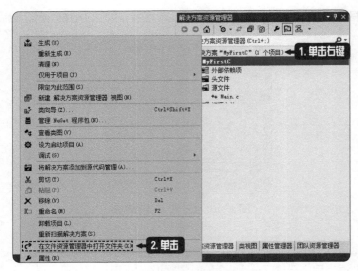

图 1-19　打开文件资源管理器

第2步　双击【Debug】文件夹，如图 1-20 所示。

第3步　双击图 1-21 中的 MyFirstC.exe，可以看到和图 1-23 一样的运行结果，【Debug】文件夹中的 MyFirstC.exe 就是 Main.c 经过编译生成的可执行文件。

图 1-20　查找 Debug 文件夹

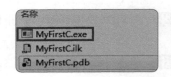

图 1-21　MyFirstC.exe 可执行文件

1.3.6　运行 C 语言程序

如果程序已经编译成功，单击【本地 Windows 调试器】即可运行程序，如图 1-22 所示。运行结果如图 1-23 所示。

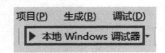

图 1-22　本地 Windows 调试器

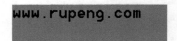

图 1-23　运行结果

1.3.7　项目过期提示

在 VS2012 中，单击【本地 Windows 调试器】时，可能会弹出图 1-24 所示对话框。这是由于修改了 C 语言源程序导致的，建议读者选择【不再显示此对话框】复选框，然后单击【是】即可，该对话框就不会再显示了。

图 1-24　项目过期提示框

1.3.8　生成错误提示

如果单击【本地 Windows 调试器】运行程序时，弹出图 1-25 所示对话框。说明程序在编译时发生错误，此时应该单击【否】，然后在【错误列表】窗口中查看具体的错误信息。

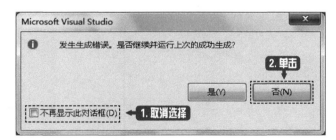

图 1-25　生成错误提示框

注意： 切记，不要选择【不再显示此对话框】复选框，否则会影响后续编程。

1.3.9　常见错误

【常见错误 1】英文括号写成了中文括号，如图 1-26 所示。

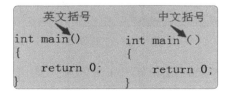

图 1-26　英文括号与中文括号

通过图 1-26 对比可以看到，英文括号比较窄小，中文括号比较圆润。

【常见错误 2】把英文分号写成中文分号，如图 1-27 所示。

```
int main()        int main()
{                 {
    return 0;         return 0;
}                 }
         英文分号              中文分号
```

图 1-27　英文分号与中文分号

1.3.10　设置行号显示

为了方便后期调试程序与定位错误，建议读者在 VS2012 中设置显示行号。设置行号显示分为以下 2 个步骤。

第1步　单击菜单栏中【工具】选项，选择【选项】命令，如图 1-28 所示。

```
1.单击→ 工具(T)    测试(S)    体系结构(C)    分析(N)    窗口(W)    帮助(H)

        附加到进程(P)...                        Ctrl+Alt+P

        连接到数据库(D)...

        连接到服务器(S)...

        代码段管理器(T)...                      Ctrl+K, Ctrl+B

        选择工具箱项(X)...

        外接程序管理器(A)...

        库程序包管理器(N)                                        ▶

        扩展和更新(U)...

        创建 GUID(G)

        错误查找(K)

        ATL/MFC 跟踪工具(T)

        PreEmptive Dotfuscator and Analytics

        Spy++(+)

        ILDasm

        Visual Studio 命令提示(C)

        WCF 服务配置编辑器(W)

        外部工具(E)...

        导入和导出设置(I)...

        自定义(C)...

        选项(O)...  ←2.选择
```

图 1-28　工具菜单

第2步　依次单击【文本编辑器】、【C/C++】命令，在"显示"一栏中选择【行号】复选框，最后单击【确定】即可，如图 1-29 所示。

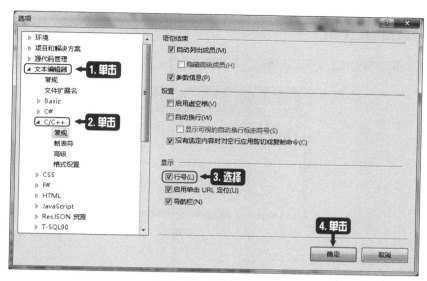

图 1-29　设置行号显示

1.4　解析第一个 C 语言程序

在日常生活中，我们见到最多的是带有图形界面的窗口程序，偶尔也会见到一些没有菜单的"黑色"命令行程序。那么我们编写的 C 语言程序应该属于这两者中的哪一种？

1.4.1　什么是控制台程序

通过输入命令行形式与用户进行交互的程序基本都是控制台程序，如 Windows 操作系统自带的 cmd.exe 程序，如图 1-30 所示。

图 1-30　cmd.exe 控制台程序

1.4.2 什么是窗口程序

提供图形界面与用户进行交互的程序，都是窗口程序，如记事本程序，如图 1-31 所示。

图 1-31 记事本

1.4.3 解析 C 语言程序

在 1.3 节中通过编写简单的输出 "www.rupeng.com" 程序，介绍了 Visual Studio 2012 环境的使用。本小节将从 C 语言源程序出发，介绍什么是 C 语言程序。

【示例 1-1】如下为一段 C 语言程序。

```
1 #include<stdio.h>
2 int main( )
3 {
4   printf("www.rupeng.com");
5   getchar();
6   return 0;
7 }
```

该程序运行结果如图 1-32 所示。

【程序分析】

www.rupeng.com

图 1-32 运行结果

1.【示例 1-1】实现的功能是在控制台输出 "www.rupeng.com" 字符串。

2. 第 1 行，#include 是 C 语言的预处理指令，用来引入 <stdio.h> 等系统头文件。stdio.h 中包含了很多与输入输出相关的函数信息，如果在程序中调用 printf 函数，就必须引入该头文件。

3. 第 2 行，main 是函数名称，表示"主函数"。一个 C 语言程序无论多么简单或者复杂，都必须有一个程序执行入口，这个入口就是主函数 main()，main 函数前面的 int 表示主函数执行完毕，会返回 int 类型（整型）数据。

4. 第 3 行，{ 是函数开始的标志。

5. 第 4 行，printf 是 C 语言库函数，"www.rupeng.com" 是字符串，printf 函数会将双引号中的字符串原样输出。

6. 第 5 行，getchar 是 C 语言库函数，等待用户输入直到按下键盘上的回车键结束。在 C 程序中调用该函数，主要是为了避免程序运行一闪而过。

7. 第 6 行，return 0 表示 main 函数执行到此处时结束，并返回整数 0。

8. 第 7 行，} 是函数结束的标志。

说明： 每个 C 语言程序都必须有一个主函数，函数体使用 "{ }" 括起来。主函数由系统进行调用，当执行一段 C 语言程序时，必须先找到该程序的主函数，从主函数开始执行。

1.5 课后习题

1．简述什么是编辑器、编译器、集成开发环境（IDE）。

2．如何去掉"隐藏已知文件类型扩展名"？

3．如何查看 .c 文件生成后的 .exe 可执行文件？

4．如何设置显示行号。

5．编写一个 C 语言程序，输出以下信息：

```
hello rupeng
```

1.6 习题答案

1．编辑器是用来编写代码的软件；

编译器是将源程序编译生成可执行文件的软件；

集成开发环境是内置了编辑器、编译器、调试器等工具的软件。

2．详情参考 1.3.1 小节。

3．详情参考 1.3.6 小节。

4．详情参考 1.3.10 小节。

5．

```c
#include<stdio.h>
int main( )
{
    printf("hello rupeng");
    getchar();
    return 0;
}
```

第 2 章　数据类型

数据类型是数据在程序中的一种组织形式，任何一个程序都离不开数据，可以认为程序的本质就是在操作数据。为了提高运算能力，C 语言提供了丰富的数据类型，本章主要介绍 C 语言中常用的数据类型，掌握了这些常用的数据类型再去学习其他复杂的数据类型就容易很多。

2.1　常量与变量

在 C 语言中数据的表现形式分为两种：常量和变量。然而无论常量还是变量都具有数据类型，因此按照数据类型还可以对常量和变量再次进行划分。

常量：整型常量、浮点型常量、字符型常量。

变量：整型变量、浮点型变量、字符型变量。

2.1.1　常量

常量（也叫字面量 / 字面常量）指的是在程序运行过程中，值不能被改变的量。在程序中，常量只能被引用，不能被修改。

在 C 语言程序中常用的常量类型有以下几种。

第一种，整型常量。例如：100、314、0、-200 等都是整型常量。

【示例 2-1】输出整型常量。

```
1 #include <stdio.h>
2 int main()
3 {
4   printf("%d\n",200);
5   printf("%d\n",-100);
6   getchar();
7   return 0;
8 }
```

运行结果如图 2-1 所示。

【程序分析】

1. %d 表示按照十进制整数格式输出数据。

2. 在执行 printf 函数时，整数常量将取代双引号中的 %d，如图 2-2 所示。

3. "\n" 是换行符，即输出 200 后，控制台中的光标位置移到下一行的开头，下一个输出的内容 -100 会出现在该光标位置上。

```
200
-100
```

图 2-1　运行结果

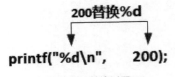

图 2-2　替换过程

第二种，浮点型常量。浮点型常量其实就是数学中的小数。由数字与小数点组成，如 3.14、12.2、0.618、−1.7 等。

【示例 2-2】输出浮点型常量。

```
1 #include <stdio.h>
2 int main()
3 {
4   printf("%f\n",3.14);
5   printf("%f\n",-12.2);
6   getchar();
7   return 0;
8 }
```

运行结果如图 2-3 所示。

【程序分析】

1. %f 表示按照十进制小数格式输出数据。

图 2-3　运行结果

2. 同理，执行 printf 函数时，浮点型常量将替换双引号中的 %f。

3. 默认情况下，在 VS2012 中输出浮点型常量保留小数点后 6 位数字，所以 3.14 会输出 3.140000，−12.2 输出 −12.200000。

第三种，字符型常量。在程序中，使用英文单引号括起来的字符被称为字符型常量。例如：'a'、'1'、'='、'?'、'#' 等都是合法的字符常量。

注意：字符常量只能是单个字符，不能写成 'ab'、'12'、'=?'。

【示例 2-3】输出字符型常量。

```
1 #include <stdio.h>
2 int main()
3 {
4   printf("%c\n",'A');
5   printf("%c\n",'#');
6   getchar();
7   return 0;
8 }
```

运行结果如图 2-4 所示。

【程序分析】

1. %c 表示按照字符格式输出数据。

图 2-4　运行结果

2. 同理，执行 printf 函数时，字符型常量将替换双引号中的 %c。

第四种，字符串常量。在程序中，使用英文双引号将若干个字符括起来的都是字符串常量（注意：不包括双引号本身）。例如："124"、"hello"、"www.rupeng.com" 等。

注意：字符串常量只能使用双引号括起来，不能写成 '124'、'hello'、'www.rupeng.com'。

【示例 2-4】输出字符串。

```
1 #include <stdio.h>
2 int main()
3 {
```

```
4    printf("123\n");
5    printf("www.rupeng.com");
6    getchar();
7    return 0;
8 }
```

运行结果如图 2-5 所示。

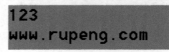

图 2-5　运行结果

2.1.2　变量

变量，顾名思义就是可以改变的量。变量本质上是一块有名字的内存空间，用来存放数据。类似于生活中喝水的杯子，杯子的空间大小是固定的，但是杯中内容是可以变化的，如图 2-6 所示，可以装可乐、也可以装雪碧、还可以装咖啡。

图 2-6　变量示意图

总而言之，杯子是可以重复利用的，变量也是如此。内存空间大小是固定的，但是在程序运行期间变量中的内容是可以变化的，因此被称为变量。

在 C 语言中，一个合法的变量由 3 部分组成：变量类型、变量名、变量值。

变量类型：变量的类型用来规定变量对应内存空间的大小，如同杯子分小杯、中杯、大杯一样。

变量名：变量名用来标记变量对应的内存空间。如，有 10 个一模一样的杯子，从外表看无法区分。但是，如果给每个杯子都做一个标记，如依次贴上标签："1 号""2 号"……"10号"，就不会混淆。同理，变量名也是同样的作用，通过变量名就可以精准地找到变量对应的内存空间。

变量值：变量值是变量名标记的内存空间中的数据，如同杯子中装的可乐、咖啡等。

2.2　标识符与关键字

关键字又称"保留字"。C 语言中一共有 32 个关键字，每个关键字都有其特殊的意义，一般用于对语句、数据类型、变量属性进行说明、约束，不能用作其他用途。在编写 C 语言程序时，用户自定义的变量名、函数名被称为"标识符"。标识符不能是关键字，否则就是非法的标识符，编译时系统会报错。

2.2.1　标识符

在 C 语言中，用来对变量、函数、数组等命名的字符序列被称为标识符，如变量名 a、函数名 printf 等都是标识符。

C 语言对标识符有以下规定。

（1）只能由 26 个英文字母、数字和下划线 3 种字符组成。

（2）第 1 个字符只能是字母或下划线。

（3）区分大小写。

（4）不能是关键字。（详情参考 2.2.2 小节）

以下给出一些合法标识符，它们可以作变量名或函数名。

Abc、a1、_max、day

以下是一些不合法的标识符。

1a、%abc、#33、a<b、1_2_5

注意： C 语言是严格区分大小写的。例如，max，Max，MAx，MAX 就是 4 个不同的标识符。

2.2.2　关键字

C 语言中具有特殊用途的单词被称为关键字，通常用来修饰 C 语言程序中的函数、变量。当定义标识符时，不要让标识符与关键字相同，否则编译无法通过。C 语言共有 32 个关键字，如表 2-1 所示。

表 2-1　C 语言关键字

auto	break	case	char	const	continue	default	do
double	else	enum	extern	float	for	goto	if
int	long	register	return	short	signed	sizeof	static
struct	switch	typedef	union	unsigned	void	volatile	while

注意： 表 2-1 中的 32 个关键字，读者不必刻意背、记，也不必着急了解每个关键字的含义，后续章节中当使用到时会详细介绍。

2.3　基本数据类型

前面讲过，在 C 语言中数据类型分为常量与变量两种，但是不论是常量还是变量都是有数据类型的，常量的数据类型在使用时由系统自动给出，变量的数据类型在定义变量时，由用户指定。系统会根据变量的数据类型，在内存中开辟对应的内存空间，用于存储数据。本章将介绍 C 语言中常用的数据类型。

2.3.1　数据类型引入

C 语言中数据分为两种：变量和常量。但是不论是变量还是常量都必须有数据类型。常量的数据类型在引用时自动声明，如 1、20、500 表示整数类型常量，3.14、6.18 表示浮点类型常量，'a'、'b' 表示字符类型常量。而变量的数据类型在变量定义时，通过 char、short、int、float、double 等关键字指定。

C 语言中，定义变量的一般形式为：

变量类型　变量名 = 变量值;

例如：

```
int a = 100;
```

说明：（1）变量类型就是变量可以保存的数据类型。

（2）int 是关键字，表示变量类型为整数类型，用于修饰变量。

（3）a 是变量名，必须是合法的标识符。

（4）这里的"="并不是数学中的等号，而是赋值运算符，表示将"="右侧的数据赋给"="左侧的变量。

（5）100 是赋给变量 a 的值。

现阶段，读者只需简单了解变量即可，后续章节中会详细介绍。

数据类型的意义

为了形象地理解数据与数据类型的意义，这里以水果与盒子为例，可以把数据比作各种水果，把数据类型比作盒子的型号。当存放樱桃时，需要小盒子；当存放苹果时，需要中等盒子；当存放哈密瓜时，需要大盒子，如图 2-7 所示。

小盒　　中盒　　大盒

图 2-7　数据类型示意图

通过上述分析，可以看到水果的种类不同，对应盒子的规格也不一样，其实数据与数据类型也是如此。在 C 语言程序中，无论是常量还是变量，最终都存储在计算机内存中。不过由于常量或变量的类型不同，导致需要的存储空间大小不同。为了解决这种问题，C 语言引入了数据类型，在程序编译期间，编译器会根据常量或变量的类型分配对应大小的内存空间来保存数据。

所谓的数据类型，指的是数据在内存中的组织形式，组织形式又可以分为 2 部分：

第一部分，数据存储格式：补码或阶码；

第二部分，数据存储所占字节数。

说明：由于补码与阶码较为复杂，不在本书讨论范围内。本章只介绍第二部分，数据在内存中存储所占字节数。

C 语言提供了丰富的数据类型，不过本章只介绍几种常用的数据类型：字符型、整数类型、浮点类型，后续章节中会详细介绍其他数据类型。

2.3.2　整数类型

整数类型简称整型，在 C 语言中整型有以下几种。

（1）基本整型（int）。

（2）短整型（short int 或 short）。

（3）长整型（long int 或 long）。

（4）双长整型（long long int 或 long long）。

在实际编程中最为常用的是基本整型（int），本节将详细介绍，其他整数类型在后续章节中使用到时再作介绍。

基本整型（int）

在 32 位操作系统下，C 语言编译器会给基本整数类型数据或变量分配 4 字节内存空间。int 类型表示的范围为：$-2147483648 \sim 2147483647$。程序中在变量名前面加关键字 int 可以定义整数类型变量（简称整型变量），如 int a。int 类型数据在 printf 函数中一般采用 %d 格式进行输出，其中 d 表示十进制整数形式。

【示例 2-5】整型变量的定义与输出。

```
1 #include<stdio.h>
2 int main()
3 {
4     int a=200;
5     printf("%d\n",a);
6     getchar();
7     return 0;
8 }
```

运行结果如图 2-8 所示。

【程序分析】

```
200
```

图 2-8　运行结果

1. 在执行第 4 行程序时，程序会先在内存中开辟 4 字节空间，并标记为 a，然后把整数 200 存储在变量 a 对应的内存空间中。

2. 在执行第 5 行程序时，程序会先读取变量 a 对应内存空间中的数据 200，然后替换 printf 中的 %d。

2.3.3　浮点数类型

浮点数类型又称实数类型，在 C 语言中浮点数类型有以下几种。

（1）单精度浮点型（float）。

（2）双精度浮点型（double）。

（3）长双精度浮点型（long double）。

在实际编程中最为常用的是单精度浮点类型（float）、双精度浮点型（double）。本节将详细介绍，长双精度浮点型基本不会使用，本书不作讨论。

1. 单精度浮点型（float）

在 32 位操作系统下，C 语言编译器会给单精度浮点型数据或变量分配 4 个字节的内存空间。程序中在变量名前加关键字 float 可以定义单精度浮点型变量，如 float f;。float 型数据能得到 6~7 位有效数字，取值范围为 $-3.4 \times 10^{38} \sim 3.4 \times 10^{38}$，float 类型数据在 printf 函数中一般采用 %f 格式进行输出，f 表示"十进制小数"形式。

【示例 2-6】单精度浮点型变量的定义与输出。

```
1 #include<stdio.h>
2 int main()
3 {
4     float f=3.14;
5     printf("%f\n",f);
6     getchar();
7     return 0;
8 }
```

运行结果如图 2-9 所示。

```
3.140000
```

图 2-9　运行结果

【程序分析】

（1）执行第 4 行程序时，先在内存中开辟 4 字节空间，并标记为 f，然后把浮点数 3.14 存储在 f 标记的内存空间中，3.14 后面的 f 表示这是单精度浮点数。

（2）执行第 5 行程序时，先读取变量 f 对应内存空间中的数据 3.14，然后替换 printf 中的 %f。

说明： 在 VS2012 中，不管是 float 还是 double 类型，默认情况下都只输出小数点后 6 位；如果不够 6 位，使用 0 进行填补。

2. 双精度浮点型（double）

在 32 位操作系统下，C 语言编译器会给双精度浮点型数据或变量分配 8 个字节内存空间。程序中在变量名前面加关键字 double 可以定义双精度浮点型变量，例如：double d;。双精度浮点型数据能得到 15~16 位有效数字，取值范围为：$-1.7 \times 10^{308} \sim 1.7 \times 10^{308}$，double 类型数据在 printf 函数中一般采用 %lf 格式进行输出，lf 表示"十进制小数"形式。

【示例 2-7】 双精度浮点型变量的定义与输出。

```
1 #include<stdio.h>
2 int main()
3 {
4     double d=3.14;
5     printf("%lf\n",d);
6     getchar();
7     return 0;
8 }
```

运行结果如图 2-10 所示。

`3.140000`

【程序分析】

（1）执行第 4 行程序时，先在内存中开辟 8 字节空间，并标

图 2-10 运行结果

记为 d，然后把浮点数 3.14 存储在 d 标记的内存空间中。

（2）执行第 5 行程序时，先读取变量 d 对应内存空间中的数据 3.14，然后替换 printf 中的 %lf。

2.3.4 字符型

在 C 语言中，字符类型只有一种：字符类型（char）。

32 位操作系统下，C 语言编译器会给字符型数据分配 1 个字节内存空间。程序中在变量名前面加关键字 char 可以定义字符型变量，如：

```
char c;
```

char 类型取值范围为：−128 ~127，char 类型数据在 printf 函数中一般采用 %c 格式进行输出，c 表示"字符"形式。

【示例 2-8】 字符型变量的定义与输出。

```
1 #include<stdio.h>
2 int main()
3 {
4     char c='A';
```

```
5   printf("%c\n",c);
6   getchar();
7   return 0;
8 }
```

运行结果如图 2-11 所示。

【程序分析】

1. 执行第 4 行程序时，先在内存中开辟 1 字节空间，并标记为 c，然后把字符 'A' 对应的 ASCII 码 65，存储在 c 标记的内存空间中。

图 2-11 运行结果

2. 执行第 5 行程序时，先读取变量 c 对应内存空间中的数据 65，然后替换 printf 中的 %c，由于 %c 表示字符格式，因此不能直接输出整数 65，而是输出 65 对应的字符 'A'。

字符在内存中是按照其对应的 ASCII 码进行存储，而 ASCII 码本质上也是整数。因此，字符型可以看作是整型的一种，当然也就可以按照 %d 格式输出。下面通过程序了解一下。

【示例 2-9】输出字符对应的 ASCII 码。

```
1 #include<stdio.h>
2 int main()
3 {
4   char c='A';
5   printf("%c\n",c);
6   printf("%d\n",c);
7   getchar();
8   return 0;
9 }
```

运行结果如图 2-12 所示。

【程序分析】

1. 根据输出结果可以看到，字符 'A' 对应的十进制为 65，其实 65 就是字符 'A' 对应的 ASCII 码，在计算机内存中最终

图 2-12 运行结果

存储的就是整数 65，而不是字符 'A'。之所以会输出字符 'A'，是因为计算机中有一张 ASCII 码表，通过这张表就可以找到 65 对应的字符 'A'。同理，根据字符 'A'，也可以找到该字符对应的 ASCII 码值是多少。

2. 实际编程中，需要记住常见的 3 个字符对应的 ASCII 码。

大写字母 'A' 的 ASCII 码是 65。

小写字母 'a' 的 ASCII 码是 97。

数字字符 '0' 的 ASCII 码是 48。

根据以上 3 个字符可以推算出，字符 'A'~'Z' 的 ASCII 码、'a'~'z' 的 ASCII 码、字符 '0'~'9' 的 ASCII 码。

3. C 语言中，常用字符与对应 ASCII 如表 2-2 所示。

4. 对于字符型数据，如果采用 %c 就是按照字符形式输出，如果采用 %d 就是按照字符对应的 ASCII 码输出。

表 2-2　ASCII 码表

ASCII 值	控制字符	ASCII 值	控制字符	ASCII 值	控制字符	ASCII 值	控制字符
0	NUL	32	(space)	64	@	96	、
1	SOH	33	!	65	A	97	a
2	STX	34	”	66	B	98	b
3	ETX	35	#	67	C	99	c
4	EOT	36	$	68	D	100	d
5	ENQ	37	%	69	E	101	e
6	ACK	38	&	70	F	102	f
7	BEL	39	‘	71	G	103	g
8	BS	40	(	72	H	104	h
9	HT	41	)	73	I	105	i
10	LF	42	*	74	J	106	j
11	VT	43	+	75	K	107	k
12	FF	44	,	76	L	108	l
13	CR	45	−	77	M	109	m
14	SO	46	.	78	N	110	n
15	SI	47	/	79	O	111	o
16	DLE	48	0	80	P	112	p
17	DC1	49	1	81	Q	113	q
18	DC2	50	2	82	R	114	r
19	DC3	51	3	83	X	115	s
20	DC4	52	4	84	T	116	t
21	NAK	53	5	85	U	117	u
22	SYN	54	6	86	V	118	v
23	TB	55	7	87	W	119	w
24	CAN	56	8	88	X	120	x
25	EM	57	9	89	Y	121	y
26	SUB	58	:	90	Z	122	z
27	ESC	59	;	91	[	123	{
28	FS	60	<	92	\	124		
29	GS	61	=	93	]	125	}
30	RS	62	>	94	^	126	~
31	US	63	?	95	—	127	DEL

2.3.5 转义字符

在 C 语言中，有一类特殊字符，该类字符是以字符"\"开头的字符序列。例如，前面在 printf 函数中多次使用的 '\n'，代表一个"换行"符。这类字符有别于其他普通字符，无法在屏幕上显示，而且无法用一般形式表示，只能采用这种特殊的形式表示，这类字符被称为转义字符。

常用的转义字符及对应的 ASCII 码如表 2-3 所示。

表 2-3　转义字符表

转义字符	意　义	ASCII 码值（十进制）
\a	响铃（BEL）	7
\b	退格（BS），将当前位置移到前一列	8
\f	换页（FF），将当前位置移到下页开头	12
\n	换行（LF），将当前位置移到下一行开头	10
\r	回车（CR），将当前位置移到本行开头	13
\t	水平制表（HT）（跳到下一个 TAB 位置）	9
\v	垂直制表（VT）	11
\\	代表一个反斜线字符	92
\'	代表一个单引号字符	39
\"	代表一个双引号字符	34
\?	代表一个问号字符	63
\0	空字符（NULL）	0
\ooo	1 到 3 位八进制数所代表的任意字符	三位八进制
\xhh	1 到 2 位十六进制所代表的任意字符	二位十六进制

可以看到，C 语言提供了丰富的转义字符，不过本节只介绍常用的转义字符，后续章节中使用到其他转义字符时，再做详细介绍。

1. '\n' 代表回车换行

【示例 2-10】'\n' 字符的意义。

```
1 #include<stdio.h>
2 int main()
3 {
4   printf("www.rupeng.com\n");
5   printf("www.rupeng.\ncom");
6   getchar();
7   return 0;
8 }
```

运行结果如图 2-13 所示。

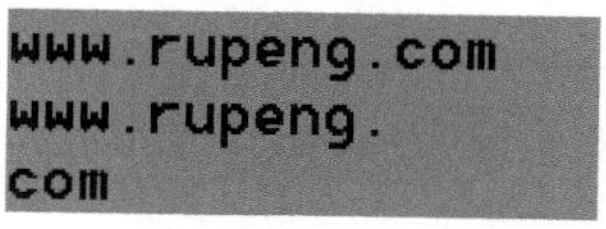

【程序分析】

（1）第 4 行，先输出字符串 "www.rupeng.com"，然后遇到转义字符 '\n'，将当前输出位置移到下一行开头。

```
www.rupeng.com
www.rupeng.
com
```

图 2-13　运行结果

（2）第 5 行，由于上一行程序中输出了回车换行符 '\n'，所以第 5 行程序从下一行开始显示。先输出字符串 "www.rupeng"，然后遇到转义字符 '\n'，将当前输出位置移到下一行开头，最后输出字符串 ".com"。

（3）通过上述分析，可以看到，只要在 printf 函数中遇到 '\n'，就将当前输出位置移到下一行开头，然后输出余下的内容。

2. \\' 代表单引号字符（'）

由于在 C 语言中，单引号已经被用于作为字符的开始与结束，也就是说，单引号一般都是成对出现的。例如，普通字符 'A'、'#'、'1' 等，或者是转义字符 '\n'。但是，单引号（'）也是字符，该如何表示呢？有些读者很自然的想到了下面的写法：

```
'''          // 错误写法
```

这是一种错误写法，前面已经讲过单引号（'）有特殊意义：当编译器读取到第一个单引号时认为是字符的开始，读取到第二个单引号时认为是字符的结束，然后把两个单引号之间的内容当做字符解析。因此，'''会被编译器解析为图 2-14 所示形式。

图 2-14　单引号含义

由于编译器会把前两个单引号之间的内容当做字符解析，把第三个单引号当做字符开始标志对待，然后编译器会再去寻找下一个单引号当作字符的结束标志，如果找不到就报错。

为了解决这种问题，C 语言使用"\\"对单引号进行转义。例如，\\'，此时单引号就是普通字符，不再具有特殊的意义。

下面通过例子来了解一下 \\' 的使用。

【示例 2-11】\\' 字符的意义。

```
1 #include<stdio.h>
2 int main()
3 {
4   printf("%c\n",'\'');
5   getchar();
6   return 0;
7 }
```

运行结果如图 2-15 所示。

【程序分析】

第 4 行，使用"\\"对单引号（'）进行转义，此时单引号（'）表示为普通字符，然后在 printf 函数中，按照字符格式输出，如图 2-15 所示。

图 2-15　运行结果

除了转义之外，字符串中的单引号也会被当作普通字符进行解析，下面通过例子来了解一下。

【示例 2-12】字符串中的单引号。

```
1 #include<stdio.h>
2 int main()
3 {
4   printf("www.'rupeng'.com");
5   getchar();
6   return 0;
7 }
```

运行结果如图 2-16 所示。

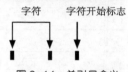

图 2-16　运行结果

【程序分析】

根据运行结果，可以看到，字符串中的单引号没有被转义也照常输出，这是一种特殊现象，读者务必留意。

3. \" 代表双引号字符（"）

由于在 C 语言中，双引号已经被用于作为字符串的开始与结束标志，所以，双引号一般都是成对出现的。例如，"ABC"，"#?*"，"123" 等。但是，如果在字符串中显示双引号，该如何表示呢？有些读者很自然地想到了下面的写法。

```
"www.rupeng".com"        //错误写法
```

这是一种错误写法，前面已经讲过双引号（"）有特殊意义：编译器读取到的第一个双引号是字符串的开始，读取到的第二个双引号是字符串的结束，两个双引号之间的内容是字符串解析。因此，"www.rupeng".com" 会被编译器解析为图 2-17 所示形式。

图 2-17　双引号的使用

由于编译器会把前两个双引号之间的内容当作字符串解析，把第三个单引号当作字符串开始标志对待，然后编译器会再去寻找下一个双引号当作字符串的结束标志，如果找不到就报错。

为了解决这种问题，C 语言使用 "\" 对双引号进行转义，例如，\"，此时双引号就是普通字符，不再具有特殊意义。

下面通过例子来了解一下 \" 的使用。

【示例 2-13】\" 的应用。

```
1 #include<stdio.h>
2 int main()
3 {
4   printf("www.rupeng\".com");
5   getchar();
6   return 0;
7 }
```

运行结果如图 2-18 所示。

【程序分析】

第 4 行，使用 "\" 将双引号（"）转义，此时双引号（"）为普通字符，和字符串中的字符 w、g 等共同作为字符串的内容。

```
www.rupeng".com
```

图 2-18　运行结果

4. \\ 代表单斜线字符（\）

通过前面几个转义字符的学习，读者已经看到字符（\）在 C 语言中有特殊意义：表示转义字符的开始标志。但是，单斜线（\）也是字符，该如何显示呢？有些读者很自然地想到了下面的写法：

```
'\'  // 错误的写法
```

很明显这是一种错误的写法，因为反斜线 "\" 会将后面的单引号转义，因此编译器会将后面的单引号当作普通的字符对待，导致字符没有正确结束，编译报错。

为了解决这种问题，C 语言使用 "\" 对反斜线 \ 进行转义，如：\\，此时反斜线就是普通字符，不再具有特殊的意义。

下面通过例子来了解一下 \\ 的使用。

【示例 2-14】\\ 的应用。

```
1 #include<stdio.h>
2 int main()
3 {
4   printf("%c\n",'\\');
5   printf("www.\\rupeng.com");
6   getchar();
7   return 0;
8 }
```

运行结果如图 2-19 所示。

【程序分析】

（1）第 4 行，使用 "\" 将反斜线（\）进行转义后，此时反斜
线（\）表示普通字符，然后在 printf 函数中，按照字符格式输出，如图 2-19 第一行所示。

图 2-19　运行结果

（2）第 5 行，使用 "\" 将反斜线（\）进行转义后，和字符串中的字符 w、g 等一起作为字
符串的内容输出。

小·贴士

程序中经常使用 "\" 表示系统路径分隔符，如图 2-20 所示。

C:\Windows\System32

图 2-20　路径分隔符

前面讲过，单独的 "\" 在 C 语言中有特殊意义，因此，要想在程序中输出该路径，必须使
用 "\\"，下面通过例子来了解一下。

【示例 2-15】打印系统路径。

```
1 #include<stdio.h>
2 int main()
3 {
4   printf("C:\Windows\System32\n");
5   printf("C:\\Windows\\System32");
6   getchar();
7   return 0;
8 }
```

运行结果如图 2-21 所示。

【程序分析】

（1）根据输出结果，可以看到，第 4 行，没有对 "\" 进行
转义，"\" 仍然具有特殊意义，分别与字符 W、S 组成转义字符 \W、\S。由于 \W 与 \S 在 C 语
言中没有特殊意义，因此 \W 等价于 W、\S 等价于 S 字符原样输出；

C:WindowsSystem32
C:\Windows\System32

图 2-21　运行结果

（2）第 5 行，分别对两个反斜线 "\" 进行转义，字符串中的两个 "\" 会作为普通字符输出，
如图 2-21 第 2 行所示。

2.3.6　字符与字符串的关系

在 C 语言中是没有字符串类型的，所谓的字符串本质上是由单个的字符构成。例如，"www.rupeng.com"，可以看作由字符 'w'、'w'、'w'、'.'、'r'、'u'、'p'、'e'、'n'、'g'、'.'、'c'、'o'、'm' 组成。

下面通过例子来了解字符与字符串的关系。

【示例 2-16】字符与字符串的关系。

```
01 #include<stdio.h>
02 int main()
03 {
04     printf("www.rupeng.com\n");
05     printf("%c",'w');
06     printf("%c",'w');
07     printf("%c",'w');
08     printf("%c",'.');
09     printf("%c",'r');
10     printf("%c",'u');
11     printf("%c",'p');
12     printf("%c",'e');
13     printf("%c",'n');
14     printf("%c",'g');
15     printf("%c",'.');
16     printf("%c",'c');
17     printf("%c",'o');
18     printf("%c",'m');
19     getchar();
20     return 0;
21 }
```

运行结果如图 2-22 所示。

【程序分析】

1.　执行第 4 行程序时，先输出字符串 "www.rupeng.com"，然后执行 \n，将输出位置移至下一行的开始。

2.　执行第 5~18 行程序时，分别以 %c 的格式输出字符 'w'、'w'、'w'、'.'、'r'、'u'、'p'、'e'、'n'、'g'、'.'、'c'、'o'、'm'。由于打印字符时，没有输出换行，因此输出结果与输出字符串 "www.rupeng.com" 效果是相同的。

3.　其实在计算机底层，字符串是被拆分为单个字符进行存储的，输出时也按照存储的顺序连续输出。做个形象的比喻：如果把字符串当作一串糖葫芦，字符就是每一个山楂，如图 2-23 所示。

```
www.rupeng.com
www.rupeng.com
```

图 2-22　运行结果

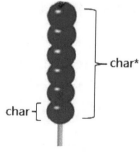

图 2-23　字符串示意图

说明： 在 C 语言中，字符串末尾会隐式包含一个 '\0'，初学阶段不必深究。

2.3.7　printf 与数据类型

为了方便查阅，在表 2-4 中分别列出了 C 语言中常用的数据类型在 printf 中对应的占位符。

表 2-4　printf 中常用的占位符

占位符	类型	说明
%d 或 %i	int	以十进制输出整数，%i 是以前的用法
%f	float	输出单精度浮点数，可以指定精度，%2f 就是保留 2 位小数
%lf	double	输出双精度浮点数，也可以指定精度
%c	char	也可以使用 %d 输出 char，此时输出的是字符的 ASCII 码
%s	字符串	输出字符串

printf 中数据类型一定不能用错，float 类型必须使用 %f；int 类型必须使用 %d。如果使用错了就会产生错误的结果。如下面的错误代码：

```
printf("%f",3);
printf("%d",3.14);
```

从原理层面上分析，这涉及到数据在内存中表示格式的问题，初学阶段不用深入研究。另外，在 printf 中也可以同时使用多个占位符，只要前后和参数的类型、个数能够对得上就行，例如：

```
printf("name=%s , age=%d , height=%f" , "rupeng" , 18 , 3.14);
```

2.4　注释

C 语言中允许使用（双斜线）// 注释一行代码，使用 /* */ 注释多行代码，被注释的代码会被编译器忽略。

注释的作用主要有以下两点。

（1）方便自己和他人理解这段代码。

（2）屏蔽无用的代码，经常用于调试程序，缩小错误范围。

2.4.1　行注释

行注释又被称为单行注释，顾名思义只能注释一行。在程序中，行注释以 // 开始，后面的内容都会被编译器忽略。

下面通过例子来了解单行注释的使用。

【示例 2-17】行注释。

```
1 #include<stdio.h>
2 int main()
3 {
4 printf("www.rupeng.com");
5  //printf(" 如鹏网 \n");
6   getchar();
7 return 0;
8 }
```

运行结果如图 2-24 所示。

www.rupeng.com

图 2-24　运行结果

【程序分析】

根据输出结果可以看到，第 4 行与第 5 行 // 之后的内容被编译器忽略，输出结果为第 4 行程序中双引号间的内容。

2.4.2 块注释

块注释又被称为多行注释，/* 表示注释开始，*/ 表示注释结束，/* 与 */ 之前的内容将被编译器忽略。

【示例 2-18】块注释。

```
01 #include<stdio.h>
02 int main()
03 {
04     printf(" 如鹏网 ");
05     /*
06     printf("www.rupeng.com");
07     printf("www.rupeng.com");
08     printf("www.rupeng.com");
09     */
10     getchar();
11     return 0;
12 }
```

运行结果如图 2-25 所示。

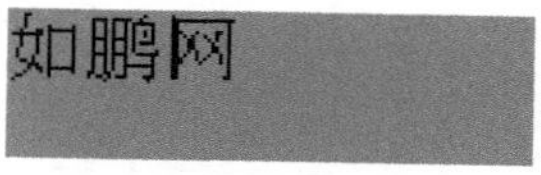

【程序分析】

上述程序中，第 5 行中的 /* 代表块注释开始，第 9 行中的 */ 表示块注释结束，/* 与 */ 之间的内容（第 5~9 行）将被编译器当作注释忽略掉。

如鹏网

图 2-25 运行结果

小·贴·士

块注释不能嵌套定义。

【出错代码】

```
01 #include<stdio.h>
02 int main()
03 {
04     printf(" 如鹏网 ");
05     /*
06     printf("www.rupeng.com");
07     /*
08     printf("www.rupeng.com");
09     */
10     printf("www.rupeng.com");
11     */
12     getchar();
13     return 0;
14 }
```

错误列表

☒ 2 个错误   ⚠ 1 个警告

说明 ▲

☒ 2 error C2059: 语法错误: "/"

⚠ 3 IntelliSense: 应输入表达式

⚠ 1 warning C4138: 在注释外找到 "*/"

【出错信息】如图 2-26 所示。

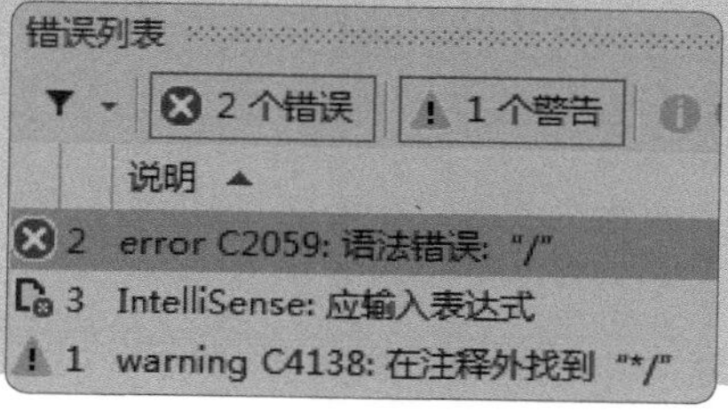

图 2-26 错误信息

【错误分析】

1. C 语言编译器解析块注释时，将第一个读取到的 /* 当作块注释开始，后面出现的 /* 都统一被当作块注释的内容对待，直到读取到第一个 */ 认为是块注释结束，后面出现的 */ 会被当作下一个块注释对待。

2. C 语言中规定，块注释必须成对出现，并且以 /* 开始，*/ 结束。上述程序中，第 5 行 /* 与第 9 行 */ 是一对块注释，第 11 行 */ 是单独出现的，不符合语法，因此编译会报错。

【解决方案】

为了避免这种错误，在实际开发中，一般不要使用块注释嵌套。尽量像【示例 2-18】一样，使用一层块注释即可。

2.5 变量详解

变量就是可以变化的量，用来标记存储数据的内存空间，在尚未学习"指针"之前，只能通过变量操作内存空间，本章将从变量类型、变量名、变量值三个方面详细介绍变量。

2.5.1 定义变量

在 C 语言中，变量只有被定义才能使用，定义变量有两种形式。

第一种，先定义，后赋值。具体语法如下。

```
变量类型 变量名 ;
变量名 = 数据 ;
```

例如：

```
int a;          // 先定义 int 型变量 a
a =200;         // 然后将 200 赋值给变量 a
```

第二种，定义并赋值。具体语法如下。

```
变量类型 变量名 = 数据 ;
```

例如：

```
int a=200;      // 定义 int 变量 a 并赋值为 200
```

【变量说明】

1. 在程序中变量是用来保存数据的，一般情况下，数据的类型与变量的类型保持一致。如果要保存整数，变量类型应该声明为 int；如果要保存字符，变量类型应该声明为 char；如果要保存小数，变量类型应该声明为 float 或 double。如图 2-27 所示。

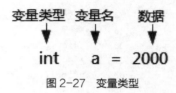

图 2-27 变量类型

2. 程序中的"="是赋值操作，例如，a=200，表示将 200 赋值给变量 a，并不是数学中的相等比较，C 语言中相等比较采用"=="（后续章节中会介绍）。

3. 变量名必须符合 C 语言标识符命名规则。

2.5.2　引用变量

定义变量的目的在于方便引用，在 C 语言中引用变量分为两种情况。

（1）对变量进行赋值。

（2）读取变量中保存的数据。

那么该如何区分这两种情况？其实很简单，如果变量出现在"="左边，就是对变量进行赋值，例如，

```
a =100;
```

如果变量出现在"="右边或单独出现，就是读取变量中保存的数据。例如：

```
a=100;
b=200;
a=b;
printf("%d\n",a);
```

上述程序的第 3 行中变量 a 在"="左边，变量 b 在"="右边。因此，a=b 执行过程为：先读取变量 b 中保存的数据 200，然后赋值给变量 a，此时变量 a 的值为 200。

上述第 4 行中变量 a 在 printf 函数中是单独出现的，表示读取变量 a 中保存的数据。

下面通过例子来了解变量的定义与引用。

【示例 2-19】变量定义与引用。

```
01 #include<stdio.h>
02 int main()
03 {
04     int a=100;          // 定义 int 变量 a 并赋值为 100
05     int b;              // 先定义 int 变量 b
06     b=200;              // 然后将 200 赋值给变量 b
07     a=b;                // 将变量 b 的值赋值给变量 a
08     printf("a=%d\n",a); // 输出变量 a 的值
09     printf("b=%d\n",b); // 输出变量 b 的值
10     getchar();
11     return 0;
12 }
```

运行结果如图 2-28 所示。

【程序分析】

1. 上述程序的第 4 行中，定义 int 变量 a 并赋值为 100。

2. 第 5~6 行，先定义 int 变量 b，然后将 200 赋值给变量 b。

3. 第 7 行，先读取变量 b 的值，然后赋值给变量 a。

4. 第 8 行，先读取变量 a 的值，然后打印输出。

5. 第 9 行，先读取变量 b 的值，然后打印输出。

```
a=200
b=200
```

图 2-28　运行结果

2.5.3　定义多个变量

通过学习【示例 2-19】，我们已经看到在程序中可以定义多个变量。C 语言中，定义多个变量有两种形式。

第一种，在一行语句中，定义多个变量，语法结构为：

变量类型 变量名 1, 变量名 2, 变量名 3……   // 变量之间以逗号分割

第二种，多行语句，定义多个变量，语句结构为：

变量类型 变量名 1;
变量类型 变量名 2;
……

下面通过例子来了解在程序中如何定义多个变量。

【示例 2-20】定义多个变量。

```
01 #include<stdio.h>
02 int main()
03 {
04     int a=100,b=200;           // 一行定义 int 变量 a、b 且赋值
05     int c=300;                 // 定义变量 c 且赋值
06     int d=400;                 // 定义变量 d 且赋值
07     printf("a=%d\n",a);
08     printf("b=%d\n",b);
09     printf("c=%d\n",c);
10     printf("d=%d\n",d);
11     getchar();
12     return 0;
13 }
```

运行结果如图 2-29 所示。

【程序分析】

1. 上述程序的第 4 行中，一次定义两个 int 变量 a、b 并且分别赋值为 100、200。

2. 第 5~6 行，int 变量 c、d 定义在 2 行中，并且分别赋值为 300、400。

3. 第 7~10 行，分别输出变量 a、b、c、d 的值。

```
a=100
b=200
c=300
d=400
```

图 2-29 运行结果

2.5.4 变量的本质

变量本质上是一块有名字的内存空间。例如，int a=20。在程序运行期间，系统会根据变量的类型在内存中开辟对应大小的空间，保存 20，并给这块空间起一个名称为 a，如图 2-30 所示。

理解变量的本质，需要深入了解以下两点。

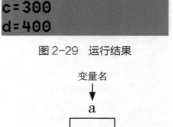

图 2-30 变量的本质

（1）变量名 a 只是用来标记这块内存空间的，在程序中通过引用变量名 a，就可以精准找到这块内存空间，然后访问该内存空间的数据 20。

（2）变量值就是变量名标记的内存空间中的数据，变量值在程序运行期间是可以修改的。为了深入理解这个概念，读者可以把内存空间想象为一个盒子，把变量值想象为不同水果。当盒子中放的是苹果时，打开盒子看到的就是苹果，当盒子中放的是橘子时，打开盒子看到的就是橘子。盒子只是一个固定大小的容器，而盒中的水果是可以随时替换的。同理，变量也是如此，对应内存空间是固定的，而空间中的数据是可以随时修改的。

2.5.5　语句与语句块

在 C 语言中，程序执行的最小单位为语句，一条合法的语句必须在末尾有一个分号，分号是语句不可缺少的组成部分。

C 语言中常用的语句有以下 5 种。

（1）赋值语句。

（2）函数调用语句。

（3）空语句。

（4）复合语句（语句块）。

（5）控制语句。

本小节只介绍前 4 种语句，第 5 种控制语句会在后续章节中单独介绍。

1.　赋值语句

赋值语句是 C 语言程序中最基本的语句，需要使用赋值符号 "="，该符号的作用是将一个数据赋值给一个变量，例如：

```
a = 100;                    // 将 100 赋值给变量 a
```

注意： 赋值语句中，赋值号 "=" 的左边必须是变量，不能是常量，否则程序编译时会报错。

2.　函数调用语句

函数调用语句是 C 语言程序中，比较常用的语句，由函数调用语句与分号构成，例如：

```
printf("www.rupeng.com");
```

该语句由函数调用 printf("www.rupeng.com") 与末尾的分号构成，后续章节中会详细介绍函数，对于该语句暂时只需简单了解即可。

3.　空语句

该语句只有一个分号，例如：

```
;
```

那它有什么作用呢？空语句经常作为循环语句的循环体，表示什么也不做。

4.　复合语句（语句块）

复合语句又被称为语句块，在程序中，使用 { } 将多行语句括起来就可以成为复合语句，例如：

```
{
        int a=3;
        printf("a=%d\n",a);
}
```

左花括号 "{" 表示复合语句开始，右花括号 "}" 表示复合语句结束。复合语句不会影响程序的正常执行，常常和控制语句一起使用。

说明： 本书默认将复合语句称为语句块。

下面通过例子来简单了解语句块的使用。

【示例 2-21】语句块的使用。

```
01 #include<stdio.h>
02 int main()
03 {
04     {
05         int  a=300;
06         printf("a=%d\n",a);
07     }
08     getchar();
09     return 0;
10 }
```

运行结果如图 2-31 所示。

【程序分析】

（1）上述程序的第 4 行中，左大括号"{"表示程序块开始，第 7 行中，右大括号"}"表示程序块结束。

图 2-31　运行结果

（2）第 4~7 行之间的语句为一个程序块，可以认为这些语句是一个整体，这种理解方式，对后续学习控制语句非常重要。

（3）根据输出结果可以看到，单独出现的语句块并不会影响程序的执行。

2.5.6　顺序结构

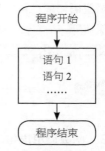

顺序结构是 C 语言程序中最简单的程序结构。顺序结构的程序从第一行语句开始，按照代码排列的顺序，从上至下逐句执行，上一条语句执行结束下一条语句才能执行，直到最后一条语句结束。顺序结构执行流程如图 2-32 所示。

图 2-32　顺序结构执行流程图

下面通过例子来了解顺序程序结构。

【示例 2-22】顺序结构。

```
01 #include<stdio.h>
02 int main()
03 {
04     int a=10;
05     printf("a=%d\n",a);
06     a=20;
07     printf("a=%d\n",a);
08     a=30;
09     printf("a=%d\n",a);
10     getchar();
11     return 0;
12 }
```

运行结果如图 2-33 所示。

【程序分析】

本例程序是一个典型的顺序结构程序，计算机会按照语句排列的顺序从上至下依次执行，直到执行到 return 0; 主函数结束。

a=10
a=20
a=30

图 2-33　运行结果

2.6 变量需要注意的问题

变量是 C 语言程序设计的基石，任何一门计算机语言都离不开变量，更有甚者认为，程序执行的本质就是在操作变量。因此，熟练掌握变量是学习 C 语言的根本所在。本章并不是简单地罗列使用变量过程中的常见错误，而是深入分析错误背后的原理。

2.6.1 先定义变量，再使用变量

C 语言中规定变量必须先定义才能使用，否则编译时会报错。其实这点非常好理解，读者可以试想一下盒子与水果的关系，如果盒子不存在，水果将无处存储。变量也是如此，定义变量的过程就是系统分配内存空间的过程，如果变量没有定义就直接赋值，数据将无处存储。

下面通过例子来了解一下变量定义、使用的顺序。

【出错程序】

```
1 #include<stdio.h>
2 int main()
3 {
4   a=200;                  // 出错代码
5   printf("%d\n",a);       // 出错代码
6   getchar();
7   return 0;
8 }
```

【错误信息】如图 2-34 所示。

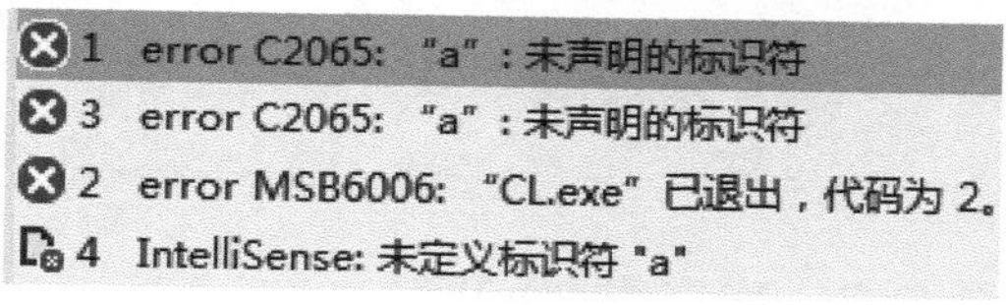

【错误分析】

在 C 语言中，只有当变量名与变量类型同时出现时，才被认为是定义变量。很明显，上述程序中，变量 a 未经定义，就直接进行赋值操作，不符合 C 语言语法。

```
❌ 1  error C2065: "a": 未声明的标识符
❌ 3  error C2065: "a": 未声明的标识符
❌ 2  error MSB6006: "CL.exe" 已退出，代码为 2。
⚠ 4  IntelliSense: 未定义标识符 "a"
```

图 2-34　运行结果

【解决方案】在引用变量 a 前，先定义变量 a。

```
1 #include<stdio.h>
2 int main()
3 {
4   int a;                  // 定义变量 a
5   a=200;                  // 将 200 赋值给变量 a
6   printf("a=%d\n",a);     // 输出变量 a 的值
7   getchar();
8   return 0;
9 }
```

2.6.2 变量定义必须在引用之前

由于 C 程序是顺序执行的，上一条语句执行结束后下一条语句才能开始执行，因此，务必小心变量定义与引用的顺序。

下面通过例子来了解变量定义与引用的顺序。

【出错程序】

```
1 #include<stdio.h>
2 int main()
3 {
4   a=200;              // 把 200 赋给变量 a
5   int a;              // 定义 int 变量 a
6   printf("%d\n",a);   // 输出变量 a 的值
7   getchar();
8   return 0;
9 }
```

【错误信息】如图 2-35 所示。

【错误分析】

上述程序中，虽然在第 5 行定义了变量 a，但是在第 4 行，提前引用了变量 a。由于 C 语言程序是顺序执行的，计算机执行第 4 行语句时，并不会去读取第 5 行语句，因此就会认为变量 a 尚未定义。

```
❌ 1  error C2065: "a"：未声明的标识符
❌ 3  error C2065: "a"：未声明的标识符
❌ 2  error MSB6006: "CL.exe" 已退出，代码为 2。
🔧 4  IntelliSense: 未定义标识符 "a"
```

图 2-35　错误信息

【解决方案】将变量定义移至变量引用之前。

```
1 #include<stdio.h>
2 int main()
3 {
4   int a;              // 定义 int 变量 a
5   a=200;              // 把 200 赋给变量 a
6   printf("%d\n",a);   // 输出变量 a 的值
7   getchar();
8   return 0;
9 }
```

2.6.3　变量重名问题

C 语言规定，同一作用域内变量定义不能重名。由于尚未学习函数，读者可以暂时理解为，同一个 "{ }" 中的变量名不能相同。

【出错程序】

```
01 #include<stdio.h>
02 int main()
03 {
04   int a=100;
05   char a='A';        // 出错代码
06   printf("%d\n",a);
07   printf("%c\n",a);  // 出错代码
08   getchar();
09   return 0;
10 }
```

【错误信息】如图 2-36 所示。

【错误分析】

上述程序中，int 变量 a 与 char 变量 a 在同

```
❌ 1  error C2371: "a"：重定义；不同的基类型
```

图 2-36　错误信息

一个"{ }"中，C 语言规定同一个"{ }"中的变量名不能重复，它与变量类型无关，只要变量名相同程序就认为是重名。

【解决方案 1】修改 char 变量 a 的名称。

```
01 #include<stdio.h>
02 int main()
03 {
04     int a=100;
05     char ch='A';              // 修改之后
06     printf("%d\n",a);
07     printf("%c\n",ch);        // 修改之后
08     getchar();
09     return 0;
10 }
```

运行结果如图 2-37 所示。

【程序分析】

第 5、7 行，将 char 型变量名 a 修改为 ch，与 int 型变量名 a 区分开，解决了变量重名问题，程序编译通过。

图 2-37　运行结果

【解决方案 2】使用语句块，将 char 变量 a 括起来。

```
01 #include<stdio.h>
02 int main()
03 {
04  int a=100;
05  {                           // 语句块开始
06      char a='A';
07      printf("%c\n",a);
08  }                           // 语句块结束
09  printf("%d\n",a);
10  getchar();
11  return 0;
12 }
```

运行结果如图 2-38 所示。

【程序分析】

C 语言只是规定同一大括号内变量不能重名，而上述程序中 int 变量 a 与 char 变量 a 在不同的花括号中，因此不会导致重名问题，程序编译通过。

图 2-38　运行结果

2.6.4　局部变量

C 语言中，变量定义的位置可以有以下 3 种。

（1）在函数内定义。

（2）在函数内的语句块中定义。

（3）在函数外部定义。

根据变量定义的位置，又可以将变量分为两种：局部变量和全局变量。局部变量只在被定义的函数中有效，而全局变量在整个源程序文件中都有效。

1. 局部变量与全局变量

在函数内部定义的变量被称为局部变量，在函数外部定义的变量被称为全局变量。前几章编写的 C 语言程序中只包含一个 main 函数，并且变量也都定义在 main 函数中，因此前几章中定义的变量都是局部变量。

2. 局部变量定义的位置

局部变量定义必须放在函数开头，或函数内语句块的开头，并且必须放在执行语句之前，如赋值语句、函数调用语句等，否则程序编译无法通过。以 main 函数为例：

【出错程序】

```
01 #include<stdio.h>
02 int main()
03 {
04     int a=10;
05     printf("a=%d\n",a);
06     int b=20;                    // 出错代码
07     printf("b=%d\n",b);
08     getchar();
09     return 0;
10 }
```

【错误信息】如图 2-39 所示。

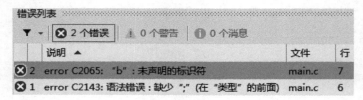

图 2-39　错误信息

【错误分析】

上述程序的第 6 行中，int 变量 b 在第 5 行函数调用之后定义，这里的函数调用属于执行语句，因此定义顺序不符合 C 语言语法规定。

【解决方案 1】将变量 b 定义放在 main 函数开头部分。

```
01 #include<stdio.h>
02 int main()
03 {
04     int a=10;
05     int b=20;                    // 修改之后的代码
06     printf("a=%d\n",a);
07     printf("b=%d\n",b);
08     getchar();
09     return 0;
10 }
```

【解决方案 2】使用大括号将变量 b 定义与引用语句括起来。

```
01 #include<stdio.h>
02 int main()
03 {
```

```
04  int a=10;
05  printf("a=%d\n",a);
06  {
07      int b=20;                    // 修改之后的代码
08      printf("b=%d\n",b);
09  }
10  getchar();
11  return 0;
12 }
```

3．局部变量的作用域

变量的作用域指的是变量的有效作用范围，而局部变量的作用域仅限于函数内部以及语句块中。

局部变量的作用域需要分两种情况来讨论。

（1）在函数内部定义的变量，只在本函数范围内有效，也就是说只有本函数内才能引用，本函数之外的语句都不能引用这些变量。

（2）在函数内部语句块中定义的变量，只在本语句块范围内有效，也就是说只有在该语句块内才能引用，该语句块之外都不能引用这些变量。

下面通过例子来了解函数内部的局部变量。

【示例 2-23】第 1 种局部变量的作用域。

```
01 #include<stdio.h>
02 int main()
03 {
04  int a=100;
05  printf("a=%d\n",a);
06  {
07      a=200;
08      printf("a=%d\n",a);
09  }
10  getchar();
11  return 0;
12 }
```

运行结果如图 2-40 所示。

【程序分析】

（1）上述程序的第 4 行中，定义了变量 a 并将其赋值为 100。

（2）第 5 行，输出变量 a 的值。

（3）第 7 行，在语句块中，将 200 赋值给变量 a。

（4）第 8 行，输出变量 a 的值。

```
a=100
a=200
```

图 2-40　运行结果

（5）通过【示例 2-23】可以看到，定义在函数内部的变量在整个函数范围内都可以引用，包括语句块中。

下面通过例子来了解语句块内部的局部变量。

【示例 2-24】第 2 种局部变量的作用域。

```
01 #include<stdio.h>
02 int main()
```

```
03  {
04      {                                      // 语句块开始
05          int a=200;
06      }                                      // 语句块结束
07      printf("a=%d\n",a);                    // 出错代码
08      getchar();
09      return 0;
10  }
```

【错误信息】

运行结果如图 2-41 所示。

【错误分析】

上述程序中，int 变量 a 定义在语句块中，而语句块中的变量只能在本语句块中引用，语句块以外不能使用这些变量。因此，第 7 行代码是引用不到变量 a 的。

图 2-41　错误信息

【解决方案】将第 7 行代码移至定义变量 a 的语句块中。

```
01  #include<stdio.h>
02  int main()
03  {
04      {
05          int a=200;
06          printf("a=%d\n",a);
07      }
08      getchar();
09      return 0;
10  }
```

运行结果如图 2-42 所示。

【高手支招】

在 C 语言中，局部变量的作用域以大括号进行区分。为方便读者理解局部变量的作用域，在【示例 2-25】中分别使用 2 个大括号标记出局部变量 a、b 的作用域。

图 2-42　运行结果

【示例 2-25】局部变量的作用域有效区间。

```
01  #include<stdio.h>
02  int main()
03  {
04  int a=100;
05  {
06      int b=200 ;
07      printf("a=%d\n",a);         b 在语句块内有效
08      printf("b=%d\n",b);
09  }
10  printf("a=%d\n",a);             a 在 main 函数内有效
11  getchar();
12  return 0;
13  }
```

运行结果如图 2-43 所示。

【程序分析】

上述程序中，int 变量 a 定义在函数内部，而 int 变量 b 定义在函数中的语句块内部。根据局部变量的作用域，变量 a 的作用范围是整个 main 函数，包括语句块。变量 b 的作用范围只是本语句块，出了该语句块就访问不到了。

```
a=100
b=200
a=100
```

图 2-43　运行结果

2.6.5　局部变量的初始化

1. 变量的初始化

在 C 语言中，第一次对变量进行赋值的操作被称为初始化。变量的初始化分为以下两种情况。

第一种，定义变量并且初始化，例如：

```
int a = 10;            // 定义并且初始化
```

第二种，先定义，后初始化，例如：

```
int a;
a=10;
```

2. 变量初始化与赋值的区别

变量初始化的本质就是赋值，不过只有第一次给变量赋值的操作才能被称为初始化。而变量赋值的次数没有限制了，可多次进行赋值。

3. 未初始化的问题

在 C 语言中，如果定义了局部变量，但是并未进行初始化，那么编译器并不会自动初始化局部变量，该局部变量的值将是未知的。因此，在程序中使用这样的变量是存在风险的。为了防止这种情况发生，在 VS2012 中，如果程序中使用了没有初始化的局部变量，运行程序时将会报错，下面通过例子来了解一下。

【出错程序】

```
1 #include<stdio.h>
2 int main()
3 {
4   int a;
5   printf("a=%d\n",a);  // 出错代码，使用了未初始化的局部变量
6   getchar();
7   return 0;
8 }
```

运行结果如图 2-44 所示。

【错误分析】

（1）上述程序的第 4 行中，定义了局部变量 a，但是未初始化。

（2）第 5 行，在 printf 函数中引用了未初始化的局部变量 a，程序运行直接抛出异常，异常信息为 "The variable 'a' is being used without being initialized." 中文意思为："变量 a 被使用了，但没被初始化"。

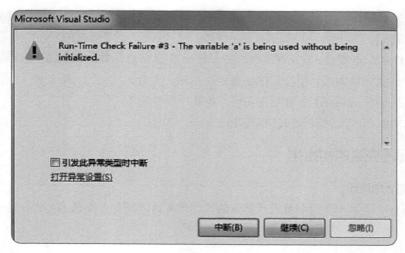

图 2-44　运行结果

在 VS2012 中，当程序运行抛出异常时，是无法正常编写程序的，此时需要退出异常才可以，退出程序异常分为以下两个步骤。

第1步　单击异常信息框的【中断】，如图 2-45 所示。

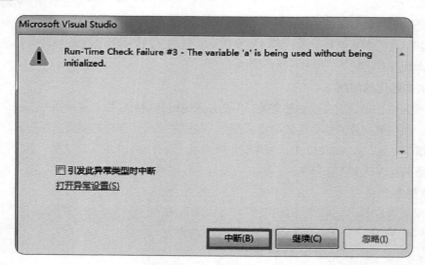

图 2-45　异常信息

第2步　单击【调试】菜单，选择【停止调试】命令，如图 2-46 所示。

图 2-46　选择停止调试

【解决方案】

使用局部变量前，进行初始化。例如：

```
1 #include<stdio.h>
2 int main()
3 {
4     int a=10;                // 定义并初始化
5     printf("a=%d\n",a);
6     getchar();
7     return 0;
8 }
```

或

```
1 #include<stdio.h>
2 int main()
3 {
4     int a;                   // 先定义
5     a=10;                    // 后初始化
6     printf("a=%d\n",a);
7     getchar();
8     return 0;
9 }
```

2.6.6　经典案例——交换变量

【案例要求】 编写程序，实现交换变量 a 和 b 的值。(不能直接通过赋值的方式实现)

【实现效果】

交换之前：a=10，b=20;

交换之后：a=20，b=10。

在下方 "……" 处补充代码。

```
01 #include<stdio.h>
02 int main()
03 {
04     int a=10;
05     int b=20;
06     ......
07     printf("%d %d",a,b);
08     getchar();
09     return 0;
10 }
```

【解题思路】 读者可以把变量 a 和变量 b 看作是两个杯子，把 a 和 b 中的值看作是两种不同的饮料，如 a 中装的是可乐，b 中装的是雪碧。交换变量 a 和变量 b 的值就相当于把可乐装到 b 中，把雪碧装到 a 中，如图 2-47 所示。

图 2-47　交换过程

仅使用两个杯子完成交换会很难，但如果还有一个空杯子，是不是交换起来就非常容易了，交换步骤如下。

第1步　准备一个空杯子，这里将其命名为 temp，把 a 中的可乐倒在 temp 中，如图 2-48 所示。

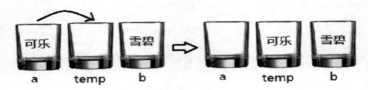

图 2-48　第 1 步交换

第2步　把 b 中的雪碧倒在 a 中，如图 2-49 所示。

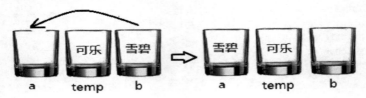

图 2-49　第 2 步交换

第3步　把 temp 中的可乐倒在 b 中，如图 2-50 所示。

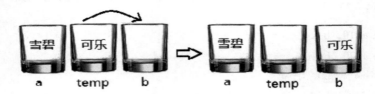

图 2-50　第 3 步交换

经过上述 3 步，最终就可以实现交换 a，b 中的饮料。

交换变量 a、b 的值也是如此，可以在程序中定义第三个变量 temp，然后像上述交换饮料一样，交换 3 次即可，交换代码实现如下：

```
temp=a;
a=b;
b=temp;
```

变量交换示意图如下所示。

第1步　temp=a 表示把变量 a 的值 10 赋给 temp，如图 2-51 所示。

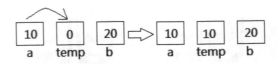

图 2-51　第 1 步变量交换

第2步　a=b 表示把变量 b 的值 20 赋给 a，如图 2-52 所示。

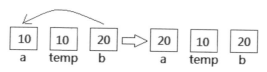

图 2-52　第 2 步变量交换

第3步 b=temp 表示把变量 temp 的值 10 赋给 b，如图 2-53 所示。

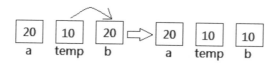

图 2-53　第 3 步变量交换

经过上述 3 个步骤就可以实现交换 a 和 b 的值。

注意： 读者不必去关注变量 temp 中的值，只要最终实现交换 a 和 b 的值即可。

【示例 2-26】交换 a 和 b 的值。

```
01 #include<stdio.h>
02 int main()
03 {
04  int a=10;
05  int b=20;
06  int temp=0;
07  printf(" 交换前 a=%d b=%d\n",a,b);
08  temp=a;
09  a=b;
10  b=temp;
11  printf(" 交换后 a=%d b=%d\n",a,b);
12  getchar();
13  return 0;
14 }
```

运行结果如图 2-54 所示。

【程序分析】

1. 第 4、5 行，定义两个需要交换的变量 a、b，并分别赋初值为 10、20。

```
交换前a=10 b=20
交换后a=20 b=10
```

图 2-54　运行结果

2. 第 6 行，定义第 3 个变量 temp 用于交换期间保存其他变量的值。

3. 第 7 行，输出交换之前变量 a、b 的值。

4. 第 8、9、10 行代码实现 a 和 b 的值相互交换。

5. 第 11 行，输出交换之后 a、b 的值。

零基础趣学 C 语言

2.7 课后习题

1. 编写一个 C 语言程序，输出以下常量。

    100

    3.14

    A

2. 以下哪些标识符是合法的。

    abcd %Abc a21 #443 _Max a>b Day 5_2_5 3a

3. 分别定义一个 int、char、float 类型变量，输出变量的信息。

    200

    6.28

    B

4. 为第 4 行程序添加行注释："输出字符串 hello rupeng"。

```
1 #include<stdio.h>
2 int main(void)
3 {
4   printf("hello rupeng");
5   return 0;
6 }
```

5. 补充程序，实现交换变量 a、b 的值，并输出到控制台中。

```
#include<stdio.h>
int main(void)
{
    int a=200;
    int b=300;
    ......
    printf("%d %d",a,b);
    return 0;
}
```

2.8 习题答案

1.

```
#include<stdio.h>
int main(void)
{
    printf("%d\n",100);
    printf("%f\n",3.14);
    printf("%c",'A');
    getchar();
}
```

2.

abcd、a21、_Max、Day 是合法的。

因为在 C 语言中标识符由字母（A~Z,a~z）、数字（0~9）和下划线"_"组成，并且首字符不能是数字，但可以是字母或者下划线。

3.

```
#include<stdio.h>
int main(void)
{
    int a=200;
    float f=6.28f;
    char c='A';
    printf("%d\n",a);
    printf("%f\n",f);
    printf("%c",c);
    getchar();
}
```

4.

```
1 #include<stdio.h>
2 int main(void)
3 {
4   printf("hello rupeng");        // 输出字符串 hello rupeng
5   return 0;
6 }
```

5.

```
#include<stdio.h>
int main(void)
{
    int a=200;
    int b=300;

    int temp=a;
    a=b;
    b=temp;
    printf("a=%d b=%d",a,b);
    getchar();
    return 0;
}
```

第 3 章　运算符与表达式

几乎任何一个 C 语言程序，都需要对数据进行运算，否则程序将没有意义。要进行数据运算，就需要使用到运算符，C 语言提供的运算符非常丰富，一共有 34 种。

由运算符与运算对象组成的式子，被称为"表达式"。由于 C 语言提供了丰富的运算符，因此表达式的种类也非常丰富，可以实现其他高级语言难以实现的运算。本章将详细介绍 C 语言中常用的运算符与表达式，掌握了这些以后，再去学习其他高级的运算符就会容易很多。

运算符是一种特殊的符号，用来对数据进行操作。C 语言中常用的运算符可分为以下几种：算术运算符、赋值运算符、复合赋值运算符、关系运算符、逻辑运算符、条件运算符和求字节数运算符。下面对它们进行讲解。

3.1　算术运算符和算术表达式

算术运算符用于执行程序中的数学运算，C 语言中常用的算术运算符有以下 5 种：

（1）+ 加或正值；

（2）− 减或负值；

（3）* 乘；

（4）/ 除；

（5）% 取余。

下面依次对这 5 种算术运算符进行详细介绍。

3.1.1　算术运算符

1．加法、正值运算符 "+"

"+"作为加法运算符时是双目运算符，也就是需要有 2 个操作数参与运算，如 a+b、1+3。如果作为正值运算符时是单目运算符，如 +3、+1。参与加法运算的操作数可以是常量，也可以是变量，示例代码如下。

【示例 3-1】加法、正值运算。

```
01 #include<stdio.h>
02 int main()
03 {
04  int a=10;
05  int b=20;
06  printf("a+b=%d\n",a+b);      // 变量相加
07  printf("a+1=%d\n",a+1);      // 变量与常量相加
08  printf("1+1=%d\n",1+1);      // 常量与常量相加
09  printf("%d\n",+a);
```

```
10    printf("%d\n",+100);
11    getchar();
12    return 0;
13 }
```

运行结果如图 3-1 所示。

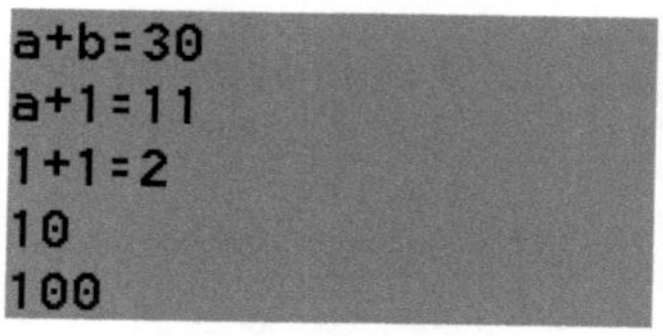

2. 减法或者负值运算符 "–"

"–" 作为减法运算符时是双目运算符，需要有 2 个操作数
参与运算，如 a–b、30–10。如果作为负值运算符时是单目运算
符，如 –3、–a，示例代码如下。

```
a+b=30
a+1=11
1+1=2
10
100
```

图 3-1　运行结果

【示例 3-2】减法、负值运算。

```
01 #include<stdio.h>
02 int main()
03 {
04    int a=10;
05    int b=20;
06    printf("b-a=%d\n",b-a);      // 变量相减
07    printf("a-1=%d\n",a-1);      // 变量与常量相减
08    printf("3-1=%d\n",3-1);      // 常量与常量相减
09    printf("%d\n",-a);
10    printf("%d\n",-100);
11    getchar();
12    return 0;
13 }
```

运行结果如图 3-2 所示。

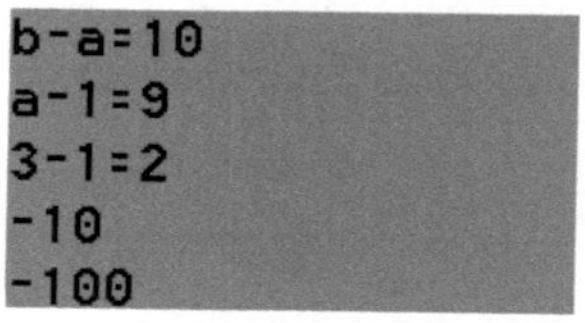

3. 乘法运算符 "*"

由于键盘上没有乘号 "×"，C 语言中使用 "*" 代替（通过
【Shift+8】组合键输入）。乘法运算符是双目运算符，需要 2 个操作
数参与运算，示例代码如下。

```
b-a=10
a-1=9
3-1=2
-10
-100
```

图 3-2　运行结果

【示例 3-3】乘法运算。

```
01 #include<stdio.h>
02 int main()
03 {
04    int a=10;
05    int b=20;
06    printf("b*a=%d\n",b*a);      // 变量相乘
07    printf("a*1=%d\n",a*1);      // 变量与常量相乘
08    printf("3*1=%d\n",3*1);      // 常量与常量相乘
09    getchar();
10    return 0;
11 }
```

运行结果如图 3-3 所示。

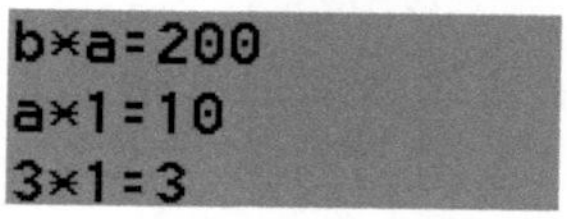

4. 除法运算符 "/"

由于键盘上没有除号 "÷"，C 语言中使用 "/" 代替，除法运
算符是双目运算符。

```
b*a=200
a*1=10
3*1=3
```

图 3-3　运行结果

注意： 除法运算在 C 语言中比较特殊，两个整数相除结果为整数，两个浮点数相除结果为浮点数，如果两个操作数中有一个是浮点数，相除结果为浮点数，示例代码如下。

【示例 3-4】除法运算。

```
01 #include<stdio.h>
02 int main()
03 {
04     int a=10;
05     int b=20;
06     printf("b/a=%d\n",b/a);
07     printf("a/1=%d\n",a/1);
08     printf("20/10=%d\n",20/10);
09     printf("b/6=%d\n",b/6);
10     printf("b/6.0=%lf\n",b/6.0);
11     printf("20/6=%d\n",20/6);
12     printf("20/6.0=%lf\n",20/6.0);
13     getchar();
14     return 0;
15 }
```

运行结果如图 3-4 所示。

【程序分析】

（1）上述程序的第 6~9 行中，两个操作数都是整数，相除结果为整数。虽然第 9 行 b/6 在数学中的结果应该为 3.333333……无限循环小数，但是在 C 语言中，整数相除结果仍为整数，会舍去小数部分，因此结果为 3。

（2）第 10 行，b/6.0 第 2 个操作数为小数，C 语言中规定除法运算中只要有一个操作数为小数，相除结果就为小数，因此 b/6.0 结果为 3.333333。

（3）第 11 行，整数相除结果仍为整数。

（4）第 12 行，整数与浮点数相除结果为浮点数。

（5）在 C 语言中，除号两侧有一个数为浮点数，结果就是浮点数。只有当两侧都为整数时，结果才为整数。

```
b/a       =2
a/1       =10
20/10     =2
b/6       =3
b/6.0     =3.333333
20/6      =3
20/6.0    =3.333333
```

图 3-4　运行结果

5. 求余运算符"%"

"%"属于双目运算符，且要求参与运算的两个操作数都必须是整数，求余运算的结果是两个数相除的余数，示例代码如下。

【示例 3-5】求余运算。

```
01 #include<stdio.h>
02 int main()
03 {
04  int a=6;
05  int b=20;
06  printf("%d\n",b%a);
07  printf("%d\n",a%5);
08  printf("%d\n",20%3);
```

```
09   printf("%d\n",20%4);
10   getchar();
11   return 0;
12 }
```

运行结果如图 3-5 所示。

图 3-5　运行结果

【程序分析】

（1）上述程序的第 6 行中，b 除以 a 的商是 3，余数为 2，所以 b%a 的结果为 2。

（2）第 7 行，a 除以 5 的商是 1，余数为 1，所以 a%5 的结果为 1。

（3）第 8 行，20 除以 3 的商是 6，余数为 2，所以 20%3 的结果为 2。

（4）第 9 行，20 除以 4 的商是 5，余数为 0，所以 20%4 的结果为 0。

注意： 在 C 语言中，要求求余运算的操作数必须都是整数或枚举（枚举本质上也是整数），否则程序编译会出错，如图 3-6 所示。

```
int a=6;
printf("%d\n",a%1.0);
printf("%d\n",6%1.0);
getchar();
return 0;
```
Error: 表达式必须具有整数或未区分范围的枚举类型

图 3-6　编译错误结果

3.1.2　算术表达式

将算术运算符、括号和操作数连接起来，符合 C 语言规则的式子被称为算术表达式，参与运算的操作数可以是常量、变量、函数等。例如：

```
a+1、a-b、1*10、20/2、30%4
```

需要注意的是 C 语言中的算术表达式是不能加分号的，要和 C 语言的语句严格区分（该规则适用于所有不同类型的表达式），例如：

```
a+1          // 不加分号，是算术表达式
a+1;         // 加了分号，是算术语句
```

1．算术运算符优先级

在数学中，算术运算有一套完整的运算规则。在 C 语言中，算术运算同样存在着规则。当算术表达式由多个不同的算术运算符组成时，会按照运算符的优先级进行运算：先乘除后加减；先括号里再括号外。优先级相同时，按照自左向右的顺序进行运算，例如：

```
a*10+(100%3)-b/10
```

括号的优先级最高，因此先计算（100%3）。"*"与"/"优先级相同，自左向右运算，先计算 a*10，再计算 b/10。"+"与"-"优先级相同，自左向右运算，先计算加法，再计算减法。

2．算术表达式的结果

在 C 语言中，算术表达式的本质是进行数学计算，因此，无论算术表达式多么复杂，最后都会返回一个计算结果，一般是整数或浮点数。

3.2 赋值运算符和赋值表达式

赋值运算符 "=", 是 C 语言中使用最多的运算符, 作用是将一个值(常量值、变量值、表达式计算结果)复制一份给另一个变量。

3.2.1 赋值运算符

赋值运算符的常见形式有以下 3 种。

(1)变量 = 表达式。

```
a = 1+1;            // 先计算表达式 1+1,然后将结果值赋给变量 a
```

(2)变量 = 常量。

```
a= 2;               // 将数值 2 直接赋值给变量 a
```

(3)变量 = 变量。

```
a= b;               // 将变量 b 的值赋值给变量 a
```

示例代码如下。

【示例 3-6】赋值运算。

```
01 #include<stdio.h>
02 int main()
03 {
04  int a;
05  int b;
06  int c;
07  a=20;            // 将数值 20 赋值给变量 a
08  b=a-10;          // 先计算 a-10,然后将计算结果赋值给变量 b
09  c=a+b;           // 先计算 a+b,然后将计算结果赋值给变量 c
10  printf("a=%d\n",a);
11  printf("b=%d\n",b);
12  printf("c=%d\n",c);
13  getchar();
14  return 0;
15 }
```

运行结果如图 3-7 所示。

```
a=20
b=10
c=30
```

注意: 赋值运算符的左边必须是变量, 这点读者必须注意,

图 3-7　运行结果

以下写法都是错误的:

```
20=30;              // 错误写法
100=a;              // 错误写法
20=a+1;             // 错误写法
```

3.2.2 赋值表达式

将赋值运算符、括号、操作数连接起来, 符合 C 语言规则的式子被称为赋值表达式, 参与运算的操作数可以是常量、变量、表达式、函数等。例如, a= 1+1、a=2、a=a+1、a=b。

注意： 赋值表达式也是不能加分号的，例如：

```
a=1+1      // 没有分号，是赋值表达式
a=1+1;     // 有分号，是赋值语句
```

1．赋值运算符优先级

赋值运算符在 C 语言中优先级是最低的。也就是说，无论多么复杂的表达式，赋值运算都是最后执行，例如：

```
c=a*10+(100%3)-b/10;
```

上述程序中，既有算术运算符，又有赋值运算符。因为赋值运算符的优先级是最低的，因此可以将上述程序分为两部分看待，先执行 "=" 右边的算术表达式，然后将计算结果赋值给 "=" 左边的变量 c。

2．赋值表达式的结果

前面讲过，C 语言中任何一个表达式都会产生一个结果值，赋值表达式也是如此。赋值表达式的结果就是 "=" 左边被赋值变量的值，例如：

【示例 3-7】赋值运算表达式。

```
01 #include<stdio.h>
02 int main()
03 {
04  int a;
05  int b;
06  printf("a=10 结果为: %d\n",a=10);
07  printf("b=20+30 结果为: %d\n",b=20+30);
08  getchar();
09  return 0;
10 }
```

运行结果如图 3-8 所示。

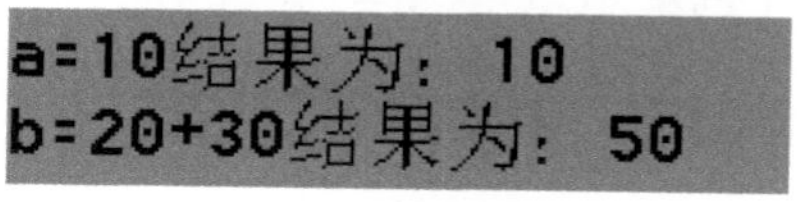

通过运行结果可以看到，赋值表达式 a=10 的结果为变量 a 的值为 10，赋值表达式 b=20+30 的结果为变量 b 的值为 50。

```
a=10结果为： 10
b=20+30结果为： 50
```

图 3-8　运行结果

3.3　复合赋值运算符和复合赋值表达式

在赋值运算符前加上其他运算符，就可以构成复合运算符。例如，在 "=" 前加一个 "+" 就构成复合运算符 "+="。在 C 语言中，常用的复合赋值运算有以下几种：

```
a+=10;       // 等价于 a=a+10
a-=10;       // 等价于 a=a-10
a*=10;       // 等价于 a=a*10
a/=10;       // 等价于 a=a/10
a%=10;       // 等价于 a=a%10
```

3.3.1　复合赋值运算符

在 C 语言中，编译器会将复合赋值运算符右边当做一个整体对待，例如：

```
a+=b*20;            // 等价于 a=a+(b*20)
a%=b+10;            // 等价于 a=a%(b+10)
```

以下是错误的解析方式，读者务必留意：

```
a+=b*20;            // 误当作 a=a+b*20，这是错误的
a%=b+10;            // 误当作 a=a%b+10，这是错误的
```

下面通过例子来了解常用的复合赋值运算的使用方法，示例代码如下。

【示例 3-8】复合赋值运算。

```
01 #include<stdio.h>
02 int main()
03 {
04  int a=1;
05  int b=2;
06  a+=b*20;
07  b%=a+10;
08  printf("a=%d\n",a);
09  printf("b=%d\n",b);
10  getchar();
11  return 0;
12 }
```

运行结果如图 3-9 所示。

```
a=41
b=2
```

图 3-9　运行结果

【程序分析】

1. 上述程序的第 6 行中，a+=b*20 等价于 a=a+(b*20)，分别代入 a 和 b 的值后为 a=1+(2*20)，计算结果为 41。因此，a 的值为 41。

2. 第 7 行，b%=a+10 等价于 b=b%(a+10)，分别代入 a 和 b 的值后为 b=2%(41+10)，计算后的商是 0，余数为 2，因此 b 的值为 2。

3.3.2　复合赋值表达式

将复合赋值运算符、括号、操作数连接起来，符合 C 语言规则的式子被称为复合赋值表达式，参与运算的操作数可以是常量、变量、表达式、函数等。如 a+=b、a%=10、a+=b*20、a%=b+10 等。复合赋值表达式的结果就是经过复合运算后，复合赋值运算符左边变量的值。下面通过例子来了解一下。

【示例 3-9】复合赋值表达式的结果。

```
01 #include<stdio.h>
02 int main()
03 {
04  int a=1;
05  int b=2;
06  printf("%d\n",a+=b*20);
07  printf("%d\n",b%=a+10);
08  getchar();
09  return 0;
10 }
```

```
41
2
```

运行结果如图 3-10 所示。

图 3-10　运行结果

【程序分析】

1. 根据运行结果可以看到，第 6 行，复合赋值表达式 a+=b*20 的结果为经过复合运算后变量 a 的值，即 41。

2. 第 7 行，复合赋值表达式 b%=a+10 的结果为经过复合运算后变量 b 的值，即 2。

3.4 自增、自减运算符

自增运算符"++"由两个"+"组成，作用是将变量值增加 1，在 C 语言中，"++"的位置不同表达的意思也不相同，分为两种情况：

```
++x;      //x 先自增 1，然后再参加运算
x++;      //x 先参与运算，然后自增 1
```

3.4.1 自增运算符

"++"自增运算符属于单目运算符，只能操作一个操作数，并且只能是数值类型（整型、浮点型）的变量，不能是常量或者表达式。示例代码如下。

```
#include<stdio.h>
int main()
{
    int a=1;
    a++;        //a++
    printf("a=%d\n",a);
    getchar();
    return 0;
}
```
运行结果：

`a=2`

```
#include<stdio.h>
int main()
{
    int a=1;
    ++a;        //++a
    printf("a=%d\n",a);
    getchar();
    return 0;
}
```
运行结果：

`a=2`

【程序分析】

粗略看，a++ 和 ++a 都相当于 a=a+1，好像并无差别。但是当 a++ 和 ++a 作为表达式被使用时，差别将非常大。

3.4.2 自增运算表达式

将自增运算符、括号、操作数连接起来，符合 C 语言规则的式子被称为自增运算表达式，参与运算的操作数只能是变量，不能是常量、表达式等。例如：

```
a++;         // 正确写法
++a;         // 正确写法
```

以下都是错误写法：

```
++100;       // 错误写法，不能是常量
200++;       // 错误写法，不能是常量
++(a+b);     // 错误写法，不能是表达式
(a+1)++;     // 错误写法，不能是表达式
```

前面讲过，"++"的位置不同，表达的意思也不相同，下面通过例子来深入了解一下。

```
#include<stdio.h>
int main()
{
    int a=1;
    int b=0;
    b=a++;    // 后 ++
    printf("a=%d\n",a);
    printf("b=%d\n",b);
    getchar();
    return 0;
}
运行结果:

a=2
b=1
```

```
#include<stdio.h>
int main()
{
    int a=1;
    int b=0;
    b=++a;      // 前 ++
    printf("a=%d\n",a);
    printf("b=%d\n",b);
    getchar();
    return 0;
}
运行结果:

a=2
b=2
```

【程序分析】

（1）在 C 语言中，如果"++"在变量的前面被称为"前自增"，如果"++"在变量的后面被称为"后自增"。

（2）前面讲过，C 语言程序中任何表达式都会返回一个结果值，自增运算表达式也是如此。如果是"变量 ++"，返回变量自增之前的值；如果是"++ 变量"，返回变量自增之后的值。因此，上述程序中，b=a++ 和 b=++a 执行过程等价于以下形式。

b=a++ 等价于:

```
b=a;
a=a+1;
```

b=++a 等价于:

```
a=a+1;
b=a;
```

注意： 需要注意的是，不管是"变量 ++"、还是"++ 变量"，最终变量值都会自增 1。

下面再通过一个例子来巩固一下自增运算表达式的使用。

```
1 #include<stdio.h>
2 int main()
3 {
4   int a=1;
5   printf("%d\n",a++); // 后自增
6   printf("a=%d\n",a);
7   getchar();
8   return 0;
9 }
运行结果:

1
a=2
```

```
1 #include<stdio.h>
2 int main()
3 {
4   int a=1;
5   printf("%d\n",++a); // 前自增
6   printf("a=%d\n",a);
7   getchar();
8   return 0;
9 }
运行结果:

2
a=2
```

【程序分析】

（1）上述左边程序中，表达式 a++ 执行流程为：先返回变量 a 自增之前的值 1，因此，第 5 行 printf 函数输出结果为 1。然后 a 自增 1 变为 2，因此，第 6 行输出 a 的值为 2。

（2）右边程序中，表达式 ++a 执行流程为：变量 a 先自增 1 变为 2，然后返回变量 a 的值 2，

因此，第 5、6 行 printf 函数输出结果都为 2。

3.4.3 自减运算符

自减运算符 "--" 由两个 "-" 组成，作用是将变量值减少 1，在 C 语言中，"--" 的位置不同表达的意思也不相同，分为两种情况：

```
--x;            //x 先自减 1，然后再参加运算
x--;            //x 先参与运算，然后自减 1
```

"--" 自减运算符也属于单目运算符，只能操作一个操作数，并且只能是数值类型（整型、浮点型）的变量，不能是常量或者表达式。

3.4.4 自减运算表达式

将自减运算符、括号、操作数连接起来，符合 C 语言规则的式子被称为自减运算表达式，参与运算的操作数只能是变量，不能是常量、表达式等。例如：

```
a--;            // 正确写法
--a;            // 正确写法
```

以下都是错误写法：

```
--100;          // 错误写法，不能是常量
200--;          // 错误写法，不能是常量
--(a+b);        // 错误写法，不能是表达式
(a+1)--;        // 错误写法，不能是表达式
```

"--" 和 "++" 运算符在执行效果上是差不多，只不过 "++" 是加 1、"--" 是减 1 而已。前面已经对 "++" 进行了详细描述，"--" 就不再赘述，下面通过例子来巩固一下 "--" 的使用。

```
01 #include<stdio.h>
02 int main()
03 {
04   int a=1;
05   int b=a--;     // 后自减
06   printf("a=%d\n",a);
07   printf("b=%d\n",b);
08   getchar();
09   return 0;
10 }
运行结果：
a=0
b=1
```

```
01 #include<stdio.h>
02 int main()
03 {
04   int a=1;
05   int b=--a;     // 前自减
06   printf("a=%d\n",a);
07   printf("b=%d\n",b);
08   getchar();
09   return 0;
10 }
运行结果：
a=0
b=0
```

【程序分析】

1. 在 C 语言中，如果 "--" 在变量的前面被称为 "前自减"，如果 "--" 在变量的后面被称为 "后自减"。

2. 前面讲过，C 语言程序中任何表达式都会返回一个结果值，自减运算表达式也是如此。如果是 "变量 --"，返回变量自减之前的值；如果是 "-- 变量"，返回变量自减之后的值。因此，上述程序中，b=a-- 和 b=--a 的执行过程等价于以下形式：

b=a-- 等价于:	b=--a 等价于:
b=a; a=a-1;	a=a-1; b=a;

注意: 需要注意的是,不管是"变量 --"、还是"-- 变量",最终变量值都会自减 1。

3.5 强制类型转换运算符

强制类型转换运算符由括号"( )"和数据类型两部分构成,形式为:(数据类型)。其一般使用形式为:

```
(数据类型)常量;
(数据类型)变量;
(数据类型)(表达式);
```

其作用是将常量、变量、表达式运算结果等,转换为括号中的指定数据类型。

下面通过例子来理解一下强制类型转换运算符的使用。

```
01 #include<stdio.h>
02 int main()
03 {
04   int a;
05   float f;
06   a=3.14;
07   f=10+20;
08   printf("a=%d\n",a);
09   printf("f=%f\n",f);
10   getchar();
11   return 0;
12 }
运行结果:
```

```
a=3
f=30.000000
```

```
01 #include<stdio.h>
02 int main()
03 {
04   int a;
05   float f;
06   a=(int)3.14;
07   f=(float)(10+20);
08   printf("a=%d\n",a);
09   printf("f=%f\n",f);
10   getchar();
11   return 0;
12 }
运行结果:
```

```
a=3
f=30.000000
```

【程序分析】

1. 上述程序中,左侧没有使用强制类型转换,右侧使用了强制类型转换。分析运行结果,两者好像没有什么区别,结果都是一样的。但是,读者是否留意 VS2012 底部的【输出】窗口,图 3-11 和图 3-12 所示是左、右两侧程序【输出】窗口信息。

图 3-11 左侧程序【输出】窗口信息

图 3-12 右侧程序【输出】窗口信息

2. 通过对比，可以看到，左侧程序在编译时有警告信息，而右侧程序则没有。导致这种差别是，左侧程序中赋值运算符 "=" 两侧的操作数类型不相同。而右侧程序中使用了强制类型转换，编译器会先将 "=" 右侧的操作数转换为括号中指定数据类型，然后将转化结果赋值给 "=" 左侧的变量。例如：

```
int a;
a=(int)3.14;
```

编译器在执行这段程序时，先将浮点数 3.14 转换为整数 3，然后将整数 3 赋值给整型变量 a，此时 "=" 两侧操作数类型是一致的，因此编译器不会发出警告。

在使用强制类型转换运算符时有以下几点需要注意：

（1）如果强制转换的操作数是表达式，需要用括号将表达式括起来，例如：

```
(int) 10+3.14          // 错误写法，结果仍是浮点数
(int) (10+3.14)        // 正确写法，结果是整数
```

（2）如果强制转换的操作数是单个常量或变量，括号可以省略，例如：

```
(int) (3.14)          // 正确写法，结果是整数
(int) 3.14            // 正确写法，省略括号，结果是整数
(int) (a)            // 正确写法，结果是整数
(int) a             // 正确写法，省略括号，结果是整数
```

（3）强制类型转换过程中，系统会产生一个和指定类型相同的临时结果，原变量的类型并未改变。例如：

```
int a=0;
float b=3.14;
a=(int)b;
```

此时 a 的值为 3。但需要注意的是，变量 b 的类型仍是 float，这段程序只是将 (int)b 产生的临时运算结果赋值给 int 变量 a 而已。

3.6 关系运算符与关系表达式

关系运算符又称 "比较运算符"，用于执行程序中的比较运算。C 语言中所有关系运算符都是双目运算符，也就是说需要两个操作数参与运算。常用的关系运算符有以下 6 种。

（1）<	小于	（4）>=	大于等于
（2）<=	小于等于	（5）==	等于
（3）>	大于	（6）!=	不等于

3.6.1 关系运算符

"<" 小于：如果左侧的操作数小于右侧的操作数，结果返回 1，否则返回 0。

"<=" 小于等于：如果左侧的操作数小于等于右侧的操作数，结果返回 1，否则返回 0。

">" 大于：如果左侧的操作数大于右侧的操作数，结果返回 1，否则返回 0。

">=" 大于等于：如果左侧的操作数大于等于右侧的操作数，结果返回 1，否则返回 0。

"==" 等于：如果左侧的操作数等于右侧的操作数，结果返回 1，否则返回 0。

"!=" 不等于：如果左侧的操作数不等于右侧的操作数，结果返回 1，否则返回 0。

3.6.2 关系表达式

将关系运算符、括号、操作数连接起来，符合 C 语言规则的式子被称为关系表达式。参与运算的操作数可以是常量、变量、表达式、函数等。例如：

```
1>2;              //1 是否大于 2
3<a;              //3 是否小于变量 a
1+1==b;           //1+1 的结果是否等于变量 b
10*20!=c;         //10 乘 20 的结果是否不等于变量 c
```

1．关系表达式的结果

关系表达式的运算结果只有两种：0 或 1。0 表示关系表达式为假，1 表示关系表达式为真。

【示例 3-10】关系表达式的结果。

```
01 #include<stdio.h>
02 int main()
03 {
04  int a=10;
05  int b=20;
06  int c=30;
07  printf("%d\n", 1>2);
08  printf("%d\n", 5>=2);
09  printf("%d\n", a<2);
10  printf("%d\n", a<=b);
11  printf("%d\n", a+b==c);
12  printf("%d\n", c!=a+b);
13  getchar();
14  return 0;
15 }
```

运行结果如图 3-13 所示。

【程序分析】

（1）前面介绍过，关系表达式的结果值是整数类型，因此采用 %d 格式输出是合适的。

（2）第 7 行，1 大于 2 为"假"，1>2 结果为 0。

（3）第 8 行，5 大于等于 2 为"真"，5>=2 结果为 1。

（4）第 9 行，变量 a 小于 2 为"假"，a<2 结果为 0。

（5）第 10 行，变量 a 小于等于变量 b 为"真"，a<=b 结果为 1。

（6）第 11 行，先计算 a+b，结果为 30，30==c 为"真"，也即 a+b==c 结果为 1。

（7）第 12 行，先计算 a+b，结果为 30，c!=30 为"假"，也即 c!=a+b 结果为 0。

图 3-13　运行结果

2．关系运算符的优先级

在程序中，关系运算符经常与算术运算符、赋值运算符一起使用。当表达式中同时出现关系运算符、算术运算符和赋值运算符值时，需要按照运算符的优先级进行运算，优先次序为：

（1）算术运算符优先级高于关系运算符；

（2）关系运算符优先级高于赋值运算符。

也就是说，在程序运行过程中，先执行表达式中的算术运算，然后执行关系运算，最后执行赋值运算。

【示例 3-11】关系运算符的优先级。

```
1 #include<stdio.h>
2 int main()
3 {
4   int a=1>1+2;
5   printf("%d\n",a);
6   getchar();
7   return 0;
8 }
```

运行结果如图 3-14 所示。

`a = 0`

【程序分析】

图 3-14　运行结果

根据关系运算符的优先级规则，第 4 行，先执行算术运算 1+2，结果为 3，然后执行关系运算 1>3，结果为 0，最后执行赋值运算，将 0 赋值给变量 a。

在初学运算符时，读者经常会为分析不同类型运算符之间的优先级而感到头痛不已。为了解决这种问题，建议读者使用括号将表达式括起来，显式指定运算的优先级，例如：

```
1>(1+2);
```

因为括号运算符在 C 语言中优先级是最高的，因此系统会先计算括号中的表达式。

3.7 逻辑运算符与逻辑表达式

逻辑运算符用于对程序中的逻辑值进行运算。在日常生活中，逻辑值只有两种："真"或"假"。但是 C 语言中没有逻辑类型，为了解决这个问题，采用 0 代表逻辑"假"，非 0 代表逻辑"真"。

3.7.1 逻辑运算符

C 语言提供的逻辑运算符有以下 3 种。

（1）&&　　　逻辑与

（2）||　　　逻辑或

（3）!　　　逻辑非

逻辑与"&&"和逻辑或"||"都是双目运算符，需要两个操作数才能进行运算。逻辑非"!"是单目运算符，只需一个操作数即可进行运算。

C 语言逻辑运算符表示的含义如表 3-1 所示。

表 3-1　逻辑运算符含义

运算符	名　称	举　例	说　明
&&	逻辑与	a&&b	a 和 b 都为"真"，结果为"真"，否则为"假"
||	逻辑或	a||b	a 或 b 有一个为"真"，结果为"真"。a 和 b 都为"假"时，结果才为"假"
!	逻辑非	!a	a 为"假"，!a 结果为"真"；a 为"真"，!a 结果为"假"

3.7.2　逻辑表达式

将逻辑运算符、括号、操作数连接起来，符合 C 语言规则的式子被称为逻辑表达式，参与运算的操作数可以是常量、变量、表达式等。

在 C 语言中，逻辑表达式的结果只有 0 和 1 两种，0 代表"假"，1 代表"真"。

注意：（1）系统在进行逻辑运算（逻辑判断）时，以 0 为"假"，非 0 为"真"。

（2）系统在表示逻辑运算结果时，以 0 为"假"，1 为"真"。

为了方便读者理解逻辑运算，以小明是成年男性为例。

小明是成年男性，使用逻辑与运算表示为：成年人 && 男性。

小明是男性或成年人，使用逻辑或表示为：成年人 || 男性。

小明不是男性，使用逻辑非表示为：! 男性。

小明不是成年人，使用逻辑非表示为：! 成年人。

下面通过例子来了解一下逻辑运算符的使用。

【示例 3-12】逻辑运算符的使用。

```
01 #include<stdio.h>
02 int main()
03 {
04   int gender=1;          // gender 性别：1 表示男，0 表示女
05   int adult=1;           // adult 是否成年：1 表示成年，0 表示未成年
06   printf("%d\n", gender && adult);
07   printf("%d\n", gender || adult);
08   printf("%d\n", !gender);
09   printf("%d\n", !adult);
10   getchar();
11   return 0;
12 }
```

运行结果如图 3-15 所示。

图 3-15　运行结果

【程序分析】

1. 第 4 行，定义变量 gender 并赋值为 1。1 表示男，0 表示女。

2. 第 5 行，定义变量 adult 并赋值为 1。1 表示成年，0 表示未成年。

3. 第 6 行，gender && adult 运算结果为 1，表示是男性并且是成年。逻辑与 (&&) 运算两侧都是为"真"（非 0）时，结果才为"真"(1)，否则都为"假"(0)。

4. 第 7 行，gender || adult 运算结果为 1，表示是男性或者是成年。逻辑或 (||) 运算两侧有一个为"真"（非 0）时，结果就为"真"(1)。两侧都为"假"(0) 时，结果才为"假"(0)。

5. 第 8 行，逻辑非 ! gender 运算结果为 0，表示是男性。逻辑非 (!) 相当于取反操作，"真"（非 0) 取反结果为"假"(0)，"假"(0) 取反结果为"真"(1)。

6. 第 9 行，逻辑非 ! adult 运行结果为 0，表示成年。

说明：实际上，逻辑运算符两侧的操作数不仅可以是 0 或非 0 的整型数据，还可以是字符型、

浮点型、指针型等。但是，系统最终都以 0 和非 0 来判断它们属于"真"或"假"。例如：

'A' && 'B' // 字符 'A' 和 'B' 的 ASCII 码都是非 0，按照"真"处理，结果为 1

3.14 && 10 // 浮点数 3.14 和 10 都是非 0，按照"真"处理，结果为 1。

通过上述分析后，可以将 C 语言中的逻辑运算结果总结为表 3-2。

表 3-2　逻辑运算关系表

a	b	!a	!b	a&&b	a||b
非 0	非 0	0	0	1	1
非 0	0	0	1	0	1
0	非 0	1	0	0	1
0	0	1	1	0	0

3.8　逻辑运算的"陷阱"：短路与、短路或

在 C 语言中，使用逻辑运算符时，常常会遇到一些"陷阱"，这些所谓的"陷阱"其实是程序运行优化带来的一些副作用。而恰恰是因为这种优化给我们的编程带来了一些不必要的麻烦，下面将详细介绍。

3.8.1　短路与运算

短路与运算其实是对逻辑与"&&"中运算的一种优化，语法特点是：当"&&"左侧为"假"时，逻辑与运算表达式结果直接为"假"，"&&"右侧将不再进行判断。

之所以会这样，是因为逻辑与运算规定"&&"两侧都为"真"时，结果才为"真"，否则结果都为"假"。因此当"&&"左侧已经为假时，"&&"右侧也就没有必要再进行判断。

下面通过两个例子的对比来了解一下短路与运算。

```
01 #include<stdio.h>
02 int main()
03 {
04    int a=8;
05    int b = (a>5)&&((a=a+5)<10);
06    printf("b=%d\n",b);
07    printf("a=%d",a);
08    getchar();
09    return 0;
10 }
运行结果：
b=0
a=13
```

```
01 #include<stdio.h>
02 int main()
03 {
04    int a=8;
05    int b = (a<5)&&((a=a+5)<10);
06    printf("b=%d\n",b);
07    printf("a=%d",a);
08    getchar();
09    return 0;
10 }
运行结果：
b=0
a=8
```

【程序分析】

1. 首先，上述两个程序，除了第 5 行代码外，其余代码都是相同的。

2. 表达式中有括号，先计算括号内，再计算括号外，同级括号，按照自左向右的顺序进行计算。

3. 左侧程序第 5 行，先计算 "&&" 左侧的 (a>5)，结果为 1，代表 "真"，然后计算 "&&" 右侧的 ((a=a+5)<10)，先计算 (a=a+5)，结果为 13，此时变量 a 为 13，再计算 13<8，结果为 0，代表 "假"。最终，"真 && 假" 为 "假"，"假" 以 0 代表，将 0 赋值给变量 b。

4. 右侧程序第 5 行，先计算 "&&" 左侧的 (a<5)，结果为 0，代表 "假"，"假 &&(任意值)" 都为 "假"，"假" 以 0 代表。因此 "&&" 右侧的 ((a=a+5)<10) 将不再进行计算，变量 a 的值仍为 8。最后，将 0 赋值给变量 b。

3.8.2 短路或运算

短路或运算其实是对逻辑或（ "||" ）运算的一种优化，语法特点是当 "||" 左侧为 "真" 时，逻辑或运算表达式结果直接为 "真"，"||" 右侧将不再进行判断。

之所以会这样，是因为逻辑或运算规定 "||" 两侧只要有一个为 "真" 结果就为 "真"，两侧全为 "假" 结果才为 "假"。因此当 "||" 左侧已经为 "真" 时，"||" 右侧也就没有必要再进行判断。

下面通过两个例子的对比来了解一下短路或运算。

```
01 #include<stdio.h>
02 int main()
03 {
04   int a=8;
05   int b = (a<5)||((a=a+5)<10);
06   printf("b=%d\n",b);
07   printf("a=%d",a);
08   getchar();
09   return 0;
10 }
```
运行结果：

```
b=0
a=13
```

```
01 #include<stdio.h>
02 int main()
03 {
04   int a=8;
05   int b = (a>5)||((a=a+5)<10);
06   printf("b=%d\n",b);
07   printf("a=%d",a);
08   getchar();
09   return 0;
10 }
```
运行结果：

```
b=1
a=8
```

【程序分析】

1. 首先，上述两个程序，除了第 5 行代码外，其余代码都是相同的。

2. 左侧程序第 5 行，先计算 "||" 左侧的 (a<5)，结果为 0，代表 "假"，然后计算 "||" 右侧的 ((a=a+5)<10)，先计算 (a=a+5)，结果为 13，此时变量 a 为 13，再计算 13<8，结果为 0，代表 "假"。最终，"假 && 假" 为 "假"，"假" 以 0 代表，将 0 赋值给变量 b。

3. 右侧程序第 5 行，先计算 "||" 左侧的 (a>5)，结果为 1，代表 "真"，"真 ||(任意值)" 都为 "真"，"真" 以 1 代表。因此 "||" 右侧的 ((a=a+5)<10) 将不再进行计算，变量 a 的值仍为 8。最后，将 1 赋值给变量 b。

3.9　条件运算符与条件表达式

条件运算符用于处理程序中简单的条件运算，作用是当满足一定条件时，执行某段特定的代码，否则执行其他代码。常常用于二选一的情况，与后面章节中介绍的 if 语句作用类似，甚至在某些情况下可以相互替换。

3.9.1 条件运算符

条件运算符又被称为三目运算符，由 "?" 与 ":" 两个符号组成，而且必须一起使用，不能分开。该运算符是 C 语言中唯一的三目运算符，需要三个操作数才能进行运算。

3.9.2 条件表达式

将条件运算符、括号、操作数连接起来，符合 C 语言规则的式子被称为条件表达式。参与运算的操作数可以是常量、变量、表达式等。条件表达式的一般使用形式为：

    表达式 1？表达式 2：表达式 3

条件表达式的运算规则为：如果表达式 1 的结果为 "真"，以表达式 2 的值作为整个条件表达式的值，否则以表达式 3 的值作为整个条件表达式的值。例如：

    max=a>b?a:b

以上程序可以这么理解：如果 a>b 为 "真"，将 a 赋值给 max，否则将 b 赋值给 max。a>b?a:b 被称为条件表达式。一般为了代码结构清晰，建议使用括号将条件运算表达式括起来，如 max=(a>b?a:b)。

条件表达式的执行流程如图 3-16 所示。

下面通过例子来了解一下条件运算符的使用。

【示例 3-13】条件运算符的使用。

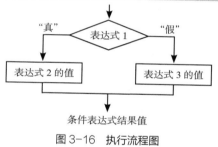

条件表达式结果值

图 3-16 执行流程图

```
01 #include<stdio.h>
02 int main()
03 {
04  int a=9;
05  int b=0;
06  b=(a>10?888:666);
07  printf("b=%d\n",b);
08  b=(a>5?888:666);
09  printf("b=%d\n",b);
10  getchar();
11  return 0;
12 }
```

运行结果如图 3-17 所示。

【程序分析】

1. 首先，第 4、5 行，定义 int 变量 a、b 并初始化为 9、0。

b=666
b=888

图 3-17 运行结果

2. 第 6 行，表达式 a>10 的结果为 "假"，以表达式 3 的值 666 作为整个条件表达式的值。因此，该条件表达式运算结果为 666，然后赋值给变量 b。

3. 第 7 行，输出变量 b 的值 666。

4. 第 8 行，表达式 a>5 结果为 "真"，以表达式 2 的值 888 作为整个条件表达式的值。因此，该条件表达式运算结果为 888，然后赋值给变量 b。

5. 第 9 行，输出变量 b 的值 888。

下面再通过例子巩固一下条件运算符的使用。

【示例 3-14】使用条件运算符判断数据能否被 3 整除。

```
1 #include<stdio.h>
2 int main()
3 {
4   printf("%s\n",(6%3==0)?"6 能被 3 整除 ":"6 不能被 3 整除 ");
5   printf("%s\n",(5%3==0)?"5 能被 3 整除 ":"5 不能被 3 整除 ");
6   getchar();
7   return 0;
8 }
```

运行结果如图 3-18 所示。

【程序分析】

```
6能被3整除
5不能被3整除
```

图 3-18 运行结果

1. 第 4 行，先计算 (6%3==0) 结果为 "真"，以 "6 能被 3 整除 " 作为条件表达式的结果，等价于 printf("%s\n","6 能被 3 整除 ")。

2. 第 5 行，先计算 (5%3==0) 结果为 "假"，以 "5 不能被 3 整除 " 作为条件表达式的结果，等价于 printf("%s\n","5 不能被 3 整除 ")。

条件表达式的结果

前面讲过，C 语言中任何表达式都会产生一个结果值，条件表达式也是如此。不过需要注意的是，条件表达式的结果事先是无法确定的，要根据表达式 1 的结果进行判断：如果表达式 1 的结果为 "真"，则以表达式 2 的运算结果作为整个条件表达式的值，否则以表达式 3 的运算结果作为整个条件表达式的值。

3.10 求字节数运算符

求字节数运算符 sizeof 用于计算变量、常量、类型所占字节数。该运算符是 C 语言中唯一一个使用单词作为运算符的，"sizeof " 的用法有以下两种。

第一种用法：sizeof（类型）

上述表达式的运算结果为：括号中的类型在当前操作系统下所占字节数。

下面通过 sizeof 计算 C 语言中常用数据类型所占字节数。

【示例 3-15】sizeof 计算常用数据类型所占字节数。

```
01 #include<stdio.h>
02 int main()
03 {
04 printf("sizeof(char) =%d\n", sizeof(char));
05 printf("sizeof(int)  =%d\n", sizeof(int));
06 printf("sizeof(float) =%d\n", sizeof(float));
07 printf("sizeof(double)=%d\n", sizeof(double));
08 getchar();
09 return 0;
10 }
```

```
sizeof(char)    =1
sizeof(int)     =4
sizeof(float)   =4
sizeof(double)  =8
```

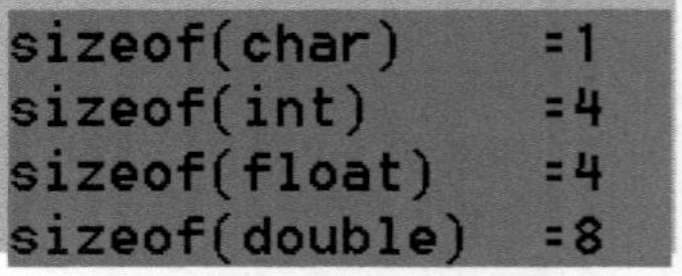

图 3-19 运行结果

运行结果如图 3-19 所示。

【程序分析】

根据运算结果可以看到，在 32 位操作系统下，char 类型占 1 字节、int 类型占 4 字节、float 类型占 4 字节、double 类型占 8 字节。

第二种用法：sizeof（变量）

上述表达式的运算结果为：括号中的变量在当前操作系统下所占字节数。

下面通过 sizeof 计算变量所占字节数。

【示例 3-16】sizeof 计算变量所占字节数。

```
01 #include<stdio.h>
02 int main()
03 {
04   char      ch='A';
05   int       a=100;
06   float     f=3.14f;
07   double    d=3.14;
08   printf("sizeof(ch)  =%d\n",sizeof(ch));
09   printf("sizeof(a)   =%d\n",sizeof(a));
10   printf("sizeof(f)   =%d\n",sizeof(f));
11   printf("sizeof(d)   =%d\n",sizeof(d));
12   getchar();
13   return 0;
14 }
```

运行结果如图 3-20 所示。

【程序分析】

根据运算结果可以看到，在 32 位操作系统下，char 类型变量占 1 字节、int 类型变量占 4 字节、float 类型变量占 4 字节、double 类型变量占 8 字节。

```
sizeof(ch)      =1
sizeof(a)       =4
sizeof(f)       =4
sizeof(d)       =8
```

图 3-20　运行结果

sizeof 表达式的运算结果为整数，表示变量或类型在当前操作系统下所占字节数。

3.11　课后习题

1．int a=10，b=20，计算 a+b、a-b、a*b、a/10、a%b 的结果，并输出。

2．在 C 语言程序中，计算 10/3 和 10/3.0 会输出什么信息？

3．简述 ++i 和 i++ 的区别。

4．在 C 语言中如何表示"真"和"假"？

5．以下程序输出 a 的值为多少？

```
#include<stdio.h>
int main()
{
    int a=6;
    int b = (a<5)&&((a=a+5)<10);
    printf("a=%d",a);
    getchar();
```

```
    return 0;
}
```

6. 以下程序输出 b 的值为多少?

```
#include<stdio.h>
int main()
{
    int a=6;
    int b=0;
    b=(a>10?888:666);
    printf("b=%d\n",b);
    getchar();
    return 0;
}
```

3.12 习题答案

1.

```
#include<stdio.h>
int main(void)
{
    int a=10;
    int b=20;
    printf("a+b=%d\n",a+b);
    printf("a-b=%d\n",a-b);
    printf("a*b=%d\n",a*b);
    printf("a/b=%d\n",a/b);
    printf("a%%b=%d",a%b);
    getchar();
    return 0;
}
```

2. 在 C 语言中,"/"(除号)两侧只要有一个操作数为小数结果就是小数,两侧都为整数时结果才为整数。因此,10/3 的结果为 3,10/3.0 的结果为 3.333333。

3. ++i 运算结果是 i 自增之后的值。

   i++ 运算结果是 i 自增之前的值。

4. 在 C 语言中,0 为"假",非 0 为"真"。

5. 本题主要考查短路与运算。a 的初值为 6,a<5 结果为"假",根据短路与运算规则,"&&"右侧不再参加运算,所以最终 a 的值仍为 6。

6. 本题主要考查三目运算符。a 的初值为 6,a>10 结果为"假",所以表达式 (a>10?888:666) 的结果为 666,最终 b 的值为 666。

第4章　选择结构

在前几章的学习中，所编写的程序都是按照顺序结构进行设计。在顺序结构中，程序从上到下逐行执行，中间没有任何跳跃，每行语句都会被执行到。虽然采用顺序结构已经可以满足编程需求，但实际上，在很多情况下，我们期望当满足某个条件时才执行某段程序，否则就不执行。如：

（1）如果学生的成绩大于等于60分，就输出"及格"，否则就输出"不及格"；

（2）判断一个人的性别，如果是男生，就输出"男"，否则就输出"女"；

（3）如果年龄大于等于18岁，就输出"成年人"，否则就输出"未成年人"。

对于这样的需求，采用顺序结构显然是不行的，因为代码即使出现在程序中，也有可能不会被执行。为了解决这类问题，C语言提供了选择结构，也被称为分支结构。采用选择结构设计的程序在执行时，并不是从上到下逐行执行，而是根据不同的条件执行不同的代码。

C语言为实现选择结构提供了两种语句：

（1）if选择语句；

（2）switch选择语句。

下面将详细介绍这两种选择语句。

4.1　if 语句

if语句是通过判断给定的条件是否为"真"，来决定是否执行指定的代码，if语句的写法有很多，常用的形式有三种，本节将依次介绍。

4.1.1　if 语句的第一种形式

if语句的第一种形式如下所示。

```
if( 表达式 ) 语句
```

或

```
if( 表达式 )
{
    语句块
}
```

> **说明：**（1）表达式一般是比较表达式、或逻辑表达式。
>
> （2）语句可以是单行语句，也可以是复合语句（语句块）。

第一种if语句的执行过程为：如果表达式的运算结果为"真"（非0为"真"），则执行if后

面的语句，如果为"假"（0 为"假"）直接跳过该语句（语句块）继续向下执行。它的执行流程
如图 4-1 所示。

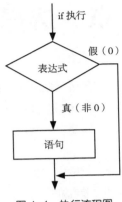

图 4-1 执行流程图

下面通过例子来了解一下 if 语句的使用。

【示例 4-1】if 语句的使用。

```
01 #include<stdio.h>
02 int main()
03 {
04   int age=8;
05   if(age>18)
06   {
07       printf(" 年龄大于 18\n");
08   }
09   printf(" 执行结束 \n");
10   getchar();
11   return 0;
12 }
```
运行结果：

执行结束

```
01 #include<stdio.h>
02 int main()
03 {
04   int age=28;
05   if(age>18)
06   {
07       printf(" 年龄大于 18\n");
08   }
09   printf(" 执行结束 \n");
10   getchar();
11   return 0;
12 }
```
运行结果：

年龄大于18
执行结束

【程序分析】

1. 上述程序中，只有第 4 行代码是不同的，其余代码均相同。

2. 左侧程序中，变量 age 初始值为 8。表达式 age>18 为"假"，跳过 if 语句后面的第 6~8
行语句，直接从第 9 行开始执行。

3. 右侧程序中，变量 age 初始值为 28。表达式 age>18 为"真"，执行 if 语句后面的第 6~8
行语句，然后接着从第 9 行执行。

4. 通过运行结果可以看到，当 if 语句中的表达式结果为真时，执行 if 后面语句或语句块，
为假时则直接跳过。

需要特殊说明的是，当 if 语句后面指定的语句只有一行时，花括号"{ }"可以省略不写，
例如以下情况。

【示例 4-2】if 语句中 "{ }" 可以省略不写的情况。

```
01 #include<stdio.h>
02 int main()
03 {
04   int age=8;
05   if(age>18)
06   printf(" 年龄大于 18\n");
07   printf(" 执行结束 \n");
08   getchar();
09   return 0;
10 }
```
运行结果：

执行结束

```
01 #include<stdio.h>
02 int main()
03 {
04   int age=28;
05   if(age>18)
06   printf(" 年龄大于 18\n");
07   printf(" 执行结束 \n");
08   getchar();
09   return 0;
10 }
```
运行结果：

年龄大于18
执行结束

不过为了使程序更加清晰、有层次感，建议读者无论 if 语句后面指定的语句有多少行，都加上花括号 "{ }"，本书也默认统一采用加花括号的形式。

4.1.2 if 语句的第二种形式

if 语句的第二种形式如下所示。

```
if( 表达式 )
{
    语句 1
}
else
{
    语句 2
}
```

这种形式的 if 语句也被称为 if…else…语句，该语句的执行过程为：如果表达式结果为 "真"（非 0），执行 if 后面 { } 中的语句 1。如果为 "假"（0），则执行 else 后面 "{ }" 中的语句 2。也就是说 if 与 else 后面的语句只能有一个被执行。执行流程如图 4-2 所示。

下面通过例子来了解一下 if…else…语句使用。

【示例 4-3】if…else…语句使用。

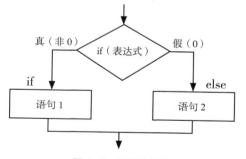

图 4-2　执行流程图

```
01 #include<stdio.h>
02 int main()
03 {
04   int age=10;
05   if(age>18)
06   {
07       printf(" 成年人 \n");
08   }
```

```
01 #include<stdio.h>
02 int main()
03 {
04   int age=20;
05   if(age>18)
06   {
07       printf(" 成年人 \n");
08   }
```

```
09  else
10  {
11      printf(" 未成年人 ");
12  }
13  getchar();
14  return 0;
15  }
```
运行结果：

未成年人

```
09  else
10  {
11      printf(" 未成年人 ");
12  }
13  getchar();
14  return 0;
15  }
```
运行结果：

成年人

【程序分析】

1. 上述程序中，只有第 4 行代码是不同的，其余代码均相同。

2. 左侧程序中，变量 age 初始化为 10。表达式 age>18 为"假"，跳过 if 语句后面的语句，直接执行 else 后面的语句，输出"未成年人"。

3. 右侧程序中，变量 age 初始化为 20。表达式 age>18 为"真"，执行 if 语句后面的语句，else 后面的语句被跳过。

4. 通过【示例 4-3】可以看到，if 与 else 后面的语句总会被执行一个，相当于只能二选一。

4.1.3　if 语句的第三种形式

if 语句的第三种形式如下所示。

```
if( 表达式 1)
{
    语句 1;
}
else if( 表达式 2)
{
    语句 2;
}
……
else if( 表达式 m)
{
    语句 m;
}
else
{
    语句 n;
}
```

这种形式的 if 语句也被称为 if…else if…esle 语句，该语句的执行过程为：依次判断表达式的值，当其中一个表达式结果为"真"（非 0）时，执行其后面对应的语句，然后直接跳出整个 if 语句。如果所有的表达式都为"假"，则执行 else 后面的语句，然后跳出整个 if 语句。执行流程如图 4-3 所示。

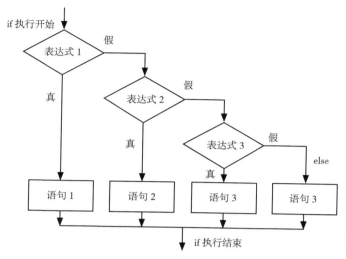

图 4-3　执行流程图

下面通过例子来了解 if…else if…else 语句的使用。

【示例 4-4】if…else if…else 语句的使用。

```
01 #include<stdio.h>
02 int main(void)
03 {
04  int age=16;
05  if(age<0)
06  {
07  printf("%s\n"," 年龄不正确 ");
08  }
09  else if(age<6)
10  {
11    printf("%s\n"," 婴儿 ");
12  }
13  else if(age<18)
14  {
15    printf("%s\n"," 青年 ");
16  }
17  else if(age<50)
18  {
19    printf("%s\n"," 大叔 ");
20  }
21  else
22  {
23    printf("%s\n"," 老爷爷 ");
24  }
25  getchar();
26  return 0;
27 }
```
运行结果：

青年

```
01 #include<stdio.h>
02 int main(void)
03 {
04  int age=60;
05  if(age<0)
06  {
07    printf("%s\n"," 年龄不正确 ");
08  }
09  else if(age<6)
10  {
11    printf("%s\n"," 婴儿 ");
12  }
13  else if(age<18)
14  {
15    printf("%s\n"," 青年 ");
16  }
17  else if(age<50)
18  {
19      printf("%s\n"," 大叔 ");
20  }
21  else
22  {
23    printf("%s\n"," 老爷爷 ");
24  }
25  getchar();
26  return 0;
27 }
```
运行结果：

老爷爷

【程序分析】

1. 上述程序中，只有第 4 行代码是不同的，其余代码均相同。

2. 左侧程序中，变量 age 初始化为 16。先判断表达式 age<0 为 "假"，跳过 if 语句；接着判断表达式 age<6 为 "假"，跳过该 else if 语句；接着判断 age<18 为 "真"，执行后面对应的语句输出 "青年"，然后直接结束整个 if 语句。

3. 右侧程序中，变量 age 初始化为 60。先判断表达式 age<0 为 "假"，跳过 if 语句；接着判断表达式 age<6 为 "假"，跳过该 else if 语句；接着判断表达式 age<18 为 "假"，跳过该 else if 语句；接着判断表达式 age<50 为 "假"，跳过该 else if 语句；由于所有表达式的结果都为 "假"，则执行 else 后面的语句，输出 "老爷爷"。

4. 通过【示例 4-4】可以看到，if…else if…else 后面的语句只能被执行一个，相当于多选一。

4.1.4 if 语句常见错误

if 语句中常见的错误主要有以下两种。

第一种，if 语句后面多加了分号。例如以下情况。

【出错程序】
```
01 #include<stdio.h>
02 int main()
03 {
04  int age=10;
05  if(age>18);   // 错误写法
06  {
07      printf(" 年龄大于 18\n");
08  }
09  printf(" 执行结束 ");
10  getchar();
11  return 0;
12 }
```
运行结果：

年龄大于18
执行结束

【正确程序】
```
01 #include<stdio.h>
02 int main()
03 {
04  int age=10;
05  if(age>18)     // 正确写法
06  {
07      printf(" 年龄大于 18\n");
08  }
09  printf(" 执行结束 ");
10  getchar();
11  return 0;
12 }
```
运行结果：

执行结束

【错误分析】

1. 上述两侧程序中，只有第 5 行代码不一样，其余代码均相同。

2. 通过对比可以看到，左侧程序中，第 5 行 if 语句后面多加了分号。前面讲过，C 语言中单独的分号也是一条语句，叫作空语句。因此，系统会将左侧第 5 行当作一个完整的 if 语句看待，当条件为 "真" 时执行后面的空语句。而第 6~8 行则当作普通的语句块，所以无论 if 条件是 "真"、是 "假"，该语句块都会被执行。

3. 右侧程序中，第 5 行 if 后面没有加分号，系统会将第 5~8 行当作一个整体看待，只有当 if 条件为 "真" 时，第 6~8 行语句块才会被执行。

4. 通过上述分析，可以得出这样的结论：

（1）如果 if 后面多加了分号，系统会将 if 语句和后面的语句块当作两个部分看待；

（2）如果 if 后面没有加分号，系统会将 if 语句和后面的语句块当作一个整体看待。

第二种，在 if 语句中，将比较运算符 "==" 错误写成了赋值运算符 "="。例如：

【出错程序】
```
01 #include<stdio.h>
02 int main()
03 {
04  int a=0;
05  if(a=0)          // 错误写法
06  {
07      printf("a 等于 0\n");
08  }
09  else
10  {
11      printf("a 不等于 0\n");
12  }
13  getchar();
14  return 0;
15 }
```
运行结果：

a不等于0

【正确程序】
```
01 #include<stdio.h>
02 int main()
03 {
04  int a=0;
05  if(a==0)          // 正确写法
06  {
07      printf("a 等于 0\n");
08  }
09  else
10  {
11      printf("a 不等于 0\n");
12  }
13  getchar();
14  return 0;
15 }
```
运行结果：

a等于0

【错误分析】

1. 上述两侧程序，只有第 5 行代码不相同，其余代码均相同。

2. 左侧程序中，变量 a 的初始值为 0。第 5 行，if 语句中是赋值表达式 a=0，前面讲过，赋值表达式的结果是 "=" 左侧变量的值。因此，表达式 a=0 运算结果为 0，代表 "假"，执行 else 语句块，输出 "a 不等于 0"。

3. 右侧程序中，变量 a 也初始化为 0。第 5 行，if 语句中是关系表达式 a==0，运行结果为 1 代表 "真"，执行 if 后面的语句块，输出 "a 等于 0"。

小·贴士

初学 if 语句时，经常有读者会将比较运算符 "==" 误写成赋值运算符 "="，为了解决这个问题，建议将常量写在左侧，变量写在右侧，例如，0==a、18==age。这样写的好处是：即使笔误将 "==" 写成 "="，编译器也会报错提醒，如图 4-4 所示。

图 4-4 编译器报错

4.1.5 if 案例——判断季节

【案例要求】根据月份判断该月份属于春、夏、秋、冬哪个季节。

说明： 这里设定条件：春：3 月、4 月、5 月；夏：6 月、7 月、8 月；秋：9 月、10 月、11 月；冬：1 月、2 月、12 月。

【案例分析】

1. 本案例属于多选一的情况，采用 if…else if…else 比较合适。

2. 以春季为例，如果月份等于 3、4、5 其中任何一个，就认为该月份是春季。对于这种情况可以采用逻辑或（"||"）来实现，例如：

```
if(3== 月份 || 4== 月份 || 5== 月份 )
{
        printf("%s"," 春季 ");
}
```

3. 其他 3 个季节的判断方法与春季相同。

4. 将月份不在 1~12 范围内这种情况，放在 else 语句中进行处理。

实现代码如下。

【示例 4-5】使用 if 语句判断季节。

```
01 #include<stdio.h>
02 int main(void)
03 {
04  int month=7;
05  if(3==month || 4==month || 5==month)
06  {
07      printf("%s"," 春季 ");
08  }
09  else if (6==month || 7==month || 8==month)
10  {
11      printf("%s"," 夏季 ");
12  }
13  else if (9==month || 10==month || 11==month)
14  {
15      printf("%s"," 秋季 ");
16  }
17  else if (1==month || 2==month || 12==month)
18  {
19      printf("%s"," 冬季 ");
20  }
21  else
22  {
23      printf("%s"," 月份错误 ");
24  }
25  getchar();
26  return 0;
27 }
```

运行结果如图 4-5 所示。

夏季

图 4-5 运行结果

【程序分析】

1. 第 4 行，定义 int 变量 month，并初始化为 7。

2. 第 5 行，表达式 3==month || 4==month || 5==month 结果为 0，代表"假"，因此，跳过该 if 语句块，从第 9 行开始执行。

3. 第 9 行，表达式 6==month || 7==month || 8==month 结果为 1，代表"真"，执行该 else if 语句块，输出"夏季"，然后结束整个 if 语句。

4.1.6 if 语句嵌套

if 语句嵌套指的是在 if 语句中再嵌套 if 语句。以第一种形式 if 语句为例，在其中嵌套 if 语句时，形式如下：

```
if( 表达式 1)
{
    if( 表达式 2)    //if 语句嵌套
    {
    语句 ;
    }
}
```

下面通过例子来了解一下 if 语句的嵌套使用。

【示例 4-6】if 语句嵌套使用。

```
01 #include<stdio.h>
02 int main()
03 {
04  int age=35;
05  if(age>18)                    // 外层 if 语句
06  {
07      printf("age 大于 18");
08      if(age>30)                // 内层 if 语句
09      {
10              printf("age 大于 30");
11      }
12  }
13  getchar();
14  return 0;
15 }
```

运行结果如图 4-6 所示。

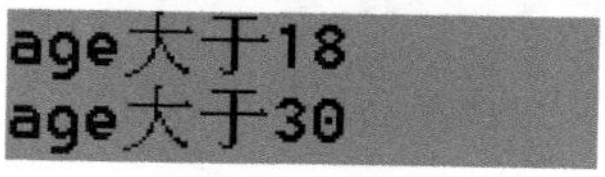

【程序分析】

1. 第 4 行，变量 age 初始化为 35。

2. 第 5 行，表达式 age>18 运算结果为 1，代表 "真"，执行该 if 语句块。先输出 "age 大于 18"，然后执行第 8 行 if 语句，表达式 age>30 运算结果为 1，代表 "真"，执行该 if 语句块，输出 "age 大于 30"。

除了 if 语句块中可以嵌套 if 语句之外，else 语句块中也可以嵌套 if 语句。下面通过例子来了解第二种 if 语句嵌套形式。

【示例 4-7】根据性别和年龄输出对应的人称。

这里设定以整数 1 表示男，0 表示女。

age大于18
age大于30

图 4-6　运行结果

【测试代码 1】	【测试代码 2】
```01 #include<stdio.h>02 int main(void)03 {04 int age=20;05 int gender=0;```	```01 #include<stdio.h>02 int main(void)03 {04 int age=20;05 int gender=1;```

```
06    if (1==gender)
07    {
08        if(age<8)
09        {
10            printf("%s\n","男婴");
11        }
12        else if(age<18)
13        {
14            printf("%s\n","男生");
15        }
16        else if(age<50)
17        {
18            printf("%s\n","叔叔");
19        }
20        else
21        {
22            printf("%s\n","爷爷");
23        }
24    }
25    else
26    {
27        if(age<8)
28        {
29            printf("%s\n","女婴");
30        }
31        else if(age<18)
32        {
33            printf("%s\n","女生");
34        }
35        else if(age<50)
36        {
37            printf("%s\n","阿姨");
38        }
39        else
40        {
41            printf("%s\n","奶奶");
42        }
43    }
44    getchar();
45    return 0;
46 }
```

运行结果：

阿姨

```
06    if (1==gender)
07    {
08        if(age<8)
09        {
10            printf("%s\n","男婴");
11        }
12        else if(age<18)
13        {
14            printf("%s\n","男生");
15        }
16        else if(age<50)
17        {
18            printf("%s\n","叔叔");
19        }
20        else
21        {
22            printf("%s\n","爷爷");
23        }
24    }
25    else
26    {
27        if(age<8)
28        {
29            printf("%s\n","女婴");
30        }
31        else if(age<18)
32        {
33            printf("%s\n","女生");
34        }
35        else if(age<50)
36        {
37            printf("%s\n","阿姨");
38        }
39        else
40        {
41            printf("%s\n","奶奶");
42        }
43    }
44    getchar();
45    return 0;
46 }
```

运行结果：

叔叔

【程序分析】

1. 上述两侧程序，只有第 5 行代码不同，其余代码均相同。

左侧程序分析

2. 左侧程序，变量 age 的初始值为 20，gender 初始值为 0，代表女，先执行第 6 行 if 语句，表达式 1==gender 结果为 0，代表"假"，跳过该 if 语句块，直接执行第 25 行 else 语句块。

3. else 语句块中嵌套了 if…else if…else 语句，先执行第 27 行，表达式 age<8 结果为 0，代表"假"，跳过该 if 语句块；接着执行第 31 行，表达式 age<18 结果为 0，跳过该 else if 语句块；

接着执行第 35 行，表达式 age<50 结果为 1，执行该 else if 语句，输出"阿姨"，然后直接结束整个 if…else if…else 语句，紧接着结束第 25 行外层 else 语句块。

右侧程序分析

4. 右侧程序，变量 age 的初始值为 20，gender 初始值为 1，代表"男"。先执行第 6 行 if 语句，表达式 1==gender 结果为 1，代表"真"，执行该 if 语句块。

5. if 语句块中嵌套了 if…else if…else 语句，先执行第 8 行，表达式 age<8 结果为 0，代表"假"，跳过该 if 语句块；接着执行第 12 行，表达式 age<18 结果为 0，跳过该 else if 语句块；接着执行第 16 行，表达式 age<50 结果为 1，执行该 else if 语句，输出"叔叔"，然后直接结束整个 if…else if…else 语句，紧接着结束第 6 行外层 if 语句块。

4.1.7　if 语句与三元运算符

在学习 C 语言的过程中，经常有读者拿 if 语句和三元运算符相比较，本小节就对这两者作一个简单的比较。

（1）首先，if 属于分支语句，而三元运算符顾名思义属于运算符。

（2）三元运算符能实现的功能，if 语句都可以实现；相反，if 语句能够实现的功能，三元运算符不一定能够实现，例如，if 语句嵌套。这种情况使用三元运算符实现起来非常麻烦。

那么在实际应用中应该如何选择？

如果是简单的条件判断，如二选一。此时使用三元运算符和 if 语句都可以，而且有时候采用三元运算符更为方便。

如果是相对复杂的条件判断，如多选一。此时使用 if 语句比较适合。

4.2　switch 语句

上一节介绍了处理多分支结构的 if…else if…else 语句。在实际应用过程中，读者是否发现这样的问题，当分支比较多时，if 语句会变得冗长且难以阅读。为了解决这个问题，C 语言提供了另外一种多分支处理语句：switch 语句。

为什么要引入 switch 语句？

既然 C 语言已经提供了 if…else if…else，为什么还要引入 switch 语句？相信很多读者都有这种疑问，下面论述一下这两者的共同点与区别。

（1）这两者都可以用于多分支结构，但 if…else if 语句更适合于对范围值的判断，例如，[0,10]。而 switch 更适合于对离散值的判断，例如，1、3、5、10、100。

（2）所有的 switch 语句都可以用 if…else if 语句来替换，因为 if…else if 语句只需对每个离散值分别做判断即可。

（3）不是所有的 if…else 语句都可以用 switch 语句来替换，因为区间里值的个数是无限的，并且 switch 所接受的值只能是整型或枚举型，所以不能用 case 一一列举。

4.2.1　switch 语句一般形式

switch 语句的一般形式为：

```
switch( 表达式 )
{
case  常量表达式 1: 语句 1;
      break;
case  常量表达式 2: 语句 2;
      break;
......
case  常量表达式 n: 语句 n;
      break;
default: 语句 n+1;
}
```

对于 switch 语句形式，有以下几点需要说明和注意。

（1）switch 括号中表达式的运算结果必须是整数类型（包括字符类型），如 long、int、short、char 等。

（2）case 后面的常量表达式运算结果也必须是整数类型。

（3）switch 下面的花括号内是一个语句块。语句块中包含多个以 case 开头、break 结尾的行，唯一一个以 default 开头的语句出现在语句块的结束部分，并且只能出现一次。

（4）当表达式的值与 case 后面的值相等时，就执行该 case 后面的语句，接着执行下一行的 break，然后退出整个 switch 语句，switch 语句中其他语句都不再执行，这一点和 if…else if…else 语句类似。

（5）如果表达式的值与所有 case 后面的值都不匹配时，则执行 default 后面的语句，然后退出 switch 语句。

（6）switch 语句中的"case 常量"只是一个标记，一旦 switch 语句表达式的值与其中一个 case 后面常量匹配时，就会从该 case 行一直执行下去，直至遇到 break 停止，然后退出 switch 语句块。

下面通过例子来进一步了解 switch 的使用。

【示例 4-8】使用 switch 语句判断季节。

```
01 #include<stdio.h>
02 int main(void)
03 {
04 int month=8;
05 switch(month)
06 {
07 case 3:
08     printf(" 春天 ");
09     break;
10 case 4:
11     printf(" 春天 ");
12     break;
13 case 5:
14     printf(" 春天 ");
15     break;
16 case 6:
17     printf(" 夏天 ");
18     break;
19 case 7:
```

```
20      printf(" 夏天 ");
21      break;
22 case 8:
23      printf(" 夏天 ");
24      break;
25 default:
26      printf(" 月份错误 ");
27 }
28 getchar();
29 return 0;
30 }
```

运行结果如图 4-7 所示。

夏天

【程序分析】

图 4-7　运行结果

1. 第 4 行，变量 month 初始化为 8。

2. 第 5 行，执行 switch 括号中的表达式 month，结果为 8，然后依次与 case 后面的常量进行比较，如果匹配就只执行该 case 后面的语句。

3. 第 7、10、13、16、19 行，month 的值变量与 3、4、5、6、7 均不相等，跳过该 case 语句块，分别与下一个 case 比较，直至第 22 行。

4. 第 22 行，month 的值与 8 相等，执行该 case 后面的语句，并输出 "夏天"，然后执行 break 语句结束整个 switch 语句块。

注意： switch 中只要有一个 break 语句被执行，就会直接结束整个 switch 语句块。

4.2.2　switch 语句优化

【示例 4-9】 虽然示例 4-8 实现了季节判断功能，但是代码冗余，例如：

```
case 3:
printf(" 春 ");
break;
case 4:
printf(" 春 ");
break;
case 5:
printf(" 春 ");
break;
```

这段代码中，printf(" 春 ");break; 重复出现了三次，显然代码冗余。下面对这段代码进行优化，优化后的代码为：

```
case 3:
case 4:
case 5:
printf(" 春 ");
break;
```

优化后的程序表示的含义是，只要 switch 表达式的结果与 case 3、case 4、case 5 中任意一个值匹配，都执行 printf(" 春 ");break; 语句。同理 case 6~case 8 也可以这样进行优化。

【示例 4-10】优化后的代码如下所示。

```
01 #include<stdio.h>
02 int main(void)
03 {
04  int month=8;
05  switch (month)
06  {
07  case 3:
08  case 4:
09  case 5:
10      printf(" 春天 ");
11      break;
12  case 6:
13  case 7:
14  case 8:
15      printf(" 夏天 ");
16      break;
17  default:
18      printf(" 月份错误 ");
19      break;
20  }
21  getchar();
22  return 0;
23 }
```

运行结果如图 4-8 所示。

夏天

【程序分析】

图 4-8   运行结果

1.   month 分别与 case 3、case 4、case 5 进行比较，都不匹配，跳过第 10~11 行，直接和下一个 case 比较。

2.   month 分别与 case 6、case 7、case 8 进行比较，与 case 8 匹配，执行第 15~16 行，输出"夏天"，然后执行 break; 语句，结束整个 switch 语句块。

3.   通过分析对比，可以看到优化后的代码结构明显简洁、清晰了很多，可读性非常高。

4.2.3 switch 语句常见错误

【常见错误 1】

switch 语句中表达式的运算结果只能是整数类型（char 本质上也是整数），如果是其他类型编译会报错。

【出错程序】

```
01 #include<stdio.h>
02 int main(void)
03 {
04  switch (2.0)  // 错误写法
05  {
06  case 1:
07      printf("1");
08      break;
09  case 2:
```

【正确程序】

```
01 #include<stdio.h>
02 int main(void)
03 {
04  switch (2)  // 正确写法
05  {
06  case 1:
07      printf("1");
08      break;
09  case 2:
```

```
10      printf("2");
11      break;
12  }
13  getchar();
14  return 0;
15 }
```
运行结果：

❌ 2　error C2050: switch 表达式不是整型

```
10      printf("2");
11      break;
12  }
13  getchar();
14  return 0;
15 }
```
运行结果：

2

【错误分析 1】

1. 上述两侧程序中，只有第 4 行代码不同，其余代码均相同。

2. 左侧程序中的第 4 行，switch 语句中是常量表达式 2.0，属于浮点数类型，不符合 C 语言语法，编译报错。

3. 右侧程序中的第 4 行，switch 语句中是常量表达式 2，属于整数类型，符合 C 语言语法，运行正常。

【常见错误 2】

case 后面的常量表达式运算结果必须是整数类型，如果是其他类型编译会报错。

【出错程序】
```
01 #include<stdio.h>
02 int main(void)
03 {
04  switch (2)
05  {
06  case 1:
07      printf("1");
08      break;
09  case 2.0:      //错误写法
10      printf("2");
11      break;
12  }
13  getchar();
14  return 0;
15 }
```
运行结果：

▼　❌ 1 个错误　⚠ 0 个警告　ⓘ 0 个

📄 1 IntelliSense: 表达式必须为整型常量表达式

【正确程序】
```
01 #include<stdio.h>
02 int main(void)
03 {
04  switch (2)
05  {
06  case 1:
07      printf("1");
08      break;
09  case 2:      // 正确写法
10      printf("2");
11      break;
12  }
13  getchar();
14  return 0;
15 }
```
运行结果：

2

【错误分析 2】

1. 上述两侧程序中，只有第 9 行代码不同，其余代码均相同。

2. 左侧程序中的第 9 行，case 后面的常用表达式为 2.0，运行结果为浮点数，不符合 C 语言语法，编译报错。

3. 左侧程序中的第 9 行，case 后面的常用表达式为 2，运行结果为整数，符合 C 语言语法，运行正常。

【常见错误 3】

switch 不支持字符串匹配。

【出错程序】

```
01 #include<stdio.h>
02 int main(void)
03 {
04  switch ("rupeng")    // 错误写法
05  {
06  case "rupeng":        // 错误写法
07      printf("rupeng");
08      break;
09  }
10  getchar();
11  return 0;
12 }
```

运行结果：

⚠ 1 IntelliSense: 表达式必须包含整数或枚举类型
⚠ 2 IntelliSense: 表达式必须为整型常量表达式

【正确程序】

```
01 #include<stdio.h>
02 int main(void)
03 {
04  switch (1)   // 正确写法
05  {
06  case 1:      // 正确写法
07      printf("rupeng");
08      break;
09  }
10  getchar();
11  return 0;
12 }
```

运行结果：

rupeng

【错误分析 3】

1. 上述左侧程序的目的是，通过 switch 匹配后输出字符串 "rupeng"，但是 switch 是不支持字符串匹配的，编译报错。

2. 右侧程序经过改正后，通过常量值判断是否匹配，正确输出字符串 "rupeng"。

【常见错误 4】

大多数情况下，case 后面的语句都需要加 break 作为结束，否则就会出现错误结果。

【出错程序】

```
01 #include<stdio.h>
02 int main(void)
03 {
04  switch (1)
05  {
06  case 1:            // 错误写法
07      printf("1\n");
08  case 2:
09      printf("2\n");
10      break;
11  case 3:
12      printf("3\n");
13      break;
14  }
15  getchar();
16  return 0;
17 }
```

运行结果：

1
2

【正确程序】

```
01 #include<stdio.h>
02 int main(void)
03 {
04  switch (1)
05  {
06  case 1:            // 正确写法
07      printf("1\n");
08      break;
09  case 2:
10      printf("2\n");
11      break;
12  case 3:
13      printf("3\n");
14      break;
15  }
16  getchar();
17  return 0;
18 }
```

运行结果：

1

【错误分析 4】

1. switch 语句的特点是，当 switch 括号中的运算结果与 case 后面的常量表达式匹配时，就从该 case 处开始执行，如果执行完该 case 语句后没有遇到 break，下一个 case 将不会再作判断，直接开始执行，直至遇到 break 才停止执行。

2. 上述左侧程序，switch 表达式结果为 1，与 case 1 匹配，执行 case 1 后面的语句输出 "1"。由于 case 1 后面没有 break，系统将直接执行下一个 case 2 后面的语句输出 "2"，接着执行 break，结束整个 switch 语句。这里需要注意的是，如果上一个 case 匹配成功，后面的 case 将不会再匹配。

3. 右侧程序，switch 表达式结果为 1，与 case 1 匹配，执行 case 1 后面的语句输出 "1"，接着执行 break，结束整个 switch 语句。

【常见错误 5】

case 后面各个常量表达式的值不能相同，否则编译会报错。

【出错程序】

```
01 #include<stdio.h>
02 int main(void)
03 {
04  switch (1)
05  {
06  case 1:
07      printf("1");
08      break;
09  case 1:        // 错误写法
10      printf("1");
11      break;
12  default:
13      break;
14  }
15  getchar();
16  return 0;
17 }
```

运行结果：

❌ 1 error C2196: case 值 "1" 已使用

📄 2 IntelliSense: case 标签值已经出现在此开关　中

【正确程序】

```
01 #include<stdio.h>
02 int main(void)
03 {
04  switch (1)
05  {
06  case 1:
07      printf("1");
08      break;
09  default:
10      break;
11  }
12  getchar();
13  return 0;
14 }
```

运行结果：

1

【错误分析 5】

1. 上述左侧程序中，第 6 行 case 1 与第 9 行 case 1 重复，不合符 C 语言语法，编译报错。

2. 右侧程序将重复的 case 1 删除，程序运行正确。

4.2.4　关于 default 的几点说明

switch 中的 default 相当于 if…else if…else 语句中的 else，当 switch 表达式的结果值与所有 case 都不匹配时，就执行 default 后面的语句。

下面通过例子来了解一下 default 的应用。

【示例 4-11】default 的应用。

```
01 #include<stdio.h>
02 int main(void)
03 {
04   int month=20;
05   switch (month)
06   {
07   case 3:
08   case 4:
09   case 5:
10       printf(" 春天 ");
11       break;
12   case 6:
13   case 7:
14   case 8:
15       printf(" 夏天 ");
16       break;
17   case 9:
18   case 10:
19   case 11:
20       printf(" 秋天 ");
21       break;
22   case 12:
23   case 1:
24   case 2:
25       printf(" 冬天 ");
26       break;
27   default:
28       printf(" 月份错误 ");
29       break;
30   }
31   getchar();
32   return 0;
33 }
```

运行结果如图 4-9 所示。

月份错误

【程序分析】

1. 上述程序中的第 4 行，定义整型变量 month 初始化为 20。

图 4-9 运行结果

2. month 值为 20 显然与 switch 中所有的 case 都不匹配，因此执行 default 后面的语句，输出 "月份错误"。

【特别说明】

switch 中的 default 子句并不是必需的，可以省略不写。

4.3 课后习题

1. 已知 a=10, b=20，编程输出 a、b 之间较大的一个。

2. 已知小明成绩为 85 分，请使用 if else 语句判断小明的成绩属于以下哪个等级。

60 分以下： 不及格

60~70 分： 及格

70~90 分： 良好

90~100 分： 优秀

3. 以下程序输出的结果是什么？

```c
#include<stdio.h>
int main(void)
{
    int a;
    if(a=10)
    {
        printf("if 语句块执行了 \n");
    }
    else
    {
        printf("else 语句块执行了 \n");
    }
    getchar();
    return 0;
}
```

4. 以下程序输出的结果是什么？

```c
#include<stdio.h>
int main(void)
{
    int a=1;
    switch (a)
    {
    case 1:
        printf("1\n");
    case 2:
        printf("2\n");
        break;
    }
    getchar();
    return 0;
}
```

4.4 习题答案

1.

```c
#include<stdio.h>
int main()
{
    int a=10,b=20;
    if(a>b)
    {
        printf(" 最大值为: %d",a);
    }
    else
```

零基础趣学 C 语言

```
    {
        printf(" 最大值为 : %d",b);
    }
    getchar();
    return 0;
}
```

2.

```
#include<stdio.h>
int main()
{
    int score=85;
    if(score<60)
    {
        printf(" 不及格 ");
    }
    else if(score<70)
    {
        printf(" 及格 ");
    }
    else if(score<90)
    {
        printf(" 良好 ");
    }
    else if(score<=100)
    {
        printf(" 优秀 ");
    }
    getchar();
    return 0;
}
```

3.

输出 "if 语句块执行了"。

因为 a=10 是赋值操作，a 的值被修改为 10，在 C 语言中非 0 为 "真"，因此执行了 if 语句块中的代码。

4.

输出 "1 2"。

因为上述程序中，case 1 结束部分没有加 break，下一个 case 将不会再判断匹配，直接执行 case 2 后面的代码，直至遇到 break 才停止。

第 5 章　循环结构

在前面几章学习中，我们经常使用到顺序结构和选择结构。但是，在实际开发中，只使用这两种结构是不够的，还需要使用到循环结构，也被称为重复结构。因为在开发中经常需要处理重复问题，如：

（1）计算 1 到 10 的和（重复 10 次加法操作）；

（2）输出 50 个学生的成绩（重复 50 次输出操作）。

为了解决这种问题，C 语言提供了以下 3 种循环语句来实现循环结构：

（1）while 循环语句；

（2）do…while 循环语句；

（3）for 循环语句。

下面将依次介绍这 3 种循环语句。

5.1　while 循环语句

while 语句的一般形式为：

```
while( 表达式 ) 语句 ;
```

while 循环语句特点

（1）while 后面的语句可以是单行语句，也可以是用"{ }"括起来的复合语句，这些语句是 while 循环的循环体。

（2）while 后面括号中的表达式一般是关系表达式或逻辑表达式，用来控制循环体执行的次数。当表达式值为"真"（非 0）时，就执行循环体，当表达式为"假"（0）时，就不执行循环体。这种控制循环体执行的表达式也被称为"循环条件表达式"，简称为"条件表达式"。

（3）while 循环执行特点是：先判断条件表达式，后执行循环体，执行流程如图 5-1 所示。

下面通过例子来理解 while 循环语句的使用。

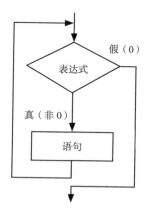

图 5-1　while 循环执行流程图

【示例 5-1】打印 3 次字符串"如鹏网"。

```
01 #include<stdio.h>
02 int main(void)
03 {
04  int i=0;
05  while(i<3)        //i<3 为真执行循环体，为假不执行循环体
06  {                 // 循环体开始
```

```
07        printf("%s\n","如鹏网 ");
08        i++;
09  }                      // 循环体结束
10  printf("while 结束, i=%d\n",i);
11  getchar();
12  return 0;
13  }
```

运行结果如图 5-2 所示。

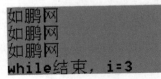

【程序分析】

1. 第 4 行，定义循环变量 i 并初始化为 0。

2. 第 5 行，判断表达式 i<3，如果结果为 "真"，则执行第

7 行，输出 "如鹏网"。如果为 "假"，则直接输出 "while 结束"

以及变量 i 的值。

图 5-2 运行结果

3. 第 8 行，i 自加 1，然后重新从第 5 行开始判断。

注意: 初学 while 循环时，读者会发现，while 循环语句和 if 语句在结构上十分相似，都需要进行条件判断，才能执行指定的代码。不过两者是有本质区别的，if 语句中如果条件表达式结果为 "真"，只会执行一次 if 后面的语句块，而如果 while 循环的条件表达式结果为 "真"，则会一直执行 while 后面的循环体，也就是所谓的 "无限循环"。只有条件表达式结果为 "假" 时，循环才会结束。

5.1.1 while 循环应用

有了上面的基础，下面通过几个示例巩固一下 while 循环。

【示例 5-2】使用 while 循环，打印 1~10 的值。

```
01  #include<stdio.h>
02  int main(void)
03  {
04  int i=1;
05  while(i<=10)
06  {
07      printf("%d ",i);
08      i++;
09  }
10  getchar();
11  return 0;
12  }
```

运行结果如图 5-3 所示。

| 1 | 2 | 3 | 4 | 5 | 6 | 7 | 8 | 9 | 10 |

【程序分析】

1. 第 4 行，定义循环变量 i，将其初始化为 1。

图 5-3 运行结果

2. 第 5 行，执行表达式 i<=10。如果结果为 "真"，执

行循环体;如果为 "假"，转到第 10 行执行。

3. 第 7 行，输出 i 的值。

4. 第 8 行, i 自加 1, 然后转到第 5 行继续判断。

5. 第 10 行, 调用 getchar 函数, 等待用户输入, 按下回车键程序结束。

【示例 5-3】使用 while 循环, 计算 1~10 的累加和。

```
01 #include<stdio.h>
02 int main(void)
03 {
04  int i=1;
05  int sum=0;
06  while(i<=10)
07  {
08      sum=sum+i;
09      i++;
10  }
11  printf("1~10 的累加和为 %d\n",sum);
12  getchar();
13  return 0;
14 }
```

运行结果如图 5-4 所示。

1~10的累加和为55

【程序分析】

图 5-4   运行结果

1. 第 4 行, 定义循环变量 i 并初始化为 1。

2. 第 5 行, 定义变量 sum, 用于保存累加结果。

3. 第 6 行, 先执行表达式 i<=10, 如果结果为 "真", 执行循环体; 如果为 "假", 则转到第 11 行执行。

4. 第 8 行, 将每次循环累加和, 重新赋值给变量 sum。

5. 第 9 行, i 自加 1, 然后转到第 6 行继续判断。

6. 第 11 行, while 循环结束, 输出 "1~10 的累加和为 55"。

5.1.2 while 循环常见错误

while 循环必须有结束条件, 也就是说循环必须可以终止, 否则就是无限循环。

【出错程序】

```
01 #include<stdio.h>
02 int main(void)
03 {
04  int i=0;
05  while(i<3)   //i<3 始终为真
06  {
07  printf("%s\n"," 如鹏网 ");
08  }
09  printf("while 结束, i=%d\n",i);
10  getchar();
11  return 0;
12 }
```

【正确程序】

```
01 #include<stdio.h>
02 int main(void)
03 {
04  int i=0;
05  while(i<3)
06  {
07      printf("%s\n"," 如鹏网 ");
08      i++;    //i 自加 1
09  }
10  printf("while 结束, i=%d\n",i);
11  getchar();
12  return 0;
13 }
```

运行结果：

> 如鹏网
> 如鹏网
> 如鹏网
> 如鹏网
> 如鹏网
> 如鹏网

运行结果：

> 如鹏网
> 如鹏网
> 如鹏网
> **while结束，i=3**

【错误分析】

1. 左侧程序中，变量 i 初始化为 0，表达式 i<3 结果为真，执行循环体。由于循环体中，没有修改变量 i 的值，因此，i<3 结果始终为真，造成 while 无限循环一直输出"如鹏网"。

2. 右侧程序中，变量 i 初始化为 0，表达式 i<3 结果为真，执行循环体。每次执行循环体，先输出"如鹏网"，然后变量 i 再自加 1。当 i 自加到 3 时，i<3 结果为"假"，终止 while 循环，因此不会造成无限循环。

5.2 do…while 循环语句

do…while 语句与 while 语句实现的功能相同，只是循环体执行的顺序不同而已。该语句的一般形式为：

```
do{
    循环语句 ;
}while( 表达式 );
```

while 语句是先执行条件表达式，根据表达式的结果再决定是否执行循环体。而 do…while 语句是先执行一次循环体，然后执行条件表达式，根据表达式的结果再决定是否执行下一次循环。do…while 循环语句执行流程如图 5-5 所示。

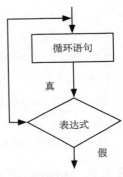

图 5-5　do…while 循环执行流程图

下面通过例子来理解 do…while 循环语句的用法。

【示例 5-4】打印 3 次字符串"如鹏网"。

```
01 #include<stdio.h>
02 int main(void)
03 {
04  int i=0;
05  do
06  {
07      printf("%s\n","如鹏网 ");
08      i++;
09  }while(i<3);
10  getchar();
11  return 0;
12 }
```

运行结果如图 5-6 所示。

【程序分析】

1. 第 4 行，定义循环变量 i 并初始化为 0。

> 如鹏网
> 如鹏网
> 如鹏网

图 5-6　运行结果

2. 根据 do…while 语句规则，先执行第 7~8 行循环体，输出一次"如鹏网"，然后 i 自加 1。

3. 第 9 行，执行条件表达式 i<3，如果运算结果为"真"，重新跳到第 7~8 行继续执行循环体。否则，直接退出 do…while 循环。

5.2.1 do…while 循环应用

【示例 5-5】使用 do…while 循环，打印 1~10 的值。

```
01 #include<stdio.h>
02 int main(void)
03 {
04     int i=1;
05     do
06     {
07         printf("%d ",i);
08         i++;
09     }while(i<=10);
10     getchar();
11     return 0;
12 }
```

运行结果如图 5-7 所示。

【程序分析】

1. 第 4 行，定义循环变量 i，并初始化为 1。

`1 2 3 4 5 6 7 8 9 10`

图 5-7 运行结果

2. 第 7~8 行为 do…while 循环体，先输出变量 i 的值，然后 i 自加 1。

3. 第 9 行，执行循环条件表达式 i<10，如果结果为"真"，继续执行循环体，否则结束循环。

【示例 5-6】使用 do…while 循环，计算 1~10 的累加和。

```
01 #include<stdio.h>
02 int main(void)
03 {
04 int i=1;
05 int sum=0;
06 do
07 {
08     sum=sum+i;
09     i++;
10 }while(i<=10);
11 printf("1~10 的累加和为%d\n",sum);
12 getchar();
13 return 0;
14 }
```

运行结果如图 5-8 所示。

【程序分析】

1. 第 4 行，定义循环变量 i，并初始化为 1。

`1-10的累加和为55`

图 5-8 运行结果

2. 第 5 行，定义变量 sum，用于保存累加和。

3. 第 8~9 行为循环体，先计算累加和，然后循环变量 i 再自加 1。

4. 第 10 行，执行循环条件表达式 i<=10，如果结果为"真"，继续执行循环体，否则结束循环。

5. 第 11 行，输出"1~10 的累加和为 55"。

5.2.2 do…while 常见错误

do…while 循环必须是以分号结束，不能省略，否则编译器会报错。

【出错程序】

```
01 #include<stdio.h>
02 int main(void)
03 {
04   int i=1;
05   do
06   {
07       printf("%d",i);
08   }while(i<=10)      // 出错代码
09   getchar();
10   return 0;
11 }
```

运行结果：

错误列表
▼ · ⊗ 2 个错误 ⚠ 0 个警告 ⓘ 0 个消息
说明 ▲
⊗ 1 error C2146: 语法错误: 缺少 ";" (在标识符 "getchar" 的前面)
⚠ 2 IntelliSense: 应输入 ";"

【正确程序】

```
01 #include<stdio.h>
02 int main(void)
03 {
04   int i=1;
05   do
06   {
07       printf("%d",i);
08       i++;
09   }while(i<=10); // 修改正确
10   getchar();
11   return 0;
12 }
```

运行结果：

1 2 3 4 5 6 7 8 9 10

【错误分析】

1. 左侧是错误代码，第 8 行缺少了 ";"，导致编译器无法正确解析 do…while 循环语句，编译报错。

2. 右侧是正确代码，第 8 行添加了 ";" 编译正确，输出对应运行结果。

5.2.3 do…while 与 while 的区别

前面的小节只是简单说明了这两者的区别，下面将通过程序详细讲解两者之间的区别。

【while 循环语句】

```
01 #include<stdio.h>
02 int main(void)
03 {
04   int i=10;
05   while (i<5)
06   {
07       printf("i=%d\n",i);
08   }
09   printf(" 循环结束 ");
10   getchar();
11   return 0;
12 }
```

运行结果：

循环结束

【do…while 循环语句】

```
01 #include<stdio.h>
02 int main(void)
03 {
04   int i=10;
05   do
06   {
07       printf("i=%d\n",i);
08   }while(i<5);
09   printf(" 循环结束 ");
10   getchar();
11   return 0;
12 }
```

运行结果：

i=10
循环结束

【程序分析】

1. 左侧程序采用 while 循环语句实现。首先，第 4 行将变量 i 初始化为 10。

2. 左侧第 5 行，先执行 i<5，判断结果为"假"，跳过 while 语句，直接从第 9 行开始执行，输出"循环结束"。

3. 右侧程序采用 do…while 循环语句实现。首先，第 4 行将变量 i 初始化为 10。

4. 右侧程序先执行第 7 行循环体输出"i=10"，然后执行 i<5，判断结果为"假"，结束循环，执行第 9 行，输出"循环结束"。

5. 通过对比可以看到，do…while 循环无论条件表达式是否为"真"，循环体都会被执行一次，而 while 循环则是先判断条件表达式是否为"真"，再执行循环体。

5.3　for 循环语句

除了前面介绍的 while、do…while 语句外，C 语言还提供了 for 语句实现循环。for 循环的使用十分灵活，并且也是后续编程中使用最多的循环语句，因此读者务必重视。for 循环的一般形式为：

```
for( 表达式 1; 表达式 2; 表达式 3)
{
    语句 ;
}
```

for 循环的执行流程：

（1）执行表达式 1，该表达式只会被执行一次；

（2）执行表达式 2，如果该表达式 2 结果为"真"，则执行 for 循环体，然后执行第（3）步；如果为"假"，直接结束 for 循环；

（3）执行表达式 3，然后跳回第（2）步重新执行。

for 循环语句特点

（1）for 循环中，表达式 1、表达式 2、表达式 3 之间必须以";"分隔。

（2）表达式 1、表达式 2、表达式 3 都是可选项，也即可以省略，后续章节会介绍这种写法。

（3）for 语句的一般理解：

```
for( 循环变量赋值 ; 循环条件 ; 修改循环变量 )
{
    语句 ;
}
```

（4）for 循环执行过程如图 5-9 所示。

下面通过例子来理解 for 循环的用法。

【示例 5-7】 打印 3 次字符串"如鹏网"。

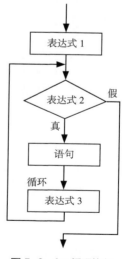

图 5-9　for 循环执行
流程图

```
01 #include<stdio.h>
02 int main(void)
03 {
```

```
04  int i;
05  for (i = 0; i < 3; i++)
06  {
07      printf(" 如鹏网 \n");
08  }
09  getchar();
10  return 0;
11 }
```

运行结果如图 5-10 所示。

【程序分析】

（1）第 4 行，定义循环变量 i，但是未初始化。

（2）第 5~8 行，for 循环执行分为以下 3 步：

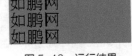

图 5-10 运行结果

第 1 步：执行表达式 i=1，为循环变量 i 赋值；

第 2 步：执行表达式 i<3，若结果为"真"，则执行第 3 步，若结果为"假"，则直接退出 for 循环；

第 3 步：执行 for 循环体，然后执行表达式 i++，接着继续返回执行第 2 步。

5.3.1 for 循环应用

【示例 5-8】使用 for 循环，打印 1~10 的值。

```
01 #include<stdio.h>
02 int main(void)
03 {
04  int i;
05  for(i=1;i<=10;i++)
06  {
07      printf("%d ", i);
08  }
09  getchar();
10  return 0;
11 }
```

运行结果如图 5-11 所示。

【程序分析】

1. 第 4 行，定义循环变量 i，但未初始化。

1 2 3 4 5 6 7 8 9 10

图 5-11 运行结果

2. 第 5 行，使用 for 循环，对变量 i 进行遍历。如果条件表达式 i<=10 结果为"真"，则继续执行循环体，否则退出循环。

3. 第 7 行为 for 循环体，表示输出变量 i 的值。

【示例 5-9】使用 for 循环，计算 1~10 的累加和。

```
01 #include<stdio.h>
02 int main(void)
03 {
04  int i;
05  int sum=0;
06  for(i=1;i<=10;i++)
07  {
08      sum=sum+i;
```

```
09  }
10  printf("1~10 的累加和为 %d\n",sum);
11  getchar();
12  return 0;
13  }
```

运行结果如图 5-12 所示。

1~10 的累加和为55

【程序分析】

图 5-12 运行结果

1. 第 4 行，定义循环变量 i，但未初始化。

2. 第 5 行，定义变量 sum，并将其初始化为 0，用于保存累加和。

3. 第 6 行，使用 for 循环，对变量 i 进行遍历，如果条件表达式 i<=10 结果为 "真"，则继续执行循环体，否则退出循环。

4. 第 8 行，为 for 循环体，先计算累加和，然后再赋值给变量 sum。

5. 第 10 行，输出 "1~10 的累加和为 55"。

5.3.2 for 循环常见错误

【常见错误 1】

for 循环中，条件表达式采用 "<=" 和 "<" 效果不同，"<=" 会比 "<" 多循环一次。

【采用 < 的程序】
```
01 #include<stdio.h>
02 int main(void)
03 {
04  int i;
05  for (i = 0; i < 3; i++)
06  {
07      printf(" 如鹏网 \n");
08  }
09  getchar();
10  return 0;
11 }
```
运行结果：

如鹏网
如鹏网
如鹏网

【采用 <= 的程序】
```
01 #include<stdio.h>
02 int main(void)
03 {
04  int i;
05  for (i = 0; i <=3; i++)
06  {
07      printf(" 如鹏网 \n");
08  }
09  getchar();
10  return 0;
11 }
```
运行结果：

如鹏网
如鹏网
如鹏网
如鹏网

【错误分析 1】

1. 上述两侧程序中，只有第 5 行代码不同，其余代码均相同。

2. 左侧程序中，第 5 行，i 的初始值为 0，当 i 自增为 3 时，i<3 为 "假"，此时结束 for 循环。因此，i 的取值为 0、1、2，共 3 次，循环体也会被执行 3 次。

3. 右侧程序中，第 5 行，i 的初始值为 0，当 i 自增为 4 时，i<=3 为 "假"，此时结束 for 循环。因此，i 的取值为 0、1、2、3，共 4 次，循环体也会被执行 4 次。

【常见错误 2】

for 循环中的括号内不允许定义变量。

【出错程序】

```
01 #include<stdio.h>
02 int main(void)
03 {
04  for (int i = 0;i <3;i++)// 错误写法
05  {
06        printf(" 如鹏网 \n");
07  }
08  getchar();
09  return 0;
10 }
```

运行结果:

❌ 5 error C2059: 语法错误: ")"

❌ 3 error C2065: "i" : 未声明的标识符

【正确程序】

```
01 #include<stdio.h>
02 int main(void)
03 {
04  int i;
05  for (i = 0; i <3; i++) // 正确写法
06  {
07        printf(" 如鹏网 \n");
08  }
09  getchar();
10  return 0;
11 }
```

运行结果:

如鹏网
如鹏网
如鹏网

【错误分析 2】

1. VS2012 默认采用 C89 标准编译程序,不支持在 for 循环括号内定义变量,否则编译会报错,在更高版本的 C99 标准编译器中则支持这种用法。

2. 左侧程序中,第 4 行 for (int i=0;i<5;i++) 中,int i=0 表示定义变量,C89 标准不支持定义变量,编译报错。

3. 右侧程序是符合标准的写法,第 4 行在 for 循环外部定义变量 i,第 5 行在 for 循环中只对变量 i 进行赋值。

【常见错误 3】

for 循环括号后面多加了分号,导致循环体只执行了 1 次。

【出错程序】

```
01 #include<stdio.h>
02 int main(void)
03 {
04  int i;
05  for (i = 0; i <3; i++);
06  {
07        printf(" 如鹏网 \n");
08  }
09  getchar();
10  return 0;
11 }
```

运行结果:

如鹏网

【正确程序】

```
01 #include<stdio.h>
02 int main(void)
03 {
04  int i;
05  for (i = 0; i <3; i++)
06  {
07        printf(" 如鹏网 \n");
08  }
09  getchar();
10  return 0;
11 }
```

运行结果:

如鹏网
如鹏网
如鹏网

【错误分析 3】

1. 上述两侧程序,只有第 5 行代码不同,其余代码均相同。

2. 通过对比可以看到，左侧第 5 行比右侧第 5 行多加了一个 ";"，前面讲过 ";" 在 C 语言中也是一条合法的语句，表示什么都不做。

3. 左侧程序，由于第 5 行多加了 ";"，3 次循环执行的都是空语句，然后再执行一次第 6~8 行块语句。也就是说，系统会将第 5~8 行，当作两个部分看待。

4. 右侧程序，第 5 行没有多加 ";"，系统会将第 5~8 行，当作一个整体看待，执行 3 次循环体。

5.3.3 for 循环其他几种写法

先来回顾一下，for 循环的一般写法：

```
for( 表达式 1 ; 表达式 2 ; 表达式 3)
{
    语句
}
```

前面提到过，for 循环中的表达式 1、表达式 2、表达式 3 可以省略。注意这里的省略不是说不写，而是写在其他位置。一般常见的是将表达式 1、表达式 3 写在其他位置，下面通过程序来了解这两种特殊写法。

第一种，在 for 循环外部完成循环变量的初始化。

【示例 5-10】for 循环第一种特殊写法。

```
01 #include<stdio.h>
02 int main(void)
03 {
04    int i=0;                  // 定义变量 i 并初始化
05    for ( ; i<3 ; i++)        // 缺省表达式 1
06    {
07        printf("i=%d ",i);
08    }
09    getchar();
10    return 0;
11 }
```

运行结果如图 5-13 所示。

【程序分析】

上述程序中，第 4 行，定义变量 i 时，已经对变量进行了初始化，因此，不必在 for 循环中，再对变量 i 进行赋值，所以表达式 1 可以缺省。

图 5-13 运行结果

第二种，在循环体中修改循环变量。

【示例 5-11】for 循环第二种特殊写法。

```
01 #include<stdio.h>
02 int main(void)
03 {
04    int i=0;
05    for(; i<3 ;)
06    {
07        printf("i=%d\n",i);
08        i++;                  // 变量 i 自增 1
```

```
09    }
10    getchar();
11    return 0;
12 }
```

运行结果如图 5-14 所示。

【程序分析】

上述程序中，第 8 行，将 i++ 写在 for 循环体中，当每次循环执行时，都会执行 i++，循环变量 i 也就被修改了。

图 5-14　运行结果

注意：for 循环括号内的表达式虽然可以缺省写在其他位置，但是 ";" 是不能缺省的，例如：

```
for(; i<3 ;)        // 缺省了表达式 1、表达式 3，但是 ";" 没有缺省。
```

5.3.4　for 循环嵌套

循环中包含循环的语句就叫作循环的嵌套。在实际编程中，有些问题只用一层循环是解决不了的，必须使用多层循环解决，即循环嵌套。

三种循环 (while、do…while、for) 可以相互嵌套，不过使用最多的是 for 循环嵌套，本小节暂时只介绍这种，后续用到其他循环嵌套时再作详细介绍。

for 循环嵌套的一般形式为：

```
for（表达式 1; 表达式 2; 表达式 3）
{
      ……
   for（表达式 1; 表达式 2; 表达式 3）        内层循环    外层循环
      {
         ……
      }
}
```

上述形式属于二层 for 循环嵌套，内部的 for 循环被称为内层循环，外部 for 循环被称为外层循环。

for 循环执行的流程为：外层 for 循环执行 1 次，内层循环执行 n 次（n 表示内层循环需要执行的次数），当外层 for 循环结束时，整个 for 循环嵌套都结束，包括内层 for 循环。

下面通过例子来理解一下 for 循环嵌套的使用。

【示例 5-12】二层 for 循环嵌套应用。

```
01 #include<stdio.h>
02 int main(void)
03 {
04    int x;                      // 定义外层循环变量 x
05    int y;                      // 定义内层循环变量 y
06    for (x=0;x<3;x++)           // 外层 for 循环
07    {
08       printf("x=%d\n",x);
09       for (y=0;y<3;y++)        // 内层 for 循环
10       {
11          printf("y=%d ",y);
12       }
```

```
13        printf("\n");              // 换行
14    }
15    getchar();
16    return 0;
17 }
```

运行结果如图 5-15 所示。

【程序分析】

1. 上述程序中，第 4 行，定义变量 x 用于控制外层 for 循环。

2. 第 5 行，定义变量 y 用于控制内层 for 循环。

3. 外层循环结束条件为 x<3，内层循环结束条件为 y<3。根据运算结果可以看到，外层 for 循环每执行一次，内层 for 循环执行三次。当外层 for 循环变量 x 为 3 时，x<3 为 "假"，外层 for 循环结束，内层 for 循环也结束。

```
x=0
y=0  y=1  y=2
x=1
y=0  y=1  y=2
x=2
y=0  y=1  y=2
```

图 5-15　运行结果

【示例 5-13】假设某个月有 30 天，打印这个月每天的小时数。示例代码如下。

```
01 #include <stdio.h>
02 int main(void)
03 {
04  int day,hour;
05  for(day=1;day<=30;day++)
06  {
07      for(hour=0;hour<=23;hour++)
08      {
09          printf("%d 号 %d 时 \n",day,hour);
10      }
11  }
12  getchar();
13  return 0;
14 }
```

运行结果如图 5-16 所示。

```
30号20时
30号21时
30号22时
30号23时
```

图 5-16　运行结果

【程序分析】

1. 第 4 行，定义变量 day、hour，分别表示天、小时。

2. 第 5 行，外层 for 循环，对天数进行遍历，从 1 开始，到 30 结束。

3. 第 7 行，内层 for 循环，对每天的小时进行遍历，从 0 开始，到 23 结束。

4. 第 9 行，在内层循环中，输出这个月某天的小时数。

注意：由于输出窗口的限制，运行上述程序时，并不能完全从 "1 号 0 时" 显示到 "30 号 23 时"。

5.4　改变循环执行状态

前面学习循环结构时，读者是否发现一个问题，只有当循环条件为 "假" 时才终止循环。也就是说，循环一旦执行，中途是无法停止的。但是，在实际开发中，有时需要提前终止循环执行，为了解决这个问题，C 语言提供了 break 语句和 continue 语句。

5.4.1　break 语句

前面在多分支选择语句 switch 中应用过 break 语句，作用是强制跳出 switch 语句。在循环语句中也可以应用 break 语句，作用是强制跳出循环，break 语句的一般形式为：

```
break;
```

说明：（1）break 语句在 C 语言程序中，只能应用在 switch 语句和循环语句中，不能应用于其他任何语句中。

（2）break 语句的功能只有两个，强制跳出 switch 和强制跳出循环。

下面通过例子来了解 break 语句在循环中的应用。

【示例 5-14】用 break 结束 while 循环。

【未使用 break 语句】

```
01 #include<stdio.h>
02 int main(void)
03 {
04  int i=0;
05  while(i<5)
06  {
07      printf("i=%d\n",i);
08      i++;
09  }
10  getchar();
11  return 0;
12 }
```

运行结果：

```
i=0
i=1
i=2
i=3
i=4
```

【使用了 break 语句】

```
01 #include<stdio.h>
02 int main(void)
03 {
04  int i=0;
05  while(i<5)
06  {
07      if (3==i)
08      {
09          break;  // 结束循环
10      }
11      printf("i=%d\n",i);
12      i++;
13  }
14  getchar();
15  return 0;
16 }
```

运行结果：

```
i=0
i=1
i=2
```

【程序分析】

1. 左侧程序中，循环变量 i 初始化为 0，循环条件为 i<5。由于 while 循环中没有应用 break 语句，只有当 i<5 为"假"时才结束循环，因此循环执行了 5 次。

2. 右侧程序中，循环变量 i 初始化为 0，循环条件为 i<5。由于 while 循环中应用了 break 语句，当 3==i 为"真"时，执行 break 语句强制跳出循环，因此循环执行了 3 次。

说明：break 语句在循环中，一般都是配合 if 语句一起使用，不会单独使用。

【示例 5-15】用 break 结束 do…while 循环。

【未使用 break 语句】

```
01 #include<stdio.h>
02 int main(void)
03 {
04  int i=0;
05  do
06  {
07      printf("i=%d\n",i);
08      i++;
09  }while(i<5);
10  getchar();
11  return 0;
12 }
```

运行结果：

```
i=0
i=1
i=2
i=3
i=4
```

【使用 break 语句】

```
01 #include<stdio.h>
02 int main(void)
03 {
04  int i=0;
05  do
06  {
07      if (i==3)  // 结束循环
08      {
09          break;
10      }
11      printf("i=%d\n",i);
12      i++;
13  }while(i<5);
14  getchar();
15  return 0;
16 }
```

运行结果：

```
i=0
i=1
i=2
```

【程序分析】

1. 上述左侧程序中，循环变量 i 初始化为 0，循环条件为 i<5。由于 do…while 循环中没有应用 break 语句，只有当 i<5 为"假"时才结束循环，因此循环执行了 5 次。

2. 右侧程序中，循环变量 i 初始化为 0，循环条件为 i<5。由于 do…while 循环中应用了 break 语句，当 3==i 为"真"时，执行 break 语句强制跳出循环，因此循环执行了 3 次。

【示例 5-16】用 break 结束 for 循环。

【未使用 break 语句】

```
01 #include<stdio.h>
02 int main(void)
03 {
04  int i;
05  for (i = 0; i < 5; i++)
06  {
07      printf("i=%d\n",i);
08  }
09  getchar();
10  return 0;
11 }
```

【使用 break 语句】

```
01 #include<stdio.h>
02 int main(void)
03 {
04  int i;
05  for (i = 0; i < 5; i++)
06  {
07      if (3==i)
08      {
09          break;    // 结束循环
10      }
11      printf("i=%d\n",i);
12  }
13  getchar();
14  return 0;
15 }
```

【运行结果】	【运行结果】
i=0	i=0
i=1	i=1
i=2	i=2
i=3	
i=4	

【程序分析】

1. 上述左侧程序中，循环变量 i 初始化为 0，循环条件为 i<5。由于 for 循环中没有应用 break 语句，只有当 i<5 为"假"时才结束循环，因此循环执行了 5 次。

2. 右侧程序中，循环变量 i 初始化为 0，循环条件为 i<5。由于 for 循环中应用了 break 语句，当 3==i 为"真"时，执行 break 语句强制跳出循环，因此循环执行了 3 次。

在循环嵌套中，break 语句只能强制结束离它最近的上一层循环，其他循环体并不受影响。下面通过例子来了解一下 break 语句在循环嵌套中的应用。

【示例 5-17】break 在循环嵌套中的应用。

```
01 #include <stdio.h>
02 int main(void)
03 {
04  int x,y;
05  for(x=0;x<5;x++)
06  {
07      printf("x=%d\n",x);
08      for(y=0;y<5;y++)
09      {
10              if (y==3)
11              {
12                  break;              // 终止整个内层循环
13              }
14              printf("y=%d ",y);
15      }
16      printf("\n");
17  }
18  getchar();
19  return 0;
20 }
```

运行结果如图 5-17 所示。

【程序分析】

1. 第 4 行，定义变量 x、y，分别当作内层循环、外层循环的变量。

2. 第 5 行，外层 for 循环，从 0 开始遍历到 4。

3. 第 7 行，输出外层循环变量 x 的值，并输出一个换行符。

4. 第 8 行，内层 for 循环，从 0 开始遍历到 4。

5. 第 10~13 行，如果 y==3 为"真"，执行 if 语句块中的 break 语句，强制结束上一层最近的循环，并不会影响其他循环

```
x=0
y=0 y=1 y=2
x=1
y=0 y=1 y=2
x=2
y=0 y=1 y=2
x=3
y=0 y=1 y=2
x=4
y=0 y=1 y=2
```

图 5-17 运行结果

体；如果 y==3 为"假"，则继续执行循环。

6. 第 14 行，输出内层循环变量 y 的值，并输出一个空格。

7. 第 16 行，为了方便分析输出结果，输出一个换行符。

8. 由于内层循环是离 break 语句最近的一层循环，因此会受到 break 语句的影响，每次都执行 3 次。而外层循环则不受影响，一共执行 5 次。

5.4.2 continue 语句

有时在程序中并不希望终止整个循环，而是只希望终止本次循环，后面的循环接着执行，此时使用 break 语句明显不合适。为了解决这个问题，C 语言提供了 continue 语句，continue 语句的一般形式为：

```
continue;
```

下面通过例子来了解 continue 语句在循环中的应用。

【示例 5-18】输出 10 以内不能被 2 整除的整数。

```
01 #include<stdio.h>
02 int main(void)
03 {
04   int i;
05   for (i=0; i<10; i++)
06   {
07       if (0==i%2)
08       {
09           continue;            // 终止本次循环，开始下一次循环
10       }
11       printf("i=%d\n",i);
12   }
13   getchar();
14   return 0;
15 }
```

运行结果如图 5-18 所示。

【程序分析】

上述程序中，循环变量 i 初始化为 0，循环结束条件为 i<10。当 0==i%2 为"真"时，表示 i 能被 2 整除，执行 continue 语句，紧接着执行下一次循环，跳过了 printf 函数语句；当 0==i%2 为"假"时，表示 i 不能被 2 整除，不执行 continue 语句，执行 if 语句后面的 printf 函数语句，输出变量 i 的值，并执行下一次循环。

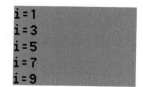

图 5-18　运行结果

在循环嵌套中，continue 语句只能结束一次离它最近的上一层循环，其他循环体并不受影响。下面通过例子来了解一下 continue 在循环嵌套中的应用。

【示例 5-19】continue 在循环嵌套中的应用。

```
01 #include <stdio.h>
02 int main(void)
03 {
04   int x,y;
05   for(x=0;x<5;x++)
```

```
06   {
07       printf("x=%d\n",x);
08       for(y=0;y<5;y++)
09       {
10           if (y==3)
11           {
12               continue;          // 终止本次内层循环
13           }
14           printf("y=%d ",y);
15       }
16       printf("\n");
17   }
18   getchar();
19   return 0;
20   }
```

运行结果如图 5-19 所示。

【程序分析】

1. 第 4 行，定义变量 x、y，分别当作内层循环、外层循环变量。

2. 第 5 行，外层 for 循环，从 0 开始遍历到 4。

3. 第 7 行，输出外层循环变量 x 的值，并输出一个换行符。

4. 第 8 行，内层 for 循环，从 0 开始遍历到 4。

5. 第 10~13 行，如果 y==3 为"真"，执行 if 语句块中的 continue 语句，结束离它最近的上一层循环一次，并不会影响其他循环体；如果 y==3 为"假"，则继续执行循环。

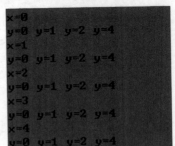

图 5-19 运行结果

6. 第 14 行，输出内层循环变量 y 的值，并输出一个空格。

7. 第 16 行，为了方便分析输出结果，输出一个换行符。

8. 由于内层循环是离 continue 语句最近的上一层循环，因此会受到 continue 语句的影响，每次循环都执行 4 次，y 的值为 3 的情况被跳过了；而外层循环并不受影响，一共执行了 5 次。

5.4.3 break 语句与 continue 语句对比

（1）break 语句的功能是强制跳出整个循环。当循环中出现 break 语句时，该循环就有两个终止条件：一个是循环条件为"假"；另一个是执行 break 语句。

（2）continue 语句的功能是强制跳出本次循环。当循环中出现 continue 语句时，该循环只有一个终止条件：循环条件为"假"。也就说 continue 语句并不会影响循环的正常终止，只是 continue 后面的语句会被跳过，从下一次循环开始执行。

5.5 课后习题

1. 使用循环语句输出 5 次字符串"hello rupeng"。

2. 使用循环语句输出 1~20 的值。

3. 计算 1~20 的累加和。

4．简述 while 与 do…while 循环的区别。

5．以下程序输出的结果是什么？

```c
#include<stdio.h>
int main(void)
{
    int i;
    for (i=0;i<5;i++)
    {
        if (i==1)
        {
            continue;
        }
        printf("%d ",i);
    }
    getchar();
    return 0;
}
```

6．以下程序输出的结果是什么。

```c
#include<stdio.h>
int main(void)
{
    int i;
    for (i=0;i<10;i++)
    {
        if (i==1)
        {
            break;
        }
        printf("%d ",i);
    }
    getchar();
    return 0;
}
```

5.6　习题答案

1.

```c
#include<stdio.h>
int main(void)
{
    int i=0;
    while(i<5)
    {
        printf("hello rupeng\n");
        i++;
    }
    getchar();
    return 0;
}
```

2.

```
#include<stdio.h>
int main(void)
{
    int i=1;
    while(i<=20)
    {
        printf("%d\n",i);
        i++;
    }
    getchar();
    return 0;
}
```

3.

```
#include<stdio.h>
int main(void)
{
    int i=1;
    int sum=0;
    while(i<=20)
    {
        sum=sum+i;
        i++;
    }
    printf("1~20 的累加和为: %d",sum);
    getchar();
    return 0;
}
```

4．while 循环在进入循环体之前要先判断条件是否成立，如果成立的话则进入执行循环体。

do...while 循环是先执行循环体，然后再判断条件是否成立，如果成立的话则继续循环体，如果不成立则跳出循环。也就是说对于 do…while 循环语句，不管条件是否成立都要先执行一遍。

5．输出 0 2 3 4。

因为当 i 的值为 1 时，执行 if 语句块中的 continue 语句，结束本次循环，因此少输出一次 i 等于 1 的情况。

6．输出 0。

因为当 i 的值为 1 时，执行 if 语句块中的 break 语句，结束整个 for 循环，因此只输出 i 等于 0 的情况。

第6章 函数初识

函数又被称为"功能"，是 C 语言实现模块化程序设计的基础，每一个函数都会实现一个特殊的功能。一个完整的 C 语言程序都是通过函数之间的调用完成的，因此，熟练掌握函数对于学习 C 语言非常重要，本章将详细介绍函数的定义、使用。

6.1 函数引入

在前面几章学习中，我们将所有的程序都写在一个主函数中。虽然这样可以实现功能，但是当程序功能比较多，规模比较大时，会使主函数变得庞杂、冗长，难以阅读、维护，并且功能代码不能复用。为了解决这个问题，C 语言引入了模块化程序设计的思想，类似于搭积木。先将各个功能代码拆分为单独的程序模块，需要时直接在 main 函数中进行"组装"即可。

函数，就是实现特定功能的程序模块，是 C 语言程序实现模块化思想的关键。在 C 语言中，函数分为以下两种。

（1）库函数：由系统或第三方库提供，直接调用即可，无需了解函数内部实现，例如，printf、getchar 等函数。

（2）用户自定义函数：由程序员手动封装，需要了解函数内部实现。

以上两种函数都是程序中比较常用的，一般情况下，如果系统库已经提供了实现某个功能的函数，直接调用系统库函数即可，否则用户需要自己编写代码实现。

6.1.1 定义函数

在 C 语言中，函数定义分为两种，无参函数和有参函数。

第一种，无参函数。定义无参函数的一般形式为：

```
类型名 函数名 ()
{
    语句;
}
```

或

```
类型名 函数名 (void)
{
    语句;
}
```

其中，类型名用来指定函数返回值的类型。如果函数没有返回值，可以将类型名写为 void。函数名后面括号中，如果没有形参，可以不写或写为 void，表示调用该函数时无需传入数据，例如，getchar 函数。

说明：形参：就是函数定义时函数名后面小括号中的变量，本质上就是局部变量，在该函数被调用时，由外部为该形参变量进行赋值。形参变量与局部变量的生命周期是一样的，只能在本函数内使用，函数执行结束形参变量就被释放。需要注意的是，形参只能是变量。

无参函数的定义如下例所示：

```
void show(void)            // 无参函数 show
{
    printf(" 如鹏网 ");       // 函数体
}
```

第二种，有参函数。定义有参函数的一般形式为：

```
类型名 函数名（形参列表）
{
语句；
}
```

有参函数与无参函数唯一的不同，就是函数名后面多了形参列表，表示调用该函数时需要传入数据，例如，printf 函数。

有参函数的定义如下例所示：

```
void show(int num)              // 有参函数 show
{
    printf("num=%d\n",num);
}
```

6.1.2 调用函数

定义函数的目的就是为了调用函数，函数类型不同，调用方式也不同。函数调用的一般形式为：

```
函数名（实参列表）；
```

实参列表是调用函数时传入的数据。实参可以是常量、变量、表达式、函数等。函数调用时，实参与形参个数、类型要匹配。

在 C 语言中，函数调用可以分为两类：无参函数、有参函数。

（1）无参函数没有形参列表，调用这类函数时，实参列表可以省略，但是括号不能省略。

（2）有参函数有形参列表，调用这类函数时，实参列表不能省略，实参与形参的个数、类型应保持一致，各个实参之间以逗号分隔。

下面通过例子来了解函数调用。

【示例 6-1】调用无参函数。

```
01 #include<stdio.h>
02 void show()                    // 定义 show 函数
03 {
04   printf(" 如鹏网 ");            // 输出"如鹏网"
05 }
06 int main(void)
07 {
08   show();                       // 调用 show 函数
```

```
09  getchar();
10  return 0;
11 }
```

运行结果如图 6-1 所示。

【程序分析】

1. 第 2 行，定义无参函数 show，无返回值，无形参。

图 6-1　运行结果

2. 第 3~5 行，show 函数的函数体。

3. 第 8 行，在 main 函数中，调用 show 函数，执行 show 函数中的代码。输出"如鹏网"。

【示例 6-2】调用有参函数。

```
01  #include<stdio.h>
02  void show(int num)              // 定义 show 函数，形参为 num
03  {
04      printf("num=%d\n",num);  // 输出形参 num 数值
05  }
06  int main(void)
07  {
08      int a=5;
09      show(100);                   // 调用 show 函数，传入 100 作为实参
10      show(a);
11      show(a+3);
12      getchar();
13      return 0;
14  }
```

运行结果如图 6-2 所示。

【程序分析】

1. 第 2 行，定义有参函数 show，无返回值，有一个形参，类型为 int，名称为 num。

```
num=100
num=5
num=8
```

图 6-2　运行结果

2. 第 3~5 行，show 函数的函数体。

3. 第 9 行，在 main 函数中，调用 show 函数并传入整数 100 作为实参，由于 show 是有参函数，实参 100 会赋值给形参 num，然后执行 show 函数体，输出形参 num 的值为 100。

4. 第 10 行，将变量 a 的值 5 作为实参，赋值给形参 num，此时，形参 num 的值为 5，输出结果为 5。

5. 第 11 行，将 a+3 的运算结果 8 作为实参，赋值给形参 num，此时，形参 num 的值为 8，输出结果为 8。

6.1.3　函数的实参与形参赋值

在 C 语言程序中，函数实参无论是常量、变量还是表达式，最终都会将结果值赋给形参变量，赋值的顺序只与形参的顺序有关，与变量名无关。

【示例 6-3】函数实参与形参赋值。

```
01 #include<stdio.h>
02 void show(int a,int b)                  //形参 a、b
03 {
04  printf("a=%d b=%d\n",a,b);
```

```
05 }
06 int main(void)
07 {
08   int a=10,b=20;
09   show(b,a);                          // 实参 a、b
10   getchar();
11   return 0;
12 }
```

运行结果如图 6-3 所示。

`a=20 b=10`

图 6-3 运行结果

【程序分析】

1. 上述程序中，show 函数有 2 个 int 类型的形参，第 1 个为变量 a，第 2 个为变量 b。

2. 第 8 行，在 main 函数中，定义 int 变量 a、b 并初始化。

3. 第 9 行，调用 show 函数，第 1 个实参传入 a，第 2 个实参传入 b。前面讲过，实参最终会赋值给形参变量，而且是按照传参顺序进行赋值。因此，第 1 个实参变量 b 赋值给第 1 个形参变量 a，第 2 个实参变量 a 赋值给第 2 个形参变量 b，简化为：a=20，b=10。最终，在 show 函数中，输出的形参 a、b 的值分别为 a=20，b=10。

4. 上述程序中，由于实参变量与形参变量名称相同，有的读者误以为函数传参是根据变量名进行匹配，就会认为实参 a 赋值给形参 a，实参 b 赋值给形参 b。其实这是一种错误理解，在 C 语言中，实参、形参的赋值只与参数顺序有关，与参数名无关。第 1 个实参赋值给第 1 个形参，第 2 个实参赋值给第 2 个形参，依次类推，第 n 个实参赋值给第 n 个形参。

5. 为了方便理解，读者可以试着交换一下第 2 行形参 a、b 的位置，例如：void show(int b,int a)。

6.1.4 函数定义、调用注意事项

在函数定义和调用过程中有如下注意事项。

（1）同一个 .c 文件中，函数名之间不能重名。

（2）用户自定义函数一般需要放置在调用它的函数之前，如果放置在调用它的函数之后，就需要添加函数声明。

（3）函数之间不能嵌套定义，也就是说函数内部不能再定义函数。

下面通过例子来了解一下以上几点注意事项。

【常见错误 1】

同一个 .c 文件中，函数名不能重复。

【出错程序】

```
01 #include<stdio.h>
02 void show()
03 {
04   printf(" 如鹏网 \n");
05 }
06 void show()    // 错误写法
07 {
08   printf("www.rupeng.com\n");
```

【正确程序】

```
01 #include<stdio.h>
02 void show()
03 {
04   printf(" 如鹏网 \n");
05 }
06 void show2()   // 正确写法
07 {
08   printf("www.rupeng.com\n");
```

```
09 }
10 int main(void)
11 {
12   show();
13   show();
14   getchar();
15   return 0;
16 }
```
运行结果：

▼ ·│ ❌ 2 个错误 │ ⚠ 0 个警告 │ ⓘ 0 个消
❌ 1 error C2084: 函数 "void show()" 已有主体

```
09 }
10 int main(void)
11 {
12   show();
13   show2();   // 调用 show2 函数
14   getchar();
15   return 0;
16 }
```
运行结果：

如鹏网
www.rupeng.com

【错误分析 1】

1. 上述左侧程序中，第 2 行，已经定义了 show 函数，第 6 行，又尝试定义同名 show 函数，不符号 C 语言语法，编译报错。

2. 右侧程序中，将第 6 行，导致重名的 show 函数修改为 show2 函数，这样就不会引发冲突。第 12~13 行，在 main 函数中依次调用 show、show2 函数，输出 "如鹏网"、"www.rupeng.com"。

【常见错误 2】

函数定义需要放置在调用它的函数之前。

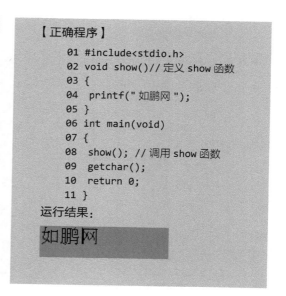

【出错程序】
```
01 #include<stdio.h>
02 int main(void)
03 {
04   show();      // 调用 show 函数
05   getchar();
06   return 0;
07 }
08 void show()   // 定义 show 函数
09 {
10   printf(" 如鹏网 ");
11 }
```
运行结果：

▼ ·│ ❌ 1 个错误 │ ⚠ 1 个警告 │ ⓘ 0 个消息
❌ 2 error C2371: "show": 重定义；不同的基类型
⚠ 1 warning C4013: "show" 未定义；假设外部返回 int

【正确程序】
```
01 #include<stdio.h>
02 void show()// 定义 show 函数
03 {
04   printf(" 如鹏网 ");
05 }
06 int main(void)
07 {
08   show(); // 调用 show 函数
09   getchar();
10   return 0;
11 }
```
运行结果：

如鹏网

【错误分析 2】

1. 上述左侧程序中，第 4 行，在 main 函数中调用 show 函数，而 show 函数在第 8 行才被定义。也就是说，调用 show 函数在 show 函数定义之前，相当于变量未定义就使用了变量，不符合 C 语言语法，编译报错。

2. 右侧程序是符合 C 语言语法的写法，先定义 show 函数，然后调用。

【常见错误 3】

调用函数时，实参与形参的个数必须匹配。

【出错程序】

```
01 #include<stdio.h>
02 void show(int num) // 有参函数
03 {
04  printf("num=%d\n",num);
05 }
06 int main(void)
07 {
08  show();    // 错误写法
09  getchar();
10  return 0;
11 }
```

运行结果：

❌ 1 个错误　⚠ 0 个警告
1 IntelliSense: 函数调用中的参数太少

【正确程序】

```
01 #include<stdio.h>
02 void show(int num) // 有参函数
03 {
04  printf("num=%d\n",num);
05 }
06 int main(void)
07 {
08  show(100);  // 正确写法
09  getchar();
10  return 0;
11 }
```

运行结果：

num=100

【错误分析 3】

1. 左侧程序中，第 2 行，show 函数有一个形参 num，而第 8 行调用 show 函数时却没有传入实参，实参和形参不匹配，不符合语法，编译报错。

2. 右侧程序是正确写法，第 2 行，show 函数有一个形参 num，第 8 行调用 show 函数时传入实参 100，实参和形参匹配，符合语法，输出整数 100。

【常见错误 4】

函数之间不能嵌套定义。

【出错程序】

```
01 #include<stdio.h>
02 void show()
03 {
04  void show2()  // 错误写法
05  {
06      printf("show2\n");
07  }
08  printf("show\n");
09 }
10 int main(void)
11 {
12  show();
13  show2();
14  getchar();
15  return 0;
16 }
```

运行结果：

❌ 6 error C2065:""show"" : 未声明的标识符
❌ 3 error C2065:""show2"" : 未声明的标识符

【正确程序】

```
01 #include<stdio.h>
02 void show()
03 {
04  printf("show\n");
05 }
06 void show2() // 正确写法
07 {
08  printf("show2\n");
09 }
10 int main(void)
11 {
12  show();
13  show2();
14  getchar();
15  return 0;
16 }
```

运行结果：

show
show2

【错误分析 4】

1. 左侧程序将函数 show2 定义在函数 show 内部，函数定义嵌套，不符合 C 语言语法，编译报错。

2. 右侧程序将函数 show2 定义在函数 show 外部，从结构上看，show2 与 show 是同级函数，定义正确，输出字符串 show、show2。

6.1.5 函数中的局部变量

前面讲过，定义在函数内部的变量被称为局部变量。局部变量只能在当前函数中访问，不能跨函数访问，函数执行结束时，局部变量将被系统回收。

下面通过例子来了解一下函数中的局部变量。

【示例 6-4】访问函数中的局部变量。

```
01 #include<stdio.h>
02 void show()
03 {
04   int a=10;              // 局部变量 a
05 }
06 int main(void)
07 {
08   printf("%d",a);        // 出错代码
09   getchar();
10   return 0;
11 }
```

运行结果如图 6-4 所示。

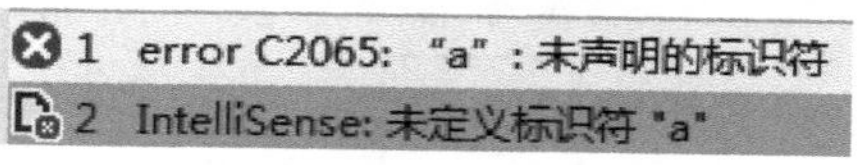

【程序分析】

1. 上述程序中，第 8 行，在 main 函数中企图访问 show 函数中的局部变量 a 是访问不到的，因为局部变量只能在当前函数中访问。

❌ 1 error C2065："a"：未声明的标识符
🔲 2 IntelliSense: 未定义标识符 "a"

图 6-4　运行结果

2. 在实际开发中，如果需要得到函数中局部变量的数据，可以通过函数返回值的方式拿到，下一小节将详细介绍。

6.1.6 函数参数的传递方式：值传递

在 6.1.1 小节和 6.1.2 小节介绍过函数定义时，参数列表中的参数被称为"形式参数"，简称"形参"；在函数调用时，参数列表中的参数被称为"实际参数"，简称"实参"。在程序中，调用有参函数时，涉及主调函数与被调函数之间的数据传递问题。

在 C 语言中，实参向形参传递数据方式是"值传递"。并且是单向的，只能实参向形参赋值，反之不可。实参可以是常量、变量、表达式，而形参只能是变量。当函数被调用时，系统会为形参变量分配内存空间，然后将实参的值复制到形参对应的内存空间中。因此，实参与形参对应的内存空间是不同的，但是内存空间中的数据是相同的，形参相当于实参的一个副本。

由于形参只是实参的一个副本，因此修改形参的值不会影响实参的值，下面通过例子来了解一下值传递。

【示例 6-5】实参和形参值的传递。

```
01 #include<stdio.h>
02 void show(int num)
03 {
04   num++;                        // 形参自加 1
05   printf(" 形参 num=%d\n",num);    // 输出形参
```

```
06 }
07 int main(void)
08 {
09   int num=20;
10   show(num);                          // 调用 show 函数，传入实参 num
11   printf(" 实参 num=%d",num);          // 输出实参
12   getchar();
13   return 0;
14 }
```

运行结果如图 6-5 所示。

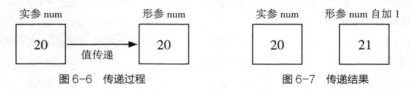

图 6-5   运行结果

【程序分析】

1. 在示例 6-7 中，有些读者可能会认为，实参和形参应该都是 21。这显然还没有理解什么是"值传递"。虽然，实参和形参名称相同，都为 num，但是，实参和形参对应的内存空间不同。在函数调用时，程序会将实参的值复制一份到形参对应的内存空间中，如图 6-6 所示。

2. 当调用并执行 show 函数时，第 4 行，形参 num 自加 1，变为 21，实参 num 仍为 20，如图 6-7 所示。接着第 5 行，输出形参 num 为 21。

3. 由于实参 num 并未被修改，执行第 11 行时，输出实参 num 仍为 20。

图 6-6   传递过程   图 6-7   传递结果

6.1.7   函数返回值

1. return 语句概述

按照有无返回值，函数可以分为无返回值函数和有返回值函数。对于无返回值函数前面已经介绍过，这类函数的返回值类型为 void。对于有返回值函数，需要显式指定的返回值类型，这类函数的返回值通过 return 语句得到。

return 是 C 语言中的关键字，后面可以跟常量、变量、表达式等。例如：

```
return 100;              // 返回常量 100
return a;                // 返回变量 a 的值
return a+b;              // 返回表达式 a+b 的运行结果
```

说明: return 语句后面可以加括号也可以不加，例如：

```
return (100);            // 返回常量 100
return (a);              // 返回变量 a 的值
return (a+b);            // 返回表达式 a+b 的运行结果
```

以上形式都是合法的。

2. return 语句的作用

return 语句的作用主要有以下两个。

（1）当函数执行到 return 语句时，会将 return 后面的结果值返回给主调函数，也就是说，在

主函数中可以得到被调函数中的数据。

（2）当 return 语句被执行时，它下面的语句将不再执行。因此，return 语句可以看作是函数结束的标志，一般放置在函数末尾，以免影响其他语句的正常执行。

3. 函数返回值类型

函数返回值类型指的是函数返回数据的类型。例如：

```
char getChar();
int getInt();
float getFloat();
double getDouble();
```

以上 4 个函数的返回值类型分别为：字符型、整型、单精度浮点型、双精度浮点型。

当主调函数中需要得到被调函数的返回值时，也要定义与其函数返回值类型对应的变量进行接收。

下面通过例子来理解 return 语句的使用。

【示例 6-6】return 返回函数中的数据。

【返回值为常量】
```
01 #include<stdio.h>
02 int getInt()
03 {
04   return 10;        // 返回常量值
05 }
06 int main(void)
07 {
08   int result=0;
09   result=getInt();  // 接收返回值
10   printf("result=%d",result);
11   getchar();
12   return 0;
13 }
```
运行结果：

result=10

【返回值为变量】
```
01 #include<stdio.h>
02 int getInt()
03 {
04     int a=10;
05     return a;        // 返回变量值
06 }
07 int main(void)
08 {
09     int result=0;
10     result=getInt(); // 接收返回值
11     printf("result=%d",result);
12     getchar();
13     return 0;
14 }
```
运行结果：

result=10

【程序分析】

（1）左侧程序中，第 2~5 行，定义 getInt 函数，返回值类型为 int，调用该函数将返回整型常量 10。

（2）左侧第 8 行，定义 int 变量 result，用于接收函数返回值，并且该变量与函数返回值类型相同。

（3）左侧第 9 行，先调用 getInt 函数，得到该函数返回值，然后赋值给变量 result，最后第 10 行输出返回结果。

（4）右侧程序中，第 2~6 行，定义 getInt 函数，返回值类型为 int，调用该函数将返回整型变量 a 的值 10。

（5）右侧第 9 行，定义 int 变量 result，用于接收函数返回值，并且该变量与函数返回值类型相同。

（6）右侧第 10 行，先调用 getInt 函数，得到该函数返回值，然后赋值给变量 result，最后第 11 行输出返回结果。

前面讲过，return 语句会终止函数的执行，下面通过例子来理解一下。

【示例 6-7】return 终止函数的执行。

```
01 #include<stdio.h>
02 int getInt()                        // 定义 getInt 函数
03 {
04  printf("return 前 \n");
05  return 10;                         // 执行 return 语句
06  printf("return 后 \n");
07 }
08 int main(void)
09 {
10  int result=0;
11  result=getInt();                   // 调用 getInt 函数
12  printf("result=%d",result);
13  getchar();
14  return 0;
15 }
```

运行结果如图 6-8 所示。

【程序分析】

上述程序分别在 return 语句前、后各放置一条打印语句，用于测试 return 语句是否会提前终止函数的执行。通过运行结果可以看

return前
result=10

图 6-8 运行结果

到，当函数中的 return 语句被执行后，它后面的语句将不再执行，也就是说 return 会提前终止函数执行。因此，在函数中使用 return 语句时，务必注意该语句放置的位置，以免影响其他语句的正常执行。

6.1.8 无返回值函数中的 return 语句

上一小节中已经介绍过，return 语句一般存在于有返回值的函数中，用于返回当前函数中的数据，并且终止函数执行。除了这种用法之外，return 语句还可以使用在无返回值的函数中，作用是终止函数执行。语法结构为：

```
return;
```

需要注意的是，return 语句使用在无返回值的函数中时，后面直接加分号即可。表示只终止函数执行，不返回数据。

下面通过例子来了解无返回值函数中的 return 语句。

【示例 6-8】无返回值函数中的 return 语句。

```
01 #include<stdio.h>
02 void show()
03 {
04  printf("return 前 \n");
05  return;                            // 执行 return 语句，终止函数执行
06  printf("return 后 \n");
07 }
08 int main(void)
```

```
09 {
10   show();                          // 调用 show 函数
11   getchar();
12   return 0;
13 }
```

运行结果如图 6-9 所示。

【程序分析】

> **return 前**

上述程序中，在 return 语句前后各添加了一条打印语句，用于测
试 return 语句在无返回值函数中的作用。通过运行结果可以看到，当 return 语句被执行时，它后
面的语句将不再被执行，函数直接终止。

图 6-9　运行结果

6.1.9　函数调用的其他形式

在 C 语言程序中，根据函数调用出现的位置不同，可以将函数调用形式分为以下三种。

第一种，函数调用语句。

函数调用后加上分号就是函数调用语句，大多数情况下用于无返回值函数，有时也会用于
有返回值函数。例如：

```
show();
printf(" 如鹏网 ");
```

其中，show 是用户自定义函数，实现向屏幕打印"如鹏网"的功能，该函数无返回值。

printf 是系统库函数，也实现了向屏幕打印"如鹏网"的功能，但是该函数是有返回值的，
不过程序中一般不使用。

第二种，函数调用表达式。

函数调用作为表达式的其中一项，出现表达式中。例如：

```
result=getInt();
result=100+getInt();
```

上面程序第 1 行，先调用 getInt 函数，然后将函数返回值赋值给变量 result。

第 2 行，将 getInt 函数返回值和 100 做加法运算，最后将运算结果赋值给变量 result。

> **注意：** 当函数调用作为表达式时，要求该函数必须有返回值，也即必须有返回值函数。

第三种，函数调用作为实参。

在 C 语言程序中，函数的参数不仅可以是常量、变量、表达式，也可以是函数调用。例如：

```
printf("%d", getInt());
```

当函数调用作为函数参数时，该函数必须有返回值，其返回值作为外层函数的实参。上述
程序先调用 getInt 函数，然后将返回值作为 printf 函数的一个实参，按照 %d 的格式输出。

下面通过例子来了解一下函数调用作表达式与实参。

【示例 6-9】 函数调用作表达式、函数实参。

【函数调用作表达式】

```
01 #include<stdio.h>
02 int getInt()
```

【函数调用作实参】

```
01 #include<stdio.h>
02 int getInt()
```

```
03 {
04   return 10;
05 }
06 int main(void)
07 {
08   int result=0;
09   result=20+getInt();
10  printf("result=%d\n",result);
11  getchar();
12   return 0;
13 }
```
运行结果:

```
result=30
```

```
03 {
04   return 10;
05 }
06 int main(void)
07 {
08  printf("%d\n",getInt());
09  getchar();
10  return 0;
11 }
```
运行结果:

```
10
```

6.2 函数案例

本节对函数概念不作过多介绍，主要是通过案例练习来巩固前面所学的函数知识，如果在练习过程中发现对有些函数的概念比较模糊，可以先搞清楚函数概念以后，再来继续练习。

6.2.1 案例 1：打印整数 1~n 的数值

【案例要求】

封装函数，打印整数 1~n 的值，n 由函数调用时传入。

【实现效果】

当传入整数 5 时，打印 1　2　3　4　5；

当传入整数 10 时，打印 1　2　3　4　5　6　7　8　9　10。

【案例分析】

1. 整数打印范围由外部传入的参数控制，因此，该函数需要定义为有参函数。

2. 该函数只是打印，无需返回任何数据给主调函数，因此，返回值类型为 void。

3. 通过以上两点分析，可以初步确定，该函数原型为：一个 int 类型形参、无返回值。

【示例 6-10】打印整数 1~n 的数值实现代码。

```
01 #include<stdio.h>
02 void printN(int num)
03 {
04  int i=0;
05  for (i=1;i<=num;i++)          // 打印 1~n 整数
06  {
07      printf("%d ",i);
08  }
09 }
10 int main(void)
11 {
12  printN(10);                   // 调用 printN 函数，传入 10
13  getchar();
14  return 0;
15 }
```

运行结果如图 6-10 所示。

【程序分析】

1. 第 2~9 行定义 printN 函数，有一个 int 类型形
参 num，无返回值。该函数内部通过 for 循环打印整数 1~num。

图 6-10 运行结果

1 2 3 4 5 6 7 8 9 10

2. 第 12 行，调用 printN 函数，将实参 10 赋给形参 num，然后执行 printN 函数打印整数
1~10。

6.2.2 案例 2：计算整数 1~*n* 的累加和

【案例要求】

封装函数，计算整数 1~*n* 的累加和，并通过返回值返回，*n* 由函数调用时传入。

【实现效果】

当传入 5 时，计算后返回 15；

当传入 10 时，计算后返回 55。

【案例分析】

1. 根据题目要求可以确定，该函数原型为有参函数，返回值类型为 int。

2. 通过 for 循环实现累加和，累加整数的最大值由外部传入的参数控制。

【示例 6-11】计算整数 1~*n* 的累加和实现代码。

```
01 #include<stdio.h>
02 int addN(int num)
03 {
04  int i;
05  int sum=0;
06  for (i=1;i<=num;i++)
07  {
08      sum+=i;                  // 整数累加和
09  }
10  return sum;                  // 返回累加和
11 }
12 int main(void)
13 {
14  int sum=0;
15  sum=addN(10);                // 调用 addN 函数，传入 10
16  printf("sum=%d\n",sum);
17  getchar();
18  return 0;
19 }
```

运行结果如图 6-11 所示。

【程序分析】

sum=55

图 6-11 运行结果

1. 上述程序中，第 2~11 行，定义 addN 函数，根据传入的参数，
控制计算 1~*n* 的累加和，然后通过 return 返回给被调函数。

2. 第 15 行，调用 addN 函数，并传入整数 10，计算 1~10 的累加和，然后将计算结果返回，
并赋值给变量 num。

3. 第 16 行，输出 1~10 的累加和的值 55。

6.2.3 案例 3: 求两个整数最大值

【案例要求】

封装函数，求两个整数的最大值，并通过返回值返回，两个整数由外部传入。

【实现效果】

当传入 1、2 时，返回最大值 2；

当传入 20、10 时，返回最大值 20。

【案例分析】

1. 根据题目要求可以确定，该函数原型为：有两个 int 类型形参，返回值类型为 int。

2. 求两个整数的最大值，使用 if 语句即可，如果 x 大于 y，则返回 x，否则返回 y。例如：

```
if(x>y)
{
    return x;
}
return y;
```

【示例 6-12】求两个整数最大值实现代码。

```
01 #include<stdio.h>
02 int getMax(int x,int y)
03 {
04       if (x>y)
05       {
06           return x;
07       }
08       return y;
09 }
10 int main(void)
11 {
12       int max=0;
13       max=getMax(20,10);
14       printf("max=%d ",max);
15       getchar();
16       return 0;
17 }
```

运行结果如图 6-12 所示。

```
max=20
```

图 6-12　运行结果

【程序分析】

1. getMax 函数中，如果 x>y 结果为"真"，执行 if 语句块，返回 x 为最大值，否则返回 y 为最大值。

2. 第 13 行，调用 getMax 函数，分别传入实参 20、10，求它们之间最大值，然后将返回结果赋值给变量 max。

3. 第 14 行，输出最大值 max 为 20。

6.2.4 案例 4: 计算矩形面积

【案例要求】

封装函数，传入矩形宽、高，返回矩形面积。

【实现效果】

当传入矩形宽 10、高 20 时，返回矩形面积 200。

【案例分析】

1. 矩形面积计算公式为：矩形面积 = 矩形高度 × 矩形宽度。

2. 根据题目要求可以确定，该函数原型为：两个 int 类型形参，分别表示矩形的宽和高，返回值类型为 int，表示矩形面积。

【示例 6-13】计算矩形面积实现代码。

```
01 #include<stdio.h>
02 int getArea(int width,int height)
03 {
04  return width*height;            // 计算矩形面积，并返回
05 }
06 int main(void)
07 {
08  int area=getArea(10,20);        // 矩形宽 10，高 20
09  printf("area=%d\n",area);       // 输出矩形面积
10  getchar();
11  return 0;
12 }
```

运行结果如图 6-13 所示。

【程序分析】

1. 第 8 行，调用 getArea 函数，传入实参 10、20 ，分别表示矩形宽和高。执行 getArea 函数体，返回矩形面积，然后赋值给变量 area。

2. 第 9 行，输出矩形面积为 200。

`area=200`

图 6-13 运行结果

6.2.5 案例 5：计算圆面积

【案例要求】

封装一个函数，传入圆半径，返回圆面积。

【实现效果】

当传入圆半径 3.0 时，返回圆面积 28.26。

说明：该案例采用 3.14 近似为圆周率。

【案例分析】

1. 圆面积计算公式为：圆面积 = 圆周率 × 圆半径的平方。

2. 根据题目要求可以确定，该函数原型为：一个 double 类型形参，表示圆半径，返回值类型为 double，表示圆面积。

【示例 6-14】计算圆面积实现代码。

```
01 #include<stdio.h>
02 double getCircleArea(double r)
03 {
04  return 3.14*r*r;                          // 计算圆面积，并返回
05 }
```

```
06 int main(void)
07 {
08  double area=getCircleArea(3.0);        // 圆半径为 3.0
09  printf("area=%lf\n",area);             // 输出圆面积
10  getchar();
11  return 0;
12 }
```

运行结果如图 6-14 所示。

【程序分析】

`area=28.260000`

图 6-14　运行结果

1. 第 8 行，调用 getCircleArea 函数，传入实参 3.0，表示圆半径。然后执行 getCircleArea 函数体，返回圆面积，最后赋值给变量 area。

2. 第 9 行，输出圆面积为 28.260000。

6.3　课后习题

1. 定义一个无参、无返回值的函数 show，调用该函数打印 5 次 "hello rupeng"。

2. 以下程序输出结果是什么。

```
#include<stdio.h>
void show(int a,int b)
{
    printf("a=%d b=%d\n",a,b);
}
int main(void)
{
    int a=10,b=20;
    show(b,a);
    getchar();
    return 0;
}
```

3. 封装一个函数 add，传入 int 类型变量 a、b，返回 a、b 的和。

4. 以下程序输出结果是什么。

```
#include<stdio.h>
void show(int a,int b)
{
    printf("a=%d",a);
    return;
    printf("b=%d",b);
}
int main(void)
{
    int a=10,b=20;
    show(a,b);
    getchar();
    return 0;
}
```

5. 以下程序是否会改变 main 函数中变量 num 的值？

```
#include<stdio.h>
```

```
void change(int num)
{
    num=1000;
}
int main(void)
{
    int num=10;
    change(num);
    printf("%d",num);
    getchar();
    return 0;
}
```

6.4 习题答案

1.

```
void show()
{
    int i=0;
    while(i<5)
    {
        printf("hello rupeng\n");
        i++;
    }
}
```

2．输出：a=20 b=10。

因为函数传参与实参、形参的名称无关，只与参数赋值的顺序有关。实参 b 赋值给形参 a，实参 a 赋值给形参 b。因此形参 a 的值为 20，形参 b 的值为 10。

3.

```
int add(int a,int b)
{
    return a+b;
}
```

4．输出 a=10。

首先，调用 show 函数，实参 a 赋值给形参 a，实参 b 赋值给形参 b。执行 show 函数体，先输出 a=10，紧接着执行 return 语句，直接结束 show 函数，后面的语句将不再执行。

5．不会改变。

因为在 C 语言中函数传参属于"值传递"，change 函数中的变量 num 相当于 main 函数中变量 num 的一个副本而已，修改副本并不会影响原变量的值。

第 7 章 数组

    C 语言中，为了方便操作和管理数据，通常会将同一种类型的多个数据按照一定的形式和顺序组织成有序集合，这些有序数据集合被称为数组。每个数组都有一个名称，被称为数组名。数组中每个数据都有一个确定的编号，被称为数组下标，通过数组名和下标就可以找到数组中指定的数据。

    数组从维度上可以划分为一维数组和多维数组。在实际开发中，使用最多的是一维数组，本章将重点介绍。

7.1 一维数组

    一维数组是 C 语言中最简单、最常用的一类数组，是一种线性数据结构。在系统中，编译器会为数组分配一段连续的内存空间用来存放数据。

7.1.1 定义一维数组

    在 C 语言中，一维数组定义的一般形式为：

```
数据类型 数组名 [ 常量表达式 ];
```

    "数据类型"表示数组中每个元素的数据类型；"数组名"用来标识该数组；"常量表达式"用来指定数组中元素的个数，也被称为数组长度。

    例如：

```
int  a[10];
```

    上述程序表示，定义长度为 10 的一维数组 a，该数组中每个元素的类型都是 int。

说明：（1）数组名也是标识符，必须符合 C 语言标识符命名规范。

    （2）数组长度可以是常量或常量表达式，如 int a[10] 和 int a[5+5] 都是合法的。

    （3）数组长度不能是变量或变量表达式。如 int a[n] 和 int a[n+10] 都是错误写法。

7.1.2 一维数组初始化

    一维数组初始化的方式一般为：

```
数据类型 数组名 [ 常量表达式 ] = { 初始化列表 };
```

    这种方式在定义数组时，使用初始化列表对数组进行初始化。

    例如：

```
int a[10] = {1,2,3,4,5,6,7,8,9,10};
```

上述语句表示，定义int类型的数组a，长度为10，并使用"{ }"中的数据对数组初始化，"{ }"中各个数据之间使用英文逗号进行分割。

7.1.3 引用一维数组元素

数组元素是数组的基本组成单元，对数组初始化本质上是对数组中各个元素进行初始化，数组中元素的个数在定义数组时确定。例如：int a[10]，表示数组 a 由 10 个 int 类型的数组元素组成。分别为：a[0]、a[1]、a[2]、a[3]、a[4]、a[5]、a[6]、a[7]、a[8]、a[9]。

说明：（1）需要注意的是，数组元素编号从 0 开始，0~9 表示 10 个元素，不存在 a[10] 元素。

（2）这 10 个数组元素可以等价为 10 个 int 类型变量。

在 C 语言中引用数组的一般形式为：

数组名 [下标]

数组"下标"是数组元素的索引，通过"下标"可以随机访问数组中的元素，"下标"一般为整数类型的常量、变量或表达式。

以 int a[5] 为例：

```
a[0]              // 数组 a 的第一个元素
a[1]              // 数组 a 的第二个元素
a[2]              // 数组 a 的第三个元素
a[3]              // 数组 a 的第四个元素
a[4]              // 数组 a 的的五个元素
```

a[0] 是数组 a 的第一个元素，也被称为数组 a 的首元素。

下面通过例子来了解一维数组元素的引用。

【示例 7-1】引用一维数组元素。

```
01 #include<stdio.h>
02 int main(void)
03 {
04  int a[5]={1,2,3,4,5};        // 定义数组并初始化
05  printf("%d ",a[0]);
06  printf("%d ",a[1]);
07  printf("%d ",a[2]);
08  printf("%d ",a[3]);
09  printf("%d ",a[4]);
10  getchar();
11  return 0;
12 }
```

运行结果如图 7-1 所示。

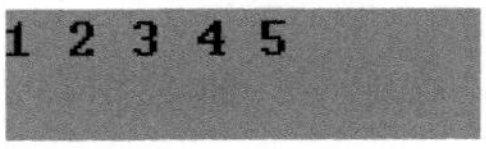

【程序分析】

1. 第 4 行，定义 int 类型长度为 5 的数组 a，并对该数组进行初始化。

`1 2 3 4 5`

图 7-1 运行结果

2. 数组本质上是一片连续的内存空间，每个数组元素都对应一块独立的内存空间，数组 a 的内存模型如图 7-2 所示。

3. 通过图 7-2 可以看到，数组名 a 用于标记整块连续的内存空间，a[0]、a[1]……a[4] 分别

标记每个数组元素对应的内存空间，1、2、3、4、5 分别为数组元素对应内存空间中数据。

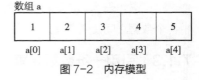

数组 a

1	2	3	4	5
a[0]	a[1]	a[2]	a[3]	a[4]

图 7-2　内存模型

4. 第 5 行，输出 a[0]，相当于输出 a[0] 对应内存空间中的数据 1。

5. 第 6~9 行，同上，分别输出 2、3、4、5。

除了引用方式比较特殊之外，数组元素完全可以当作变量使用，可以进行数学运算、赋值操作、自增、自减等操作。

下面通过例子来进一步了解数组元素的使用。

【示例 7-2】数组元素的使用方式。

```
01 #include<stdio.h>
02 int main(void)
03 {
04   int a[3]={1,2,3};
05   a[0]=10;
06   a[1]=a[0]+1;
07   a[2]=a[1]+a[0];
08   printf("%d\n",a[0]);
09   printf("%d\n",a[1]);
10   printf("%d\n",a[2]);
11   getchar();
12   return 0;
13 }
```

运行结果如图 7-3 所示。

```
10
11
21
```

图 7-3　运行结果

【程序分析】

1. 第 4 行，定义数组 a 并初始化。

2. 第 5 行，将 10 赋值给数组元素 a[0]，此时 a[0] 值为 10。

3. 第 6 行，先计算 a[0]+1，结果为 11，然后将 11 赋值给数组元素 a[1]，此时 a[1] 值为 11。

4. 第 7 行，先计算 a[1]+a[0]，结果为 21，然后将 21 赋值给数组元素 a[2]，此时 a[2] 值为 21。

5. 第 8~10 行，分别输出数组元素 a[0]、a[1]、a[2] 的值，分别为 10、11、21。

7.1.4　一维数组其他初始化方式

1. 一维数组静态初始化

前面讲过一种数组初始化方式是在定义数组时，使用初始化列表进行初始化。这种方式被称为静态初始化，也即定义数组的同时完成初始化。

2. 一维数组动态初始化

除了静态初始化，C 语言还提供了另外一种初始化数组的方式，例如：

```
int a[3];          // 定义数组，但未初始化
a[0] =1;           // 初始化 a[0]
a[1] =2;           // 初始化 a[1]
a[2] =3;           // 初始化 a[2]
```

这种方式被称为动态初始化，先定义数组，然后分别对每个元素进行初始化。

下面通过例子来了解数组动态初始化。

【示例 7-3】数组的动态初始化。

```
01 #include<stdio.h>
02 int main(void)
03 {
04  int a[3];
05  a[0]=1;
06  a[1]=2;
07  a[2]=3;
08  printf("%d ",a[0]);
09  printf("%d ",a[1]);
10  printf("%d ",a[2]);
11  getchar();
12  return 0;
13 }
```

运行结果如图 7-4 所示。

【程序分析】

（1）第 4 行，定义 int 类型数组 a，并未初始化。

（2）第 5~7 行，分别对 a[0]、a[1]、a[2] 元素进行初始化。

（3）第 8~10 行，分别输出 3 个输出元素。

图 7-4　运行结果

3．一维数组部分初始化

数组部分初始化指的是只对数组一部分元素进行初始化，例如：

```
int  a[5]={1,2,3};
```

在"[ ]"中指定数组长度为 5，但"{ }"中只对前 3 个元素初始化，系统会自动将剩下的元素初始化为 0。

4．数组一次性赋值为 0

在 C 语言中，如果想将数组全部赋值为 0，一般写法为：

```
int a[5]={0,0,0,0,0};
```

除了这种传统的写法，还可以写成：

```
int a[5]={0};
```

系统会将剩下的数组元素都赋值为 0，这种写法比较简洁。

5．定义数组时，不指定数组长度

在 C 语言中，对数组进行静态初始化时，可以不指定数组长度，编译器会根据初始化列表计算出数组长度，例如：

```
int a[5]={1,2,3,4,5};
```

可以写为：

```
int a[ ]={1,2,3,4,5};
```

"[ ]"中虽然没有指定数组长度，但系统会根据"{ }"中数据的个数确定数组 a 的长度为 5。

7.2 数组遍历与常见错误

　　数组本质上是连续的内存空间，是一种线性的数据结构，从另一方面也可以看作是"盛放"数据的容器。由于数组元素在内存中是顺序存放的，因此，可以通过循环结构，依次遍历出数组中的所有元素。本章主要介绍使用 for 循环遍历数组元素，掌握了这种遍历方式，再去理解while 与 do…while 遍历方式就容易很多。

7.2.1　一维数组遍历

　　在 C 语言中，数组元素下标从 0 开始，依次递增 1，到数组长度减 1 停止。例如，int a[5]，数组 a 有 5 个元素，元素下标依次为 0、1、2、3、4。由于数组下标是有规律的递增，因此，可以使用 for 循环对数组元素进行遍历。

　　下面通过例子来了解数组遍历。

　　【示例 7-4】循环遍历数组。

```
01 #include<stdio.h>
02 int main(void)
03 {
04     int a[5]={1,2,3,4,5};
05     int i;
06     for(i=0;i<5;i++)
07     {
08         printf("%d ",a[i]);
09     }
10     getchar();
11     return 0;
12 }
```

　　运行结果如图 7-5 所示。

1 2 3 4 5

图 7-5　运行结果

　　【程序分析】

　　1. 第 4 行，定义 int 数组 a 并初始化。

　　2. 第 5 行，定义 int 变量 i，用作数组下标。

　　3. 第 6 行，变量 i 初始化为 0，每次循环 i 增加 1，当 i 递增为 5 时 i<5 为"假"，for 循环结束，i 的取值范围为 0~4。

　　4. 第 8 行，将循环变量 i 当作数组下标，从而遍历数组元素并输出。

7.2.2　sizeof 计算数组元素字节数

　　在 C 语言中，每一个数组元素都可以当作一个单独的变量来看待，数组元素的类型就是数组名前面的类型。在程序中，使用 sizeof 运算符可以计算出该数组元素在内存中所占字节数的大小，一般形式为：

```
sizeof( 数组名 [ 下标 ]);
```

　　下面通过例子来了解一下 sizeof 运算符在数组程序中的使用。

【示例 7-5】sizeof 求数组元素字节数。

```
01 #include<stdio.h>
02 int main()
03 {
04     int a[3];
05     int size0=sizeof(a[0]);    // 计算第 0 个元素字节数
06     int size1=sizeof(a[1]);    // 计算第 1 个元素字节数
07     int size2=sizeof(a[2]);    // 计算第 2 个元素字节数
08     printf("%d ",size0);
09     printf("%d ",size1);
10     printf("%d ",size2);
11     getchar();
12     return 0;
13 }
```

运行结果如图 7-6 所示。

4 4 4

【程序分析】

图 7-6 运行结果

1. 上述程序中，第 4 行，定义 int 类型数组 a，长度为 3。

2. 第 5 行，先执行 sizeof(a[0]) 计算元素 a[0] 所占字节数，然后赋值给变量 size0。

3. 第 6~7 行，计算元素 a[1]、a[2] 所占字节数，然后分别赋值给变量 size1、size2。

4. 第 8~10 行，分别输出元素 a[0]、a[1]、a[2] 所占字节数，可以看到结果都为 4。由于数组元素的类型就是数组名前面的类型，并且每个数组元素的类型都是相同的，该数组 a 前面的类型为 int，因此数组元素 a[0]、a[1]、a[2] 都是 int 类型。在 32 位系统下，int 类型占 4 字节，所以最终运算结果都为 4。

7.2.3　sizeof 计算数组总字节数

数组总字节数就是数组所有元素所占字节数的总和。例如，int a[3]，在【示例 7-5】中，数组 a 每个元素所占字节数都为 4 字节，数组长度为 3，因此数组 a 总字节数为 4×3=12 字节。

在 C 语言中，数组总字节数计算公式可以总结为以下形式：

数组总字节数 = 单个数组元素所占字节数 × 数组长度。

除了利用上式计算之外，C 语言还提供了更加便利的计算方式，直接在 sizeof 括号中写入数组名即可，一般形式为：

```
sizeof( 数组名 );
```

使用上述方式，编译器会自动计算出数组的总字节数，具体应用如下例所示。

【示例 7-6】sizeof 求数组总字节数。

```
1 #include<stdio.h>
2 int main()
3 {
4    int a[3];
5    int size=sizeof(a);            // 计算数组总字节数
6    printf("%d",size);
7    getchar();
8    return 0;
9 }
```

运行结果如图 7-7 所示。

【程序分析】

1. 第 4 行，定义 int 类型数组 a，长度为 3。

2. 第 5 行，sizeof(a) 等价于单个数组元素所占字节数 × 数组长度，也即 sizeof(a[0])*3，结果为 12 字节。

3. 第 6 行，输出数组 a 的总字节数为 12。

12

图 7-7　运行结果

7.2.4　sizeof 计算数组长度

前面讲过，数组总字节数 = 数组元素字节数 × 数组长度。那么，数组长度 = 数组总字节数 / 单个数组元素所占字节数。

例如：int a[3];

```
int length=sizeof(a)/sizeof(a[0]);
```

其中 sizeof(a) 是数组 a 的总字节数，sizeof(a[0]) 是单个数组元素所占字节数，变量 length 就是数组 a 的长度。

【示例 7-7】 sizeof 求数组 a 的长度。

```
01 #include<stdio.h>
02 int main()
03 {
04 int a[3];
05 int count=sizeof(a);          // 计算数组总字节数
06 int size=sizeof(a[0]);        // 计算数组元素字节数
07 int length=count/size;        // 计算数组长度
08 printf("count       =%d\n" , count);
09 printf("size        =%d\n" , size);
10 printf("length      =%d" , enght);
11 getchar();
12 return 0;
13 }
```

运行结果如图 7-8 所示。

【程序分析】

1. 第 4 行，定义 int 类型数组 a，长度为 3。

2. 第 5 行，计算数组 a 的总字节数。

3. 第 6 行，计算数组元素的字节数。

4. 第 7 行，计算数组 a 的长度。

5. 第 8~10 行，分别输出数组 a 总字节数为 12、元素字节数为 4、数组长度为 3。

图 7-8　运行结果

在 7.2.1 小节中，使用 for 循环对数组进行遍历时，在循环条件中将数组长度写为固定值，例如，for(i=0;i<5;i++)，其中 5 表示数组长度。这种写法显然不够灵活，一旦数组长度发生变化，for 循环代码也需要修改。为了解决这个问题，可以将数组长度写为变量，下面通过例子来了解一下。

【示例 7-8】 使用变量数组长度进行数组遍历。

```
01 #include<stdio.h>
02 int main()
03 {
04   int a[ ]={1,2,3,4,5};
05   int length=sizeof(a)/sizeof(a[0]);    // 计算数组长度
06   int i;
07   for (i = 0; i <length ; i++)          //length 是数组长度
08   {
09       printf("%d ",a[i]);               // 输出数据元素
10   }
11   getchar();
12   return 0;
13 }
```

运行结果如图 7-9 所示。

【程序分析】

第 7 行，length 为数组 a 的长度，是通过计算得到的，即使数组 a 的长度发生变化，也无需修改第 7~10 行代码，程序灵活性大大提高。

图 7-9　运行结果

7.2.5　数组常见错误分析

【常见错误 1】

数组定义时可以不初始化，但是必须指定数组长度。

【出错程序】
```
1 #include<stdio.h>
2 int main()
3 {
4   int a[ ];  // 错误写法
5   a[0]=10;
6   printf("%d\n",a[0]);
7   getchar();
8   return 0;
9 }
```
运行结果：

❌ 1 error C2133: "a" : 未知的大小
🔲 2 IntelliSense: 不允许使用不完整的类型

【正确程序】
```
1 #include<stdio.h>
2 int main()
3 {
4   int a[5];  // 正确写法
5   a[0]=10;
6   printf("%d\n",a[0]);
7   getchar();
8   return 0;
9 }
```
运行结果：

10

【错误分析 1】

1. 左侧是出错程序，第 4 行，定义数组 a 时，未指定数组长度，编译器将无法为该数组分配内存空间，编译报错。

2. 右侧是正确程序，第 4 行，定义数组 a 时，指定数组长度为 5，编译器将为该数组分配 5 个 int 类型元素对应的内存空间，一共 20 个字节。

【常见错误 2】

数组定义时，[ ] 中只能是常量或常量表达式，不能是变量。

【出错程序】
```
01 #include<stdio.h>
02 int main()
03 {
04    int n=5;
05    int a[n];   // 错误写法
06    a[0]=10;
07    printf("%d\n",a[0]);
08    getchar();
09    return 0;
10 }
```
运行结果：

❌ 1   error C2057: 应输入常量表达式
❌ 3   error C2133: "a"：未知的大小

【正确程序】
```
1 #include<stdio.h>
2 int main()
3 {
4    int a[5];   // 正确写法
5    a[0]=10;
6    printf("%d\n",a[0]);
7    getchar();
8    return 0;
9 }
```
运行结果：

10

【错误分析 2】

1. 左侧是错误程序，第 5 行，定义数组 a 时，数组长度为变量，变量值在程序运行期间才能确定，而 C 语言要求，在程序编译期间就要确定数组长度，因此编译报错。

2. 右侧是正确程序，第 4 行，定义数组 a 时，数组长度为 5，是一个常量值，常量值在程序编译期间就是确定的，因此，该程序可以正常运行。

【常见错误 3】

在 VS2012 中，定义数组时，如果"{ }"中没有初始化数据，编译会报错。

【出错程序】
```
1 #include<stdio.h>
2 int main()
3 {
4    int a[5]={ };   // 错误写法
5    printf("%d\n",a[0]);
6    getchar();
7    return 0;
8 }
```
运行结果：

❌ 1   error C2059: 语法错误："}"

【正确程序】
```
1 #include<stdio.h>
2 int main()
3 {
4    int a[5]={10};   // 正确写法
5    printf("%d\n",a[0]);
6    getchar();
7    return 0;
8 }
```
运行结果：

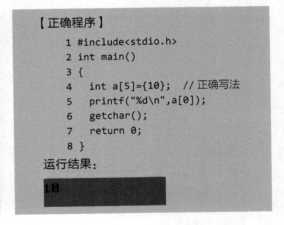

10

【错误分析 3】

1. 左侧是错误程序，第 4 行，定义数组 a 时，使用空"{ }"初始化，VS2012 中不允许使用空"{ }"对数组进行初始化，因此编译报错。

2. 右侧是正确程序，第 4 行，定义数组 a 时，"{ }"中将第一个数组元素初始化为 10，剩下 4 个元素将被初始化为 0。

【常见错误 4】

数组越界访问。数组越界访问指的是，访问数组元素超过了数组的有效作用范围，将会得到预期之外的数据，下面通过两个程序对比来了解一下数组越界访问。

【出错程序】
```
1 #include<stdio.h>
2 int main()
3 {
4   int a[5]={1,2,3,4,5};
5   printf("%d\n",a[5]); // 错误写法
6   getchar();
7   return 0;
8 }
```
运行结果：

-858993460

【正确程序】
```
1 #include<stdio.h>
2 int main()
3 {
4   int a[5]={1,2,3,4,5};
5   printf("%d\n",a[4]); // 正确写法
6   getchar();
7   return 0;
8 }
```
运行结果：

5

【错误分析 4】

1. 左侧是错误程序，第 4 行，数组 a 定义时指定长度为 5，下标有效范围为 0、1、2、3、4。第 5 行，a[5] 元素下标为 5，表示访问数组 a 的第 6 个元素，超过了数组 a 的最大下标值，属于数组越界访问，输出结果将是未知的。之所以会出现这种错误，是因为有些读者认为 a[5] 是数组 a 的最后一个元素，其实并非如此，因为数组下标是从 0 开始，所以 a[4] 才是数组 a 的最后一个元素。

2. 右侧是正确程序，第 5 行，a[4] 表示访问数组最后一个元素。

7.3 字符数组

在 C 语言中，字符串的应用的非常广泛，但是却没有字符串类型。为了解决这个问题，C 语言使用字符数组来存储字符串，下面对字符数组进行介绍。

7.3.1 如何定义字符数组

数组元素类型为字符类型的数组就是字符数组，字符数组定义的一般形式为：

char 数组名 [常量或常量表达式];

例如：

char chs[6];

上述程序表示定义 char 类型数组 chs，长度为 6。

7.3.2 字符数组初始化

字符数组初始化方式有很多种，最常用的是以下两种。
第一种，定义数组时，指定数组长度，并初始化。
例如：

char chs[6]={'r','u','p','e','n','g'};

上述语句定义了字符数组 chs，长度为 6，并使用 6 个字符初始化数组 chs。
第二种，定义数组时，不指定数组长度。

例如：

```
char chs[ ]={'r','u','p','e','n','g'};
```

上述语句定义字符数组 chs 时，未指定数组长度，编译器会根据"{ }"中字符个数自动计算出数组 chs 的长度。

下面通过例子来了解字符数组初始化。

【示例 7-9】字符数组初始化。

```
01 #include<stdio.h>
02 int main()
03 {
04   char chs1[6]={'r','u','p','e','n','g'};
05   char chs2[ ]={'r','u','p','e','n','g'};
06   int length1=sizeof(chs1)/sizeof(chs1[0]);      // 计算数组 chs1 长度
07   int length2=sizeof(chs2)/sizeof(chs2[0]);      // 计算数组 chs2 长度
08   int i;
09   for (i=0;i<length1;i++)                        // 遍历字符数组 chs1
10   {
11       printf("%c",chs1[i]);
12   }
13   printf("\n");
14   for (i=0;i<length2;i++)                        // 遍历字符数组 chs2
15   {
16       printf("%c",chs2[i]);
17   }
18   getchar();
19   return 0;
20 }
```

运行结果如图 7-10 所示。

rupeng
rupeng

图 7-10　运行结果

【程序分析】

1.　第 4、5 行，分别定义字符数组 chs1、chs2，并初始化。

2.　第 6 行，计算字符数组 chs1 长度，然后赋值给变量 length1。

3.　第 7 行，计算字符数组 chs2 长度，然后赋值给变量 length2。

4.　第 9~12 行，遍历字符数组 chs1，输出结果为"rupeng"。

5.　第 13 行，输出一个换行符。

6.　第 14~17 行，遍历字符数组 chs2，输出结果为"rupeng"。

7.　通过以上分析可以看到，第一种和第二种定义、初始化字符数组的方式是等价的。

7.3.3　字符串与字符串结束标志

C 语言中没有专门的字符串类型，通常使用字符数组来存储字符串。为了区分普通字符数组和字符串，C 语言规定以字符 '\0' 作为字符串的结束标志，例如：

```
char c[ ]={'r','u','p','e','n','g'};
```

以上字符数组中没有 '\0'，表示是普通的字符数组。

```
char c[ ]= {'r','u','p','e','n','g','\0'};
```

以上字符数组以字符 '\0' 结束，表示是字符串。

除了以上初始化方式，也可以采用字符串对字符数组进行初始化，例如：

```
char c[ ]="rupeng";
```

使用字符串方式进行赋值时，系统会自动在字符串末尾添加 '\0'，"rupeng" 在内存中实际内存情况如图 7-11 所示。

| r | u | p | e | n | g | \0 |

图 7-11　内存情况示意

通过对比可以发现，使用字符串初始化更加简洁，且无需指定字符数组长度，系统会自动计算字符串长度并且添加 '\0'。

下面通过例子来了解一下字符串。

【示例 7-10】字符串的定义。

```
01 #include<stdio.h>
02 int main()
03 {
04    char chs1[7]={'r','u','p','e','n','g','\0'};
05    char chs2[ ]={'r','u','p','e','n','g','\0'};
06    char chs3[ ]="rupeng";
07    printf("%s\n",chs1);
08    printf("%s\n",chs2);
09    printf("%s\n",chs3);
10    getchar();
11    return 0;
12 }
```

运行结果如图 7-12 所示。

【程序分析】

1. 第 4~6 行，分别为 3 种字符串初始化方式，在实际开发中最常用的是第 6 行这种方式，建议读者也采用此方式。

```
rupeng
rupeng
rupeng
```

图 7-12　运行结果

2. 第 7~9 行，分别以 %s 格式输出字符串，由运行结果可以看到输出内容相同。

说明：以字符数组形式存储的字符串，输出时直接使用数组名即可。

7.3.4　'\0' 使用时的注意事项

在 C 语言中，采用 '\0' 作为字符串的结束标志，当系统读取到 '\0' 时，认为字符串结束，'\0' 之后的内容将不再读取。因此，通常将 '\0' 添加在字符串末尾，保证字符串完整输出。

不过需要注意的是，'\0' 其实可以添加在字符串任意位置上，并且可以添加多个，例如：

```
char c[ ]={'r','u','\0','p','e','n','g','\0'};
```

或

```
char c[ ]="ru\0peng";
```

在字符串中 '\0' 可以省略单引号，直接写为 \0。

下面通过例子了解一下 '\0' 的作用。

【示例 7-11】'\0' 的作用。

```
01 #include<stdio.h>
02 int main()
03 {
04     char chs1[ ]={'r','u','\0','p','e','n','g','\0'};
05     char chs2[ ]="ru\0peng";
06     printf("%s\n",chs1);
07     printf("%s\n",chs2);
08     getchar();
09     return 0;
10 }
```

运行结果如图 7-13 所示。

【程序分析】

1. 第 4~5 行，分别在字符串中 'u' 与 'p' 之间插入 '\0'，作为字符串结束标志。

2. 第 6~7 行，以 "%s" 格式分别输出字符串，可以看到两行均只输出了 "ru"。这是因为当系统读取到 'u' 和 u 后面的 '\0' 时，就认为字符串结束了，后面的内容将不再读取，因此只输出 "ru"。

ru
ru

图 7-13 运行结果

注意：像 printf 等函数处理字符串的时候通常都是 "不见 \0 不死心"，因此使用字符串的时候一定不要忘了结尾的 \0，如果不加就会出现中文乱码，例如：

```
#include<stdio.h>
int main()
{
    char c1[ ]={'a','b'};
    printf("%s",c1);
    getchar();
    return 0;
}
```

运行结果如图 7-14 所示。

【程序分析】

因为 c1 中对字符串的定义没有以 '\0' 结尾，printf 函数就一直读取，读到了其他内存空间中的数据，导致输出中文乱码。

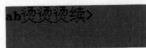

图 7-14 运行结果

7.3.5 sizeof 计算字符串长度

由于字符串底层采用字符数组进行存储，因此计算字符串长度，等价于计算字符串转化为字符数组后字符数组的长度，例如：

```
char c[ ]="rupeng";
```

上述代码，经过编译后，会转化为以下字符数组形式：

```
char c[ ]={'r','u','p','e','n','g','\0'};
```

前面讲过数组长度计算公式为:数组长度 = 数组总字节数 / 单个数组元素字节数。该公式对于计算字符串长度同样适用,例如:

```
int length=sizoef(c)/sizeof(c[0]);
```

下面通过例子来了解一下 sizeof 的使用。

【示例 7-12】计算字符串长度。

```
01 #include<stdio.h>
02 int main()
03 {
04    char c1[ ]={'r','u','p','e','n','g','\0'};
05    char c2[ ]="rupeng";
06    int length1=sizeof(c1)/sizeof(c1[0]);
07    int length2=sizeof(c2)/sizeof(c2[0]);
08    printf("%d\n",length1);
09    printf("%d\n",length2);
10    getchar();
11    return 0;
12 }
```

运行结果如图 7-15 所示。

【程序分析】

1. 第 4 行,定义字符数组 c1,以字符数组的形式进行初始化。

图 7-15　运行结果

2. 第 5 行,定义字符数组 c2,以字符串的形式进行初始化。

3. 第 6~7 行,分别计算字符串 c1、c2 的长度,然后分别赋值给变量 length1、length2。

4. 第 8~9 行,分别输出 c1 和 c2 的长度均为 7。这里有读者可能有疑问,c2 明明是 6 个字符,那是因为忽略了系统会自动在字符串末尾加的 '\0',因此, "rupeng" 应该是 7 个字符,字符串长度为 7。

7.3.6 strlen 计算字符串有效长度

在 C 语言中,字符串有效长度指的是字符串中 '\0' 之前的字符个数,不包括 '\0'。例如:

```
char c1[ ]={'r','u','p','e','n','g','\0'};
```

c1 字符串有效长度为 6,不包括最后的 '\0'。

```
char c2[ ]="rupeng";
```

c2 字符串有效长度为 6,不包括系统自动添加的 '\0'。

在实际开发中,为了快速计算字符串有效长度,可以使用 C 语言标准库提供的 strlen 函数。

【函数原型】

```
int strlen(char str[ ]);
```

【头文件】

```
#include<string.h>
```

【形参列表】

str: 被计算的字符串。

【函数功能】

计算字符串的有效长度。

【返回值】

返回字符串的有效长度。

在程序中要使用该函数时，需要引入 "string.h" 头文件，其一般形式为：

```
int len=strlen( 字符串 )
```

作用是计算字符串的有效长度，并以返回值的形式赋值给变量 len。

下面通过例子来了解 strlen 函数的使用。

【示例 7-13】strlen 函数应用。

```
01 #include<stdio.h>
02 #include<string.h>
03 int main()
04 {
05   char c1[ ]={'r','u','p','e','n','g','\0'};
06   char c2[ ]="rupeng";
07   int length1=strlen(c1);
08   int length2=strlen(c2);
09   printf("%d\n",length1);
10   printf("%d\n",length2);
11   getchar();
12   return 0;
13 }
```

运行结果如图 7-16 所示。

【程序分析】

1. 第 5~6 行，分别定义 2 个字符数组，并初始化。

```
6
6
```

图 7-16　运行结果

2. 第 7 行，调用 strlen 函数传入字符串 c1，然后将计算结果赋值给变量 length1。

3. 第 8 行，调用 strlen 函数传入字符串 c2，然后将计算结果赋值给变量 length2。

4. 第 9~10 行，分别输出字符串 c1、c2 的有效长度为 6。

需要注意的是，strlen 函数内部只会计算字符串中 '\0' 之前的字符个数，'\0' 之后的字符将被忽略。例如：

```
char c1[ ]={'r','u','\0','p','e','n','g','\0'};
```

c1 字符串有效长度为 2，只包含第 1 个 '\0' 之前的字符个数。

```
char c2[ ]="ru\0peng";
```

c2 字符串有效长度为 2，只包含 '\0' 之前的字符个数。

下面通过例子来了解一下。

7.3.7　中文字符串

在 C 语言中，一个英文字符占 1 个字节，一个中文字符占 2 个字节。

下面通过例子来了解一下中文字符串。

【示例 7-14】中文字符串。

```
01 #include<stdio.h>
```

```
02 #include<string.h>
03 int main()
04 {
05   char c1[ ]="rupeng";
06   char c2[ ]=" 如鹏网 ";
07   int size1=sizeof(c1);              // 计算 c1 总字节数
08   int size2=sizeof(c2);              // 计算 c2 总字节数
09   printf("size1=%d\n",size1);
10   printf("size2=%d\n",size2);
11   getchar();
12   return 0;
13 }
```

运行结果如图 7-17 所示。

```
size1=7
size2=7
```

图 7-17　运行结果

【程序分析】

1. 第 5~6 行，分别定义字符数组 c1、c2，并分别使用英文、中文字符串初始化。

2. 第 7 行，"rupeng" 是 6 个英文字符，再加上末尾 1 个字符 '\0'，c1 在内存中占 7 个字节。

3. 第 8 行，"如鹏网" 是 3 个中文字符，再加上末尾 1 个字符 '\0'，c2 在内存中占 7 个字节。

4. 第 9~10 行，分别输出 c1、c2 总字节数。

7.3.8　字符串元素遍历

在 C 语言中，字符串本质上就是以 '\0' 结尾的字符数组。在 7.2.1 小节讲过使用 for 循环遍历数值类型数组，同理，字符数组也可以使用 for 循环进行遍历。

由于字符 '\0' 是结束控制字符，无法在控制台中显示。但是为了让读者感受到字符串末尾确实有 '\0' 的存在，以下代码中，分别使用 %d 和 %c 格式输出数组元素。

【示例 7-15】字符串元素遍历。

```
01 #include<stdio.h>
02 int main()
03 {
04   char c[ ]="rupeng";
05   int i;
06   int length=sizeof(c)/sizeof(c[0]);    // 计算字符串长度
07   for (i=0;i<length;i++)
08   {
09       printf("%c ",c[i]);
10       printf("%d\n",c[i]);              // 输出字符 ASCII 码
11   }
12   getchar();
13   return 0;
14 }
```

运行结果如图 7-18 所示。

```
r 114
u 117
p 112
e 101
n 110
g 103
  0
```

【程序分析】

1. 第 6 行，计算字符串 c 的长度，并赋值给变量 length。

2. 第 9 行，以 %c 的格式输出每个字符数组元素，'\0' 是控制字符，不显示。

3. 第 10 行，以 %d 的格式输出每个字符数组元素的 ASCII 码，可以

图 7-18　运行结果

看到 '\0' 的 ASCII 码是 0，在 ASCII 码表中 ASCII 为
0 的字符是空字符，是无法显示的，如图 7-19 所示。

二进制	十进制	十六进制	名称/意义
0000 0000	0	00	空字符（Null）
0000 0001	1	01	标题开始
0000 0010	2	02	本文开始

图 7-19　对应转换

7.3.9　char* 方式引用字符串

在 C 语言中，字符串存储的方式只有一种，即
采用字符数组格式进行存储。但是引用的方式却有两
种，除了前面介绍的字符数组方式，还可以定义 char* 类型的变量进行引用。例如：

```
char* string="rupeng";
```

以上代码表示，定义 char* 类型变量 string，并使用字符串进行初始化。

对于上述代码，有以下几点需要注意。

（1）字符串 "rupeng" 在内存中，仍采用字符数组形式进行存储。

（2）变量 string 的类型是 char* 类型，char 和 * 是一个整体。

（3）char* 与字符数组是两种不同的数据类型，切勿混淆。

（4）字符串并没有存储在 char* 类型变量中，仍以字符数组格式存储在内存中，只是将数组
在内存中的位置赋值给 char* 变量。当程序运行时，通过变量中保存的位置信息就可以找到字符
数组。

下面通过例子来了解使用 char* 方式引用字符串。

【示例 7-16】char* 方式引用字符串。

```
1 #include<stdio.h>
2 int main()
3 {
4    char* string="rupeng";
5    printf("%s",string);
6    getchar();
7    return 0;
8 }
```

运行结果如图 7-20 所示。

【程序分析】

1. 第 4 行，定义 char* 类型变量 string，并使用字符串进行初始化。

2. 第 5 行，以 %s 格式输出 string 指向的字符串。

rupeng

图 7-20　运行结果

7.3.10　char* 类型数组简介

char* 数组就是数组元素类型为 char* 的数组，数组中每个元素都指向字符串。例如：

```
char* s[ ]={"rupeng"," 如鹏网 "};
```

以上代码表示，定义 char* 型数组 s，并使用字符串初始化数组 s 的前 2 个元素，该数组也
可以使用 for 循环进行遍历。

【示例 7-17】char* 类型数组的使用。

```
01 #include<stdio.h>
02 int main()
03 {
```

```
04    char* s[ ]={"rupeng"," 如鹏网 "};
05    int i;
06    int length=sizeof(s)/sizeof(s[0]);
07    for (i = 0; i < length; i++)
08    {
09        printf("%s\n",s[i]);
10    }
11    getchar();
12    return 0;
13 }
```

运行结果如图 7-21 所示。

【程序分析】

1. 第 4 行，定义 char* 数组 s 并初始化。

图 7-21　运行结果

2. 第 6 行，计算数组 s 的长度，然后赋值给变量 length。

3. 第 7~10 行，对数组 s 进行遍历，该数组中每个元素都是 char* 类型并指向一个字符串，第 9 行以 "%s" 格式输出数组元素指向的字符串。

说明： char* 本质上是指向 char 类型的指针，现阶段只要学会使用就行，不必深究，后续指针章节会详细介绍。

7.4　数组案例

前面章节中已经讲解了常用的数组知识，本节将通过两个数组案例对数组知识进行练习、巩固。本节最后介绍了两个系统库函数，帮助读者完成字符串与整数之间的相互转换。

7.4.1　案例 1：计算两个等长数组元素和

【案例要求】

已知 3 个数组 int nums1[3]={1,2,3}、int nums2[3]={1,2,3}、int nums3[3]，计算数组 nums1、nums2 的元素和，并赋值给 nums3，如图 7-22 所示。

```
int nums1[3]={1 , 2 , 3};
         +    +    +
int nums2[3]={1 , 2 , 3};
         ‖    ‖    ‖
int nums3[3]={2 , 4 , 6};
```

图 7-22　案例示意

【示例 7-18】计算两个等长数组元素和示例代码。

```
01 #include<stdio.h>
02 int main(void)
03 {
04    int nums1[ ]={1,2,3};
05    int nums2[ ]={1,2,3};
06    int nums3[3]={0};
07    int size1=sizeof(nums1)/sizeof(nums1[0]);
08    int size2=sizeof(nums2)/sizeof(nums2[1]);
09    int size3=sizeof(nums3)/sizeof(nums3[2]);
10    int i;
11    if (size1!=size2||size1!=size3)      // 判断 3 个数组长度是否相等
12    {
13        return;                          // 退出程序
```

```
14   }
15   for (i=0;i<size3;i++)
16   {
17       nums3[i]=nums1[i]+nums2[i];        // 计算数组元素和
18   }
19   for (i=0;i<size3;i++)                  // 遍历数组 nums3
20   {
21       printf("%d ",nums3[i]);
22   }
23   getchar();
24   return 0;
25 }
```

运行结果如图 7-23 所示。

2 4 6

图 7-23 运行结果

【程序分析】

1. 第 4~6 行，分别定义 3 个 int 数组并初始化。

2. 第 7~9 行，分别计算 3 个数组长度。

3. 第 11 行，判断 nums1、nums2、nums3 数组长度是否相等，如果不相等执行 return 结束程序。

4. 第 15~18 行，遍历 3 个数组元素，并计算 nums1、nums2 数组元素和，然后赋值给 nums3 数组元素。

5. 第 19~22 行，循环输出数组 nums3 元素的值。

7.4.2 案例 2：查找数组中最大值

【案例要求】

已知数组 int nums[ ]={3, 5, 999, 2, 12}，编程找到数组中最大值。

【示例 7-19】查找数组中最大值的示例代码如下。

```
01 #include<stdio.h>
02 int main(void)
03 {
04   int nums[ ]={3,5,999,2,12};
05   int size=sizeof(nums)/sizeof(int);
06   int max=nums[0];                       // nums[0] 默认为最大值
07   int i;
08   for (i=1;i<size;i++)                   // 下标从 1 开始
09   {
10       if (nums[i]>max)                   // 元素大小比较
11       {
12           max=nums[i];                   // 保存最大值
13       }
14   }
15   printf("max=%d\n",max);                // 输出最大值
16   getchar();
17   return 0;
18 }
```

运行结果如图 7-24 所示。

max=999

图 7-24 运行结果

【程序分析】

1. 第 6 行，默认数组第 0 个元素为最大值，赋值给变量 max。

2. 第 8 行，i 初始化为 1，从数组中第 2 个元素开始遍历。

3. 第 10 行，判断当前数组元素是否大于变量 max，如果大于，则将元素赋值给 max，否则执行下一次循环直至结束，在这个过程中 max 始终保存数组最大值。

7.4.3 atoi 字符串转整型函数

【函数原型】

```
int atoi (const char * str);
```

【头文件】

```
#include<stdlib.h>
```

【形参列表】

str：被转换字符串。

【函数功能】

将字符串转化为整数。

【返回值】

返回转换后的整数。

【示例 7-20】atoi 函数应用。

```
01 #include<stdio.h>
02 #include<stdlib.h>
03 int main(void)
04 {
05    char string[ ]="123";
06    int num=atoi(string);          // 将字符串 "123" 转化为整数 123
07    printf("%d\n",num);
08    getchar();
09    return 0;
10 }
```

运行结果如图 7-25 所示。

【程序分析】

1. 第 5 行，定义字符数组 string，并使用字符串进行初始化。

图 7-25　运行结果

2. 第 6 行，调用 atoi 函数，传入字符数组 string，将字符串 "123" 转化为整数 123，然后将结果赋值给整型变量 num。

3. 第 7 行，输出 num 值为 123。

7.4.4 sprintf 字符串格式化函数

【函数原型】

```
int sprintf( char *buffer, const char *format, [ argument]  );
```

【头文件】

```
#include<stdio.h>
```

【形参列表】

buffer：保存格式化字符串的目标字符缓冲区。

format：格式化后的字符串。

[argument]：参数列表。

【函数功能】

将格式化后的字符串写入目标字符缓冲区。

【返回值】

返回格式化字符串的字符个数，不包括 '\0'。

【示例 7-21】sprintf 函数应用。

```
1  #include<stdio.h>
2  int main(void)
3  {
4    char buffer[18]={0};
5    sprintf(buffer,"name=%s,age=%d","rupeng",20);
6    printf("%s",buffer);
7    getchar();
8    return 0;
9  }
```

运行结果如图 7-26 所示。

```
name=rupeng,age=20
```

图 7-26   运行结果

【程序分析】

1. 首先，第 4 行定义字符数组，用于保存格式化字符串。

2. 第 5 行，将格式化后的字符串，写入字符缓冲区 buffer 中。

3. sprintf 函数执行流程如下。

第 1 步 先将 %s 使用 "rupeng" 替换，将 %d 使用数字 20 替换，如图 7-27 所示。

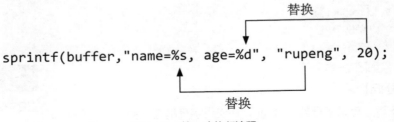

图 7-27   第 1 步执行流程

第 2 步 将替换后的字符串 "name=rupeng,age=20" 写入 buffer 中，如图 7-28 所示。

sprintf(buffer,"name=%s, age=%d", "rupeng", 20);

写入 buffer

图 7-28   第 2 步执行流程

4. 第 6 行，输出 buffer 中的字符串，如图 7-26 所示。

注意： 在使用 sprintf 函数时，缓冲区 buffer 一定要分配地足够大，否则就会出现内存越界问题。

sprintf 其他用途

sprintf 函数除了格式化字符串外，还常常用于整数与整数字符串、浮点数与浮点数字符串之间转换。例如：

```
100     →  "100"
3.14    →  "3.14"
```

下面通过例子来了解一下这种用法。

【示例 7-22】sprintf 函数格式化字符串。

```
01 #include <stdio.h>
02 int main(void)
03 {
04     char buffer_int[10] = {0};
05     char buffer_float[10] = {0};
06     sprintf(buffer_int,"%d",100);
07     sprintf(buffer_float,"%f",3.14);
08     printf("%s\n",buffer_int);
09     printf("%s\n",buffer_float);
10     getchar();
11     return 0;
12 }
```

运行结果如图 7-29 所示。

```
100
3.140000
```

图 7-29 运行结果

【程序分析】

1．第 4 行，定义字符数组 buffer_int，并初始化为 0。

2．第 5 行，定义字符数组 buffer_float，并初始化为 0。

3．第 6 行，调用 sprintf 函数，将整数 100 以 %d 格式，转化为 "100" 保存在字符数组 buffer_int 中。

4．第 7 行，调用 sprintf 函数，将浮点数 3.14 以 %f 格式，转化为 "3.140000" 保存在字符数组 buffer_float 中。

5．第 8~9 行，分别以 %s 格式输出转换之后的结果，如图 7-29 所示。可以看到整数 100 被转化为整数字符串 "100"，浮点数 3.14 被转化为浮点数字符串 "3.140000"。

7.5 课后习题

1．已知 int a[5]={1,2,3}，元素 a[3] 的值是多少？

2．数组 int a[5] 最后一个元素的下标是多少？

3．编程实现循环遍历数组 int a[5]={1,2,3,4,5}。

4．编程计算数组 int a[]={2,1,0,7,8,19} 的长度。

5．已知字符数组 char c[ ]={'h','e',' \0' ,'l','l','o','\0'}，执行 strlen(c) 的结果是什么？

7.6 习题答案

1．a[3] 的值为 0。

因为数组 a 的长度为 5，在初始化列表中将前 3 个元素初始化为 1、2、3，后 2 个元素会默认初始化为 0。而 a[3] 属于第 4 个元素，因此 a[3] 的值为 0。

2．最后一个元素下标为 4。

因为在 C 语言中数组下标从 0 开始，a[0]、a[1]、a[2]、a[3]、a[4] 一共 5 个元素。

3．

```c
#include<stdio.h>
int main(void)
{
    int a[5]={1,2,3,4,5};
    int i;
    for(i=0;i<5;i++)
    {
        printf("%d ",a[i]);
    }
    getchar();
    return 0;
}
```

4．

```c
#include<stdio.h>
int main(void)
{
    int a[]={2,1,0,7,8,19};
    printf("%d ",sizeof(a)/sizeof(a[0]));
    getchar();
    return 0;
}
```

5．结果为 2。

因为 strlen 函数的作用是计算字符串长度，会返回第一个 '\0' 之前的字符个数。

第二篇 中级游戏开发篇

经过前面 7 章的学习，相信读者已经初步掌握了 C 语言的基础语法。第二篇开始，将使用如鹏游戏引擎来讲解 C 语言，以游戏开发的形式帮助读者深入理解 C 语言。

本篇学习目标

◇ 掌握游戏引擎的使用。

◇ 轻松编写 10 行左右的程序，实现简单、有趣的功能。

◇ 具备编写 100 行以上复杂程序的思维和能力。

本篇学习难点

◇ 游戏引擎的函数很多、参数也很多，读者需要具备根据文档研究函数作用和调用函数的能力。

◇ 第一篇中已经讲解了 C 语言的基础语法，本篇开始我们要把这些语法和游戏引擎函数结合起来使用，对于基础不好的读者需要及时复习对应的语法内容。

◇ 吃金币游戏是一个综合性非常强的程序，代码量大、逻辑复杂，读者需要花费较多的精力去读懂代码，然后再进行代码的编写。

第 8 章　如鹏游戏引擎初识

为了帮助读者深入理解 C 语言，编者自主研发了一款游戏引擎用于 C 语言的教学。在学习本章过程中，难免会接触一些 C 语言的特殊语法，读者暂时不必深究，因为这些不是现阶段学习的重点，只需作初步了解。

本章将主要介绍如何下载、配置如鹏游戏引擎，详解如鹏游戏引擎中的核心函数，同时介绍坐标系、像素、图层等基本知识，便于读者更深入地理解游戏开发。

读者也可以通过序一中所介绍的方式获取教学视频，跟着视频学习如何下载、配置游戏引擎与项目自动生成工具。

8.1　配置游戏开发环境

配置游戏环境是游戏开发的第一步，也往往是最复杂的一步，为了简化配置，帮助读者更加方便地学习游戏开发，编者研发了游戏项目自动生成工具，使用该工具可以自动配置游戏开发环境，自动生成游戏项目，游戏引擎与项目自动生成工具获取方式，已在本章开始部分给出。

8.1.1　创建第一个游戏项目

使用自动生成工具创建游戏项目分为以下几个步骤。

第1步　双击启动桌面上【C 游戏向导】图标，如图 8-1 所示。

第2步　填写【项目名称】，如 MyGame1，选择【项目路径】，最后单击【开始】，生成项目文件，操作界面如图 8-2 所示。

图 8-1　C 游戏向导图标

图 8-2　YZKGame 向导对话框

第3步　打开 VS2012，单击【文件】，单击【打开】选项卡，单击【项目 / 解决方案】选项如图 8-3 所示。

图 8-3　生成项目 / 解决方案

第4步　找到第 2 步生成的项目文件，选中【 MyGame1.sln 】文件，单击【 打开 】，如图 8-4 所示。

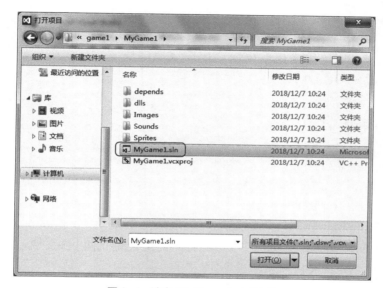

图 8-4　选中 [MyGame1.sln] 文件

第5步　打开项目后，单击【 本地 Windows 调试器 】运行。如果出现两个窗口，表示游戏项目创建成功，如图 8-5 所示。

图 8-5　游戏项目创建成功

8.1.2 分析第一个游戏代码

【示例 8-1】飞机大战程序。

```
01 #include <stdlib.h>
02 #include <stdio.h>
03 #include <yzkgame.h>
04
05 #pragma comment (linker,"/subsystem:\"console\"/entry:\"mainCRTStartup \"")
06 #pragma comment(lib, "YZKGame.lib")
07
08 void gameMain(void)
09 {
10  setGameTitle(" 微信飞机大战 ");
11  setGameSize(338, 600);
12  pauseGame(10000);
13 }
14
15 int main(void)
16 {
17  rpInit(gameMain);
18  return 0;
19 }
```

运行结果如上一小节图 8-5 所示。

【程序分析】

1. 第 1~2 行，"stdlib.h""stdio.h"是 C 语言标准函数库中的两个头文件。

2. 第 3 行，"yzkgame.h"是如鹏游戏引擎提供的头文件。

3. 第 5~6 行，设置编译器的一些编译行为，初学阶段不用深究。

4. 第 8~13 行，这是一个自定义函数，后续游戏代码基本上都写在这个函数中。

5. 第 15~19 行，这是主函数 main，是 C 语言程序运行执行的入口。

游戏程序执行的顺序如下。

第 1 步：执行 main 函数。

第 2 步：执行 rpInit 函数。

第 3 步：执行 gameMain 函数。

说明：（1）后续学习游戏开发，除了修改 gameMain 函数中的代码，其他代码均无需改动。因此，读者只需关注 gameMain 函数中的代码即可。

（2）前面几章学习基本都是在 main 函数中编写代码，而游戏开发则不同，大部分都在 gameMain 函数中编写代码，这点小改变读者需要慢慢适应。

（3）后续分析程序，默认从 gameMain 函数开始，其余代码将不作分析。

8.1.3 小试牛刀——修改游戏代码

学习上一小节时，gameMain 函数中第 10~12 行代码没有解释。为了深入理解这三行代码，本小节将通过修改游戏代码的形式展示这段代码的作用。

【示例 8-2】修改游戏窗口标题。

```
01 #include <stdlib.h>
02 #include <stdio.h>
03 #include <yzkgame.h>
04
05 #pragma comment (linker,"/subsystem:\"console\"/entry:\"mainCRTStartup \"")
06 #pragma comment(lib, "YZKGame.lib")
07
08 void gameMain(void)
09 {
10  setGameTitle(" 如鹏网 ");        // 修改游戏窗口标题
11  setGameSize(338, 600);
12  pauseGame(10000);
13 }
14
15 int main(void)
16 {
17  rpInit(gameMain);
18  return 0;
19 }
```

运行结果如图 8-6 所示。

图 8-6

【程序分析】

1.【示例 8-2】是在【示例 8-1】的基础上修改而来，只将第 10 行 setGameTitle（" 微信飞机大战 "）修改为 setGameTitle（" 如鹏网 "）。

2. 通过对比图 8-6 和图 8-5 可以看到，游戏窗口标题从 "微信飞机大战" 修改为 "如鹏网"。

3. 经过上述分析，相信读者已经明白 setGameTitle 函数的作用：修改游戏窗口标题。

【示例 8-3】修改游戏窗口大小。

```
01 #include <stdlib.h>
02 #include <stdio.h>
03 #include <yzkgame.h>
04
05 #pragma comment (linker,"/subsystem:\"console\"/entry:\"mainCRTStartup \"")
06 #pragma comment(lib, "YZKGame.lib")
07
08 void gameMain(void)
09 {
10  setGameTitle(" 如鹏网 ");
11  setGameSize(300, 300);         // 修改游戏窗口宽、高
12  pauseGame(10000);
13 }
```

```
14
15 int main(void)
16 {
17  rpInit(gameMain);
18  return 0;
19 }
```

运行结果如图 8-7 所示。

【程序分析】

1.【示例 8-3】是在【示例 8-2】的基础上修改而来，只将第 11 行 setGameSize(338, 600) 修改为 setGameSize(300, 300)。

2. 对比运行结果，可以看到游戏窗口宽、高发生了明显变化，长度减少一半。

3. 经过以上分析，相信读者已经明白 setGameSize 函数的作用：修改游戏窗口的宽、高。

【示例 8-4】修改游戏暂停时间。

图 8-7　修改游戏窗口

```
01 #include <stdlib.h>
02 #include <stdio.h>
03 #include <yzkgame.h>
04
05 #pragma comment (linker,"/subsystem:\"console\"/entry:\"mainCRTStartup \"")
06 #pragma comment(lib, "YZKGame.lib")
07
08 void gameMain(void)
09 {
10  setGameTitle(" 如鹏网 ");
11  setGameSize(300, 300);
12  pauseGame(20000);              // 暂停 20 秒
13 }
14
15 int main(void)
16 {
17  rpInit(gameMain);
18  return 0;
19 }
```

【程序分析】

1.【示例 8-4】是在【示例 8-3】的基础上修改而来，只将第 12 行 pauseGame（10000）修改为 pauseGame（20000）。

2. pauseGame 函数的作用是暂停游戏运行时间，单位是毫秒。【示例 8-3】中，pauseGame（10000）表示程序暂停 10 000 毫秒，相当于 10 秒，10 秒之后执行下一行语句。【示例 8-4】中，pauseGame（20000）表示程序暂停 20 000 毫秒，相当于 20 秒，20 秒之后执行下一行语句。

3. 当读者测试【示例 8-3】、【示例 8-4】时，可以明显感受到【示例 8-4】比【示例 8-3】的执行时间长，导致这样运行结果的原因是两个程序暂停的时间不一样。

8.1.4 查看 yzkgame.h 头文件

右键单击头文件 <yzkgame.h>，选择【打开文档 yzkgame.h】选项，可以查看大量函数原型，如图 8-8 所示。

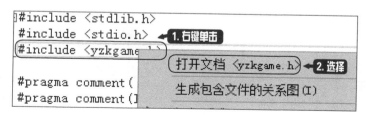

图 8-8 查看函数原型

在 yzkgame.h 文件中，第 46、62、63 行可以看到前面介绍过的三个函数，如图 8-9 所示。

```
46 | YZKGAME_API void setGameSize(int width, int height);
62 | YZKGAME_API void pauseGame(int millSeconds);
63 | YZKGAME_API void setGameTitle(char* title);
```

图 8-9 函数原型

后续学习中，所有接触到的游戏相关函数都可以在这个文件中找到。现阶段读者只需简单浏览该文件即可，不必深究，具体函数知识在下一章会详细介绍。

8.2 游戏引擎基础知识

本节主要介绍像素、坐标系、图层等游戏基础知识，这些基础知识是游戏开发的基石，掌握这些基础知识有助于读者深入理解游戏开发。

8.2.1 什么是像素

像素是计算机中文字、图像显示的基本单位，像素又被称作像素点。例如，1024×768 分辨率，指的是屏幕横向有 1024 个像素点，纵向有 768 个像素点。

8.2.2 游戏窗口坐标

数学中曾讲到过，要想在二维空间中表示一个物体的精确位置，需要引入直角坐标系，物体位置以（x,y）的形式表示。不过，需要注意的是，x、y 坐标并不是绝对位置，而是相对于原点坐标的位置。

为了方便定位游戏窗口中的元素，如鹏游戏引擎也引入了直角坐标系，以游戏窗口左下角为坐标原点，原点向右为 x 轴正方向，向上为 y 轴正方向，如图 8-10 所示。

说明： 所谓的正方向，其实就是坐标增大的方向。例如，（0,0）位置处有一个小方块，如果沿 x 轴向右移动，方块 x 轴坐标增加，向左移动 x 坐标减小。同理，方块如果沿 y 轴向上移动，方块 y 轴坐标增加，向下移动 y 坐标减小。如图 8-11 所示。

图 8-10　定位坐标方向

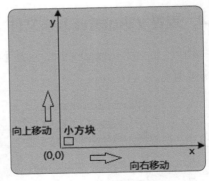

图 8-11　坐标正方向

8.2.3　如何描述矩形

在坐标系中描述一个点，很简单，只需知道 *x*，*y* 轴坐标即可，如坐标（1,200）代表一个点。描述一条线也很容易，知道起始坐标与结束坐标即可，如（1,1），（1,100）可以描述一条线。但是如何描述一个矩形呢？

在二维坐标系（*x*-*y* 坐标系）中描述一个矩形需要知道以下 3 个条件。

（1）矩形左下角坐标。

（2）矩形高度像素值。

（3）矩形宽度像素值。

以图 8-12 中的两个矩形为例进行分析。

矩形 1 可以这样描述：左下角坐标为（100,0），高度为 200 像素，宽度为 300 像素。

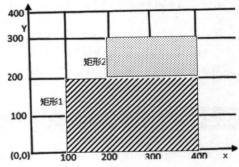

图 8-12　用坐标描述一个矩形

矩形 2 可以这样描述：左下角坐标为（200,200），高度为 100 像素，宽度为 200 像素。

游戏引擎知道了这三个参数后，就可以在游戏窗口中画出矩形。

8.2.4　什么是图层

图层就是将文字、图片等元素进行分层，叠加显示出最终效果。如鹏游戏引擎中可以显示的元素一共有 4 种：背景颜色、图片、精灵和文字，当多种元素同时出现时，就会组合在一起叠加显示，如图 8-13 和图 8-14 所示。

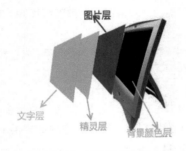

图 8-13　图层分解示意

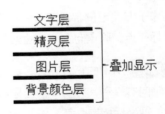

图 8-14　图层叠加显示

说明： 在图层效果显示中，上层的元素会覆盖下层的元素。现阶段，读者只需对图层有初步印象，后续章节学习了文字、精灵、图片、背景等游戏元素后，再来回顾本节会更清晰。

8.3　课后习题

1．如何快速生成游戏项目？

2．什么是像素？

3．如鹏游戏引擎中，坐标（0,0）位于游戏窗口中的哪个位置？

  A.左下角　　　B.左上角　　　C.右上角　　　D.右下角

8.4　习题答案

1．详情请参考 8.1.2 小节。

2．像素是计算机中文字、图像显示的基本单位，又被称作像素点。

3．A．左下角。

第 9 章　常用游戏元素介绍

9.1　游戏开发核心函数介绍

在如鹏游戏引擎中，有 3 个函数几乎在每个游戏程序中都会用到，我们称之为核心函数。掌握这些核心函数是学习游戏开发的第一步。本节将从核心函数开始，由浅到深地介绍如鹏游戏引擎中常用的游戏元素，以及相关的操作函数。

9.1.1　pauseGame 设置游戏暂停时间函数

【函数原型】

```
void pauseGame(int millSeconds)
```

【形参列表】

millSeconds：游戏程序暂停时长，以毫秒为单位，1000 毫秒等于 1 秒。

【函数功能】

设置游戏程序暂停时间。

【示例 9-1】pauseGame 函数应用。

```
01 #include <stdlib.h>
02 #include <stdio.h>
03 #include <yzkgame.h>
04 #pragma comment (linker,"/subsystem:\"console\"/entry:\"mainCRTStartup\"")
05 #pragma comment(lib, "YZKGame.lib")
06  void gameMain(void)
07 {
08    pauseGame(5000);              // 暂停 5 秒
09 }
10    int main(void)
11 {
12    rpInit(gameMain);
13    return 0;
14 }
```

【运行结果】

上述程序运行后，会暂停 5 秒，然后自动结束。

【程序分析】

1. 第 8 行，调用 pauseGame 函数，第一个参数传入 5000。表示将游戏程序暂停 5000 毫秒，也就是 5 秒。

2. pauseGame 函数会阻塞程序执行。阻塞类似于生活中的堵车，前面的车不走，后面的车也只能等待。pauseGame 函数也是如此，它不执行完毕，后面的代码也无法执行。

9.1.2 setGameSize 设置窗口尺寸函数

【函数原型】

```
void setGameSize(int width, int height)
```

【形参列表】

width：游戏窗口宽度；

height：游戏窗口高度。

【函数功能】

设置游戏窗口宽、高，以像素为单位。

【示例 9-2】setGameSize 函数应用。

```
01 #include <stdlib.h>
02 #include <stdio.h>
03 #include <yzkgame.h>
04 #pragma comment (linker,"/subsystem:\"console\"/entry:\"mainCRTStartup\"")
05 #pragma comment(lib, "YZKGame.lib")
06 void gameMain(void)
07 {
08    setGameSize(300, 200);        // 设置游戏窗口宽 300 像素，高 200 像素
09    pauseGame(5000);
10 }
11 int main(void)
12 {
13    rpInit(gameMain);
14    return 0;
15 }
```

运行结果如图 9-1 所示。

【程序分析】

第 8 行，调用 setGameSize 函数，第一个参数传入 300，第二个参数传入 200。表示将游戏窗口设置为宽 300 像素、高 200 像素。

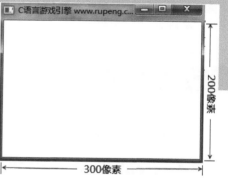

图 9-1　运行结果

9.1.3 setGameTitle 设置窗口标题函数

【函数原型】

```
void setGameTitle(char* title)
```

【形参列表】

title：游戏窗口标题显示内容。

【函数功能】

设置游戏窗口标题内容。

【特别说明】

对于 char* 类型变量，在函数调用时直接传入字符串即可。

零基础趣学C语言

【示例 9-3】setGameTitle 函数的应用。

```
01 #include <stdlib.h>
02 #include <stdio.h>
03 #include <yzkgame.h>
04 #pragma comment(linker,"/subsystem:\"console\" /entry:\"mainCRTStartup\"")
05 #pragma comment(lib, "YZKGame.lib")
06 void gameMain(void)
07 {
08   setGameSize(200,200);
09   setGameTitle(" 如鹏网 ");         // 设置窗口标题显示为 " 如鹏网 "
10   pauseGame(10000);
11 }
12 int main(void)
13 {
14   rpInit(gameMain);
15   return 0;
16 }
```

运行结果如图 9-2 所示。

图 9-2　运行结果

【程序分析】

1. 第 9 行，调用 setGameTitle 函数，第一个参数传入字符串 "如鹏网"，表示将游戏窗口标题设置为 "如鹏网"。

2. 游戏窗口标题可以设置多次，前面设置的会被后面设置的覆盖。

9.2　文本元素

文本元素就是游戏窗口中显示的一段文字，该元素处于游戏显示的最外层：文字层。如鹏游戏引擎为操作文本元素，提供了大量函数，下面章节将详细介绍。

9.2.1　createText 创建文本函数

【函数原型】

```
void createText(int txtNum, char* text)
```

【形参列表】

txtNum：文本元素编号；

Text：文本显示内容。

【函数功能】

在游戏窗口中创建文本元素。

【示例 9-4】createText 函数应用。

```
01 #include <stdlib.h>
02 #include <stdio.h>
03 #include <yzkgame.h>
04 #pragma comment(linker,"/subsystem:\"console\" /entry:\"mainCRTStartup\"" )
05 #pragma comment(lib, "YZKGame.lib")
```

```
06 void gameMain(void)
07 {
08  setGameSize(300,300);
09  createText(0," 如鹏网 ");          // 创建编号为 0 的文本，文本内容为 " 如鹏网 "
10  pauseGame(10000);
11 }
12 int main(void)
13 {
14  rpInit(gameMain);
15  return 0;
16 }
```

运行结果如图 9-3 所示。

【程序分析】

1. 第 9 行，调用 createText 函数，第一个参数传入 0，
第二个参数传入字符串 " 如鹏网 "。表示创建一个编号为 0，
内容为 "如鹏网" 的文本元素。

2. 新创建的文本元素，如果不设置显示位置，默认显
示在窗口左下角。

图 9-3   运行结果

文本编号的重要性

在如鹏游戏引擎中，文本元素可以创建多个，并且文本
的内容可能会重复，如果只根据文本内容是无法准确操作某
个文本元素。同理，文本元素的编号，相当于文本元素的 "身份证号"，在程序中创建文本元素
时必须为其指定唯一的编号，后续操作文本元素时也必须先指定文本编号。

9.2.2 setTextPosition 设置文本显示位置函数

【函数原型】

```
void setTextPosition(int txtNum, int x,int y)
```

【形参列表】

txtNum：文本元素编号；

x：文本元素横坐标；

y：文本元素纵坐标。

【函数功能】

设置指定文本元素在游戏窗口中的显示位置。

【示例 9-5】setTextPosition 函数应用。

```
01 #include <stdlib.h>
02 #include <stdio.h>
03 #include <yzkgame.h>
04 #pragma comment(linker,"/subsystem:\"console\" /entry:\"mainCRTStartup\"")
05 #pragma comment(lib, "YZKGame.lib")
06 void gameMain(void)
07 {
08  setGameSize(300,300);
09  createText(0," 如鹏网 ");                    // 设置文本 " 如鹏网 "，并编号为 0
```

```
10  setTextPosition(0,100,200);              // 设置 0 号文本显示位置
11  pauseGame(10000);
12 }
13 int main(void)
14 {
15  rpInit(gameMain);
16  return 0;
17 }
```

运行结果如图 9-4 所示。

【程序分析】

1. 第 9 行，调用 createText 函数，创建一个编号为 0，内容为"如鹏网"的文本。

2. 第 10 行，用 setTextPosition 函数，第一个参数传入 0，第二个参数传入 100，第三个参数传入 200。表示将编号为 0 的文本元素显示在（100,200）位置。需要注意的是，文本元素的显示位置就是文本元素左下角的坐标，如图 9-5 所示。

图 9-4　运行结果

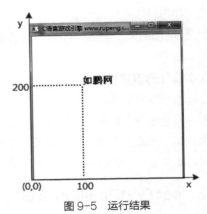

图 9-5　运行结果

9.2.3　setTextFontSize 设置文本字体大小函数

【函数原型】

```
void setTextFontSize(int txtNum, int size)
```

【形参列表】

txtNum：文本元素编号；

size：文本字体大小，单位为像素。

【函数功能】

设置指定文本元素字体大小。

【示例 9-6】setTextPosition 函数应用。

```
01 #include <stdlib.h>
02 #include <stdio.h>
03 #include <yzkgame.h>
04 #pragma comment(linker,"/subsystem:\"console\"/entry:\"mainCRTStartup\"")
05 #pragma comment(lib, "YZKGame.lib")
06 void gameMain(void)
07 {
```

```
08   setGameSize(300,300);
09   createText(0," 如鹏网 ");
10   setTextPosition(0,100,200);
11   setTextFontSize(0,40);              // 设置 0 号文本字体大小为 40 像素
12   pauseGame(10000);
13 }
14 int main(void)
15 {
16   rpInit(gameMain);
17   return 0;
18 }
```

运行结果如图 9-6 所示。

【程序分析】

1. 第 9 行，调用 createText 函数，创建一个编号为 0，
内容为 "如鹏网" 的文本。

2. 第 10 行，调用 setTextPosition 函数，将编号为 0 的
文本元素显示在（100,200）位置。

3. 第 11 行，调用 setTextFontSize 函数，第一个参数传
入 0，第二个参数传入 40。表示将编号为 0 的文本字体大小
设置为 40 像素。

图 9-6　运行结果

9.2.4　setText 修改文本内容函数

【函数原型】

```
void setText(int txtNum, char* text)
```

【形参列表】

txtNum：被修改的文本元素编号；

text：新的文本内容。

【函数功能】

将 txtNum 号文本元素内容修改为 text 指定的字符串。

【示例 9-7】setText 函数的应用。

```
01 #include <stdlib.h>
02 #include <stdio.h>
03 #include <yzkgame.h>
04 #pragma comment(linker,"/subsystem:\"console\" /entry:\"mainCRTStartup\"")
05 #pragma comment(lib, "YZKGame.lib")
06 void gameMain(void)
07 {
08   setGameSize(300,300);
09   createText(0," 如鹏网 ");
10   setTextPosition(0,100,200);
11   setTextFontSize(0,40);
12   pauseGame(1000);              // 暂停 1 秒
13   setText (0,"rupeng");         // 将 0 号文本修改为 "rupeng"
14   pauseGame(10000);
```

```
15 }
16 int main(void)
17 {
18   rpInit(gameMain);
19   return 0;
20 }
```

运行结果如图 9-7 所示。

图 9-7　运行结果

【程序分析】

1．第 9 行，调用 createText 函数，创建一个编号为 0，内容为"如鹏网"的文本。

2．第 10 行，调用 setTextPosition 函数，将编号为 0 的文本元素显示在（100,200）位置。

3．第 11 行，调用 setTextFontSize 函数，将编号为 0 的文本字体大小设置为 40 像素。

4．第 12 行，调用 pauseGame 函数，传入 1 000，表示游戏程序暂停 1 秒。

5．第 13 行，调用 setText 函数，第一个参数传入 0，第二个参数传入字符串 "rupeng"，表示将编号为 0 的文本内容修改为"rupeng"。

9.2.5　hideText 隐藏文本函数

【函数原型】

```
void hideText(int txtNum)
```

【形参列表】

txtNum：被隐藏的文本编号。

【函数功能】

隐藏指定编号的文本元素。

【示例 9-8】hideText 函数应用。

```
01 #include <stdlib.h>
02 #include <stdio.h>
03 #include <yzkgame.h>
04 #pragma comment(linker,"/subsystem:\"console\"/entry:\"mainCRTStartup\"")
05 #pragma comment(lib, "YZKGame.lib")
06 void gameMain(void)
07 {
```

```
08  setGameSize(300,300);
09  createText(0," 如鹏网 ");
10  setTextPosition(0,100,200);
11  pauseGame(1000);
12  hideText(0);                    // 隐藏 0 号文本
13  pauseGame(10000);
14 }
15 int main(void)
16 {
17  rpInit(gameMain);
18  return 0;
19 }
```

运行结果如图 9-8 所示。

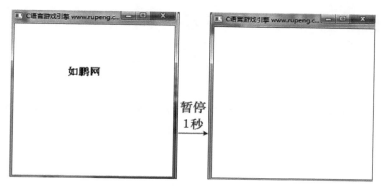

图 9-8 运行结果

【程序分析】

1. 第 9 行，调用 createText 函数，创建一个编号为 0，内容为 "如鹏网" 的文本。

2. 第 10 行，调用 setTextPosition 函数，将编号为 0 的文本元素显示在（100,200）位置。

3. 第 11 行，调用 pauseGame 函数，传入 1000，表示游戏程序暂停 1 秒。

4. 第 12 行，调用 setText 函数，第一个参数传入 0，表示隐藏编号为 0 的文本元素。

【特别说明】

隐藏文本并不是删除文本，只是不显示。

9.2.6 showText 显示文本函数

【函数原型】

```
void showText (int txtNum)
```

【形参列表】

txtNum：被显示的文本编号。

【函数功能】

显示指定编号的文本元素。

【示例 9-9】hideText 函数应用。

```
01 #include <stdlib.h>
02 #include <stdio.h>
```

```
03 #include <yzkgame.h>
04 #pragma comment(linker,"/subsystem:\"console\" /entry:\"mainCRTStartup\"" )
05 #pragma comment(lib, "YZKGame.lib")
06 void gameMain(void)
07 {
08   setGameSize(300,300);
09   createText(0," 如鹏网 ");
10   setTextPosition(0,100,200);
11   pauseGame(1000);
12   hideText(0);                    // 隐藏 0 号文本
13   pauseGame(1000);
14   showText(0);                    // 显示 0 号文本
15   pauseGame(10000);
16 }
17 int main(void)
18 {
19   rpInit(gameMain);
20   return 0;
21 }
```

运行结果如图 9-9 所示。

图 9-9　运行结果

【程序分析】

1. 第 9 行，调用 createText 函数，创建一个编号为 0，内容为"如鹏网"的文本。

2. 第 10 行，调用 setTextPosition 函数，将编号为 0 的文本元素显示在（100,200）位置。

3. 第 11 行，调用 pauseGame 函数，传入 1000，表示游戏程序暂停 1 秒。

4. 第 12 行，调用 hideText 函数，第一个参数传入 0。表示隐藏编号为 0 的文本元素。

5. 第 13 行，调用 pauseGame 函数，传入 1000，表示游戏程序暂停 1 秒。

6. 第 14 行，调用 showText 函数，第一个参数传入 0，表示显示 0 号文本。

9.2.7　操作多个文本元素

前面 6 个小节，主要介绍文本元素常用函数，并以单个文本为例进行演示。不过，在实际开发中，不可能只有单个文本，往往有多个文本。本节将介绍如何在游戏中创建多个文本，并对它们进行设置。

下面通过例子来了解如何创建多个文本。

【示例 9-10】创建多个文本元素。

```
01 #include <stdlib.h>
02 #include <stdio.h>
03 #include <yzkgame.h>
04 #pragma comment(linker,"/subsystem:\"console\" /entry:\"mainCRTStartup\"")
05 #pragma comment(lib, "YZKGame.lib")
06 void gameMain(void)
07 {
08    setGameSize(300,300);
09    createText(0," 如鹏网 ");    // 创建 0 号文本，文本内容为 " 如鹏网 "
10    createText(1,"rupeng");    // 创建 1 号文本，文本内容为 "rupeng"
11    pauseGame(10000);
12 }
13 int main(void)
14 {
15    rpInit(gameMain);
16    return 0;
17 }
```

运行结果如图 9-10 所示。

【程序分析】

1. 第 9 行，调用 createText 函数，创建编号为 0，内容为"如鹏网"的文本元素。

2. 第 10 行，调用 createText 函数，创建编号为 1，内容为"rupeng"的文本元素。

3. 前面讲过，文本元素默认显示在游戏窗口左下角。由于 0 号与 1 号文本均未设置显示位置，因此，都默认显示在窗口左下角，导致文本重叠在一起。

为了更好地展示多个文本元素，一般在创建完文本元素后，应立刻设置该元素的显示位置，示例代码如下。

图 9-10　运行结果

【示例 9-11】设置多个文本显示位置。

```
01 #include <stdlib.h>
02 #include <stdio.h>
03 #include <yzkgame.h>
04 #pragma comment(linker,"/subsystem:\"console\" /entry:\"mainCRTStartup\"")
05 #pragma comment(lib, "YZKGame.lib")
06 void gameMain(void)
07 {
08  setGameSize(300,300);
09  createText(0," 如鹏网 ");
10  setTextPosition(0,100,100);  // 设置 0 号文本显示位置
11  createText(1,"rupeng");
12  setTextPosition(1,100,200);  // 设置 1 号文本显示位置
13  pauseGame(10000);
14 }
15 int main(void)
16 {
17  rpInit(gameMain);
18  return 0;
19 }
```

运行结果如图 9-11 所示。

【程序分析】

1. 第 10 行，调用 setTextPosition 函数，设置 0 号文本显示在（100,100）位置。

2. 第 11 行，调用 setTextPosition 函数，设置 0 号文本显示在（100,200）位置。

9.2.8 文本元素常见错误

【常见错误 1】

创建多文本元素时，编号不能重复，否则运行时报错。

图 9-11　运行结果

【错误程序 1】

```
01 #include <stdlib.h>
02 #include <stdio.h>
03 #include <yzkgame.h>
04 #pragma comment(linker,"/subsystem:\"console\" /entry:\"mainCRTStartup\"")
05 #pragma comment(lib, "YZKGame.lib")
06 void gameMain(void)
07 {
08  setGameSize(300,300);
09  createText(0," 如鹏网 ");
10  setTextPosition(0,100,100);
11  createText(0,"rupeng");            // 出错代码，编号 0 重复
12  pauseGame(10000);
13 }
14 int main(void)
15 {
16  rpInit(gameMain);
17  return 0;
18 }
```

运行结果如图 9-12 所示。

【错误分析 1】

上述程序中，第 9 行创建文本"如鹏网"时，编号 0 已经被占用。第 11 行，创建文本"rupeng"时，企图再次使用编号 0，程序报错，因为该编号已经被其他文本占用了。

【解决方案 1】

"错误 1"是由于文本编号重复导致的，为了解决这个问题，只需将第 11 行，"rupeng"文本编号修改与编号 0 不重复即可，其他内容不变，修改之后的代码如下。

图 9-12　运行结果

```
01 #include <stdlib.h>
02 #include <stdio.h>
03 #include <yzkgame.h>
04 #pragma comment(linker,"/subsystem:\"console\" /entry:\"mainCRTStartup\"")
05 #pragma comment(lib, "YZKGame.lib")
06 void gameMain(void)
```

```
07 {
08   setGameSize(300,300);
09   createText(0," 如鹏网 ");
10   setTextPosition(0,100,100);
11   createText(1,"rupeng");          // 将编号 0 修改为 1
12   pauseGame(10000);
13 }
14 int main(void)
15 {
16   rpInit(gameMain);
17   return 0;
18 }
```

运行结果如图 9-13 所示。

【常见错误 2】

文本元素与变量相同，必须先创建后使用，否则运行时报错。

【错误程序 2】

图 9-13　运行结果

```
01 #include <stdlib.h>
02 #include <stdio.h>
03 #include <yzkgame.h>
04 #pragma comment(linker,"/subsystem:\"console\" /entry:\"mainCRTStartup\"")
05 #pragma comment(lib, "YZKGame.lib")
06 void gameMain(void)
07 {
08   setGameSize(300,300);
09   setTextPosition(0,100,100);  // 出错代码
10   createText(0," 如鹏网 ");
11   pauseGame(10000);
12 }
13 int main(void)
14 {
15   rpInit(gameMain);
16   return 0;
17 }
```

运行结果如图 9-14 所示。

【错误分析 2】

上述程序中，第 9 行，设置 0 号文本显示位

不存在编号为0的文本

图 9-14　运行结果

置，然而，0 号文本在第 10 行才创建。因此，第 9 行相当于操作不存在的文本元素，程序报错。

【解决方案 2】

交换第 9、10 行代码的位置，其他内容不变，将创建文本代码放置在使用文本之前，修改后的代码如下。

```
01 #include <stdlib.h>
02 #include <stdio.h>
03 #include <yzkgame.h>
04 #pragma comment(linker,"/subsystem:\"console\" /entry:\"mainCRTStartup\"")
05 #pragma comment(lib, "YZKGame.lib")
06 void gameMain(void)
07 {
```

```
08  setGameSize(300,300);
09  createText(0,"如鹏网");
10  setTextPosition(0,100,100);  // 正确代码
11  pauseGame(10000);
12 }
13 int main(void)
14 {
15  rpInit(gameMain);
16  return 0;
17 }
```

运行结果如图 9-15 所示。

图 9-15 运行结果

9.2.9 文本案例——判断年龄

【案例要求】

编写程序，实现当年龄大于 18 岁时，输出"成年人"文本，否则输出"未成年人"文本。

【案例分析】

1. 本案例属于条件二选一，选择 if…else 结构比较合适。

2. 当 age>18 时，执行 if 语句块，输出"成年人"文本。否则执行 else 语句块，输出"未成年"文本。

【示例 9-12】判断年龄实现代码如下。

```
01 #include <stdlib.h>
02 #include <yzkgame.h>
03 #include <stdio.h>
04 #pragma comment(linker,"/subsystem:\"console\" /entry:\"mainCRTStartup\"")
05 #pragma comment(lib, "YZKGame.lib")
06 void gameMain(void)
07 {
08  int textNum=0;                // 文本编号
09  int age=20;                   // 年龄初值为 20
10  setGameSize(200,200);
11  if (age>18)                   // 年龄是否大于 18
12  {
13      createText(textNum,"成年人");
14  }
15  else
16  {
17      createText(textNum,"小朋友");
18  }
19  setTextPosition(textNum,100,100);
20  pauseGame(10000);
21 }
22 int main(void)
23 {
24  rpInit(gameMain);
25  return 0;
26 }
```

运行结果如图 9-16 所示。

【程序分析】

1. 第 8 行，定义变量 createText 并初始化为 0，用作文

图 9-16 运行结果

本编号。

2. 第9行，定义变量 age 并初始化为 20，表示年龄为 20 岁。

3. 第11行，判断表达式 age>18，结果为"真"，因此执行 if 语句块，调用 createText 函数，创建"成年人"文本元素。

4. 第19行，将编号为 textNum 的文本显示在窗口（100,100）位置上。

除了使用 if…else 语句之外，该案例还可以使用三目运算符来实现。

【示例9-13】判断年龄案例优化代码。

```
01 #include <stdlib.h>
02 #include <yzkgame.h>
03 #include <stdio.h>
04 #pragma comment(linker,"/subsystem:\"console\" /entry:\"mainCRTStartup\"")
05 #pragma comment(lib, "YZKGame.lib")
06 void gameMain(void)
07 {
08   int textNum=0;
09   int age=20;
10   setGameSize(200,200);
11   createText(textNum,age>18?" 成年人 ":" 未成年人 ");
12   setTextPosition(textNum,100,100);
13   pauseGame(10000);
14 }
15 int main(void)
16 {
17   rpInit(gameMain);
18   return 0;
19 }
```

运行结果如图9-17所示。

【程序分析】

1. 上述程序，第11行，createText 函数的第二个参数为三目运算符表达式。当 age>18 为真时，该三目运算表达式结果的为"成年人"，否为"未成年人"。

2. 由于变量 age 初值为 20，表达式 age>18 运算结果为"真"。因此，age>18?" 成年人 ":" 未成年人 " 三目运算表达式结果为"成年人"。第11行代码可以简化为 createText(textNum," 成年人 ")。

图 9-17　运行结果

9.2.10　文本案例——超级英雄启动界面

【案例要求】

编写程序，实现超级英雄启动界面，运行结果如图9-18所示。

【案例分析】

1. "超级英雄"、"1 单人游戏"、"2 多人游戏"、"3 游戏演示"是 4 个文本元素。

图 9-18　运行结果

2. "超级英雄"文本字体比其他 3 个文本元素字体稍大一些。

3. "超级英雄"文本与其他 3 个文本的 x 轴坐标相同，y 轴坐标依次递减。

【示例 9-14】超级英雄启动界面实现代码如下。

```
01 #include <yzkgame.h>
02 #include <stdio.h>
03 #pragma comment(linker,"/subsystem:\"console\" /entry:\"mainCRTStartup\"")
04 #pragma comment(lib, "YZKGame.lib")
05 void gameMain(void)
06 {
07     int titleText=0;
08     int singleText=1;
09     int doubleText=2;
10     int demoText=3;
11     int x=80;
12     int font=30;
13     setGameSize(300,300);
14     createText(titleText," 超级英雄 ");
15     setTextPosition(titleText,x,200);
16      setTextFontSize(titleText,40);
17     createText(singleText,"1 单人游戏 ");
18     setTextPosition(singleText,x,170);
19     setTextFontSize(singleText,font);
20     createText(doubleText,"2 多人游戏 ");
21     setTextPosition(doubleText,x,140);
22     setTextFontSize(doubleText,font);
23     createText(demoText,"3 游戏演示 ");
24     setTextPosition(demoText,x,110);
25     setTextFontSize(demoText,font);
26     pauseGame(10000);
27 }
28  int main(void)
29 {
30    rpInit(gameMain);
31    return 0;
32 }
```

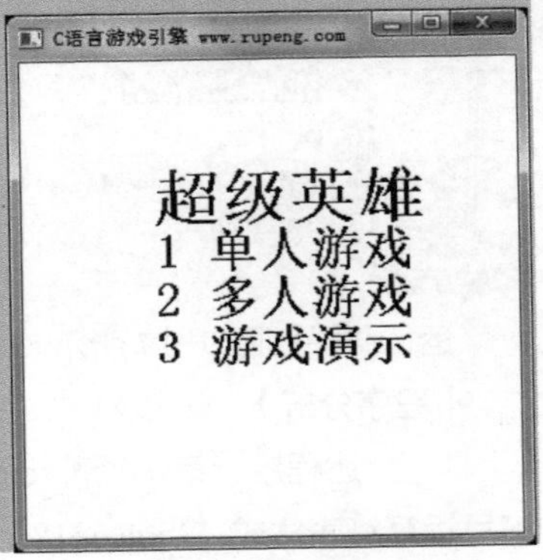

运行结果如图 9-19 所示。

图 9-19　运行结果

【程序分析】

1. 第 7 行，定义变量 titleText 并赋值为 0，表示"超级英雄"的文本编号。

2. 第 8 行，定义变量 singleText 并赋值为 1，表示"1. 单人游戏的"的文本编号。

3. 第 9 行，定义变量 doubleText 并赋值为 2，表示"2. 双人游戏的"的文本编号。

4. 第 10 行，定义变量 demoText 并赋值为 3，表示"3. 游戏演示"的文本编号。

5. 第 11 行，定义变量 x 并赋值为 80，表示 4 个文本的 x 坐标都为 80 像素。

6. 第 12 行，定义变量 font 并赋值为 30，表示文本字体大小为 30 像素。

7. 第 13 行，设置游戏窗口宽、高均为 300 像素。

8. 第 14~16 行，创建文本"超级英雄"，设置显示坐标为（80,200），设置字体大小为 40 像素。

9. 第 17~19 行，创建文本"1 单人游戏"，设置显示坐标为（80,170），设置字体大小为 30 像素。

10. 第 20~22 行，创建文本"2 多人游戏"，设置显示坐标为（80,140），设置字体大小为 30 像素。

11. 第 23~25 行，创建文本"3 游戏演示"，设置显示坐标为（80,110），设置字体大小为 30 像素。

9.3 图片元素

图片元素就是游戏窗口中显示的图片，位于图层中的图片层。图片的格式有很多种，如 jpeg、png、bmp 等。但是目前如鹏游戏引擎只支持 png 格式图片。本章所有图片素材可以从本书配套资源中查找。

9.3.1 查看图片格式

当拿到一张图片时，通过查看该图片后缀名（也称扩展名），就可以知道该图片是什么格式，以图 9-20 中 slice.png 为例，该图片后缀名为 png，就表示该图片是 png 格式图片。

当查看某张图片时，如果发现该图片并没有后缀名，如图 9-21 所示。这种情况，是由于隐藏了已知文件类型扩展名。可以按照以下步骤操作，显示图片后缀名。

图 9-20 png 格式图片

图 9-21 无后缀图片

第1步 双击桌面上计算机图标，单击【组织】，选择【文件夹和搜索选项】选项，如图 9-22 所示。

第2步 单击【查看】选项卡，取消勾选【隐藏已知文件类型的扩展名】复选框，最后单击【确定】，如图 9-23 所示。

第3步 再次查看图片时，就可以看到图片后缀名，如图 9-24 所示。

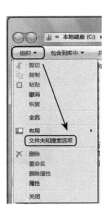
图 9-22 选择文件夹和搜索选项

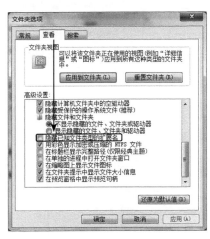
图 9-23 取消勾选

图 9-24 显示图片后缀名

9.3.2 快速转换图片格式

由于如鹏游戏引擎只支持 png 格式图片。然而在实际开发中，我们得到的图片不一定是

png 格式，此时，就要将非 png 格式的图片转换为 png 格式。为了快速完成转化，本书将采用 windows 系统自带的画图工具完成格式转换。

下面以 jpg 格式图片为例进行转换格式演示。

第1步 右键单击 "slice.jpg" 图片，单击【打开方式】选项，单击【画图】，如图 9-25 所示。

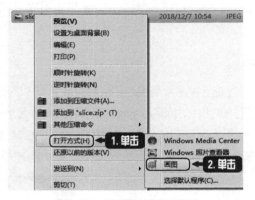

图 9-25　用画图方式打开图片

第2步 单击图片窗口左上角的 图标，单击【另存为】选项，单击【PNG 图片】，如图 9-26 所示。

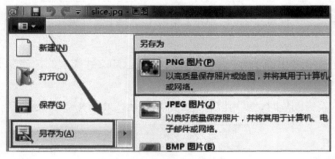

图 9-26　另存为 PNG 图片

第3步 单击【保存】，如图 9-27 所示。

第4步 查看转化之后的图片，如图 9-28 所示，此时图片后缀已转换为 png 格式。

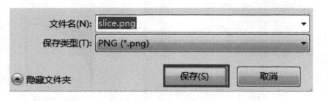

图 9-27　单击【保存】

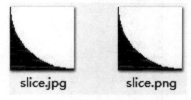

图 9-28　修改后缀后的图片

9.3.3　图片格式转换误区

有读者认为，既然图片格式按照后缀名进行区分，那么直接将图片后缀名手动改为 png 岂不更简单，如图 9-29 所示。

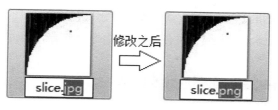

图 9-29　修改后缀名

　　需要特别注意的是，这样做是不合理的。因为 jpg 和 png 本质上对应的是两种不同类型的图片存储格式。手动修改图片后缀名，并不能转换图片存储格式，所以图 9-29 中的图片 slice.png 仍是 jpg 格式。因此，建议读者参考本书提供的转换方法对图片进行转换。

9.3.4　图片文件夹存放位置

　　在如鹏游戏引擎中，为了方便引用、管理图片，需要事先将要显示的图片复制到当前项目的"Images"文件夹中，这里以图片 slice.png 为例，讲解存放方法。

第1步　右键单击【解决方案 MyGame1】，单击【在文件资源管理器中打开文件夹】，如图 9-30 所示。

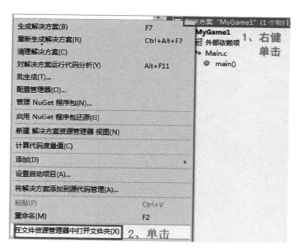

图 9-30　在文件资源管理器中打开文件夹

第2步　左键双击进入"Images"文件夹，如图 9-31 所示。

第3步　将图片 slice.png 复制到"Images"文件夹中，如图 9-32 所示。

图 9-31　进入"Images"文件夹

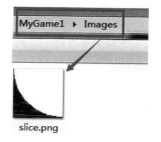

图 9-32　复制图片到"Images"文件夹

注意: 游戏窗口中如果要显示图片,需要提前将图片复制到当前项目的"Images"文件夹下。当游戏引擎渲染图片时,会按照图片名称在该文件夹下进行查找,然后加载。

9.3.5 createImage 创建图片元素函数

【函数原型】

```
void createImage(int num, char* imgName)
```

【形参列表】

num: 被创建图片的编号;

imgName: 图片全名称,包括后缀名,例如,"slice.png"。

【函数功能】

在游戏窗口中创建图片元素。

【示例 9-15】createImage 函数的应用。

```
01 #include <stdlib.h>
02 #include <stdio.h>
03 #include <yzkgame.h>
04 #pragma comment(linker,"/subsystem:\"console\" /entry:\"mainCRTStartup\"")
05 #pragma comment(lib, "YZKGame.lib")
06 void gameMain(void)
07 {
08  setGameSize(300,300);
09  createImage(0,"slice.png");              // 创建编号为 0 的图片元素
10  pauseGame(10000);
11 }
12 int main(void)
13 {
14  rpInit(gameMain);
15  return 0;
16 }
```

运行结果如图 9-33 所示。

【程序分析】

1. 第 9 行,调用 createImage 函数,第一个参数传入 0,第二个参数传入图片全名"slice.png"。表示创建编号为 0 的图片元素"slice.png"。

2. 当前文件夹"Images"下必须存在名称为"slice.png"的图片才能在游戏窗口中创建成功。

3. 图片元素在默认情况下,显示在窗口左下角。

图片元素和文本元素一样,可以在游戏窗口中创建多个,并且图片的内容也可能会重复。为了准确操作某个图片元素,在程序中创建图片元素时必须为其指定唯一的编号,后续操作图片元素时也必须先指定图片编号。

图 9-33 运行结果

9.3.6　setImagePosition 设置图片显示位置函数

【函数原型】

```
void setImagePosition(int num, int x, int y)
```

【形参列表】

num：被设置图片编号；

x：被设置图片 x 坐标；

y：被设置图片 y 坐标。

【函数功能】

设置编号为 num 的图片元素显示位置。

【示例 9-16】setImagePosition 函数的应用。

```
01 #include <stdlib.h>
02 #include <stdio.h>
03 #include <yzkgame.h>
04 #pragma comment(linker,"/subsystem:\"console\" /entry:\"mainCRTStartup\"" )
05 #pragma comment(lib, "YZKGame.lib")
06 void gameMain(void)
07 {
08  setGameSize(300,300);
09  createImage(0,"slice.png");          // 创建编号为 0 的图片
10  setImagePosition(0,100,100);         // 设置 0 号图片显示位置
11  pauseGame(10000);
12 }
13 int main(void)
14 {
15  rpInit(gameMain);
16  return 0;
17 }
```

运行结果如图 9-34 所示。

【程序分析】

1. 第 9 行，创建编号为 0 的图片 "slice.png"。

2. 第 10 行，调用 setImagePosition 函数，第一个参数传入 0，第二个参数传入 100，第三个参数传入 100。表示将 0 号图片显示在窗口（100,100）的位置。需要注意的是：图片元素的显示位置就是图片元素左下角的坐标，如图 9-35 所示。

图 9-34　运行结果

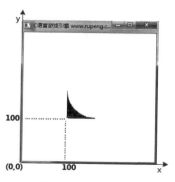

图 9-35　运行结果

9.3.7 setImageSource 修改显示图片函数

【函数原型】

```
void setImageSource(int num, char* imgName)
```

【形参列表】

num：被修改图片的编号；

imgName：指定新的图片全名称。

【函数功能】

将编号为 num 的图片元素修改为 imgName 指定的图片元素。

【示例 9-17】setImageSource 函数的应用。

```
01 #include <stdlib.h>
02 #include <stdio.h>
03 #include <yzkgame.h>
04 #pragma comment(linker,"/subsystem:\"console\" /entry:\"mainCRTStartup\"")
05 #pragma comment(lib, "YZKGame.lib")
06 void gameMain(void)
07 {
08  setGameSize(300,300);
09  createImage(0,"slice.png");          // 创建编号为 0 的图片
10  setImagePosition(0,100,100);         // 设置 0 号图片显示位置
11  pauseGame(1000);                     // 暂停 1 秒
12  setImageSource(0,"slice2_.png");     // 设置 0 号图片显示为 slice2_.png
13  pauseGame(10000);
14 }
15 int main(void)
16 {
17  rpInit(gameMain);
18  return 0;
19 }
```

运行结果如图 9-36 所示。

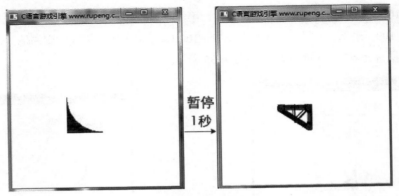

图 9-36　运行结果

【程序分析】

1. 第 9 行，创建编号为 0 的图片 "slice.png"。

2. 第 10 行，调用 setImagePosition 函数，将 0 号图片显示在窗口（100,100）位置。

3. 第 11 行，调用 pauseGame 函数，传入 1000，游戏程序暂停 1 秒。

4. 第 12 行，调用 setImageSource 函数，第一个参数传入 0，第二个参数传入新图片，全名为 "slice2_.png"。表示将 0 号图片替换为新图片 "slice2_.png"。

9.3.8 hideImage 隐藏图片函数

【函数原型】

```
void hideImage(int num)
```

【形参列表】

num：被隐藏的图片编号。

【函数功能】

隐藏编号为 num 的图片。

【示例 9-18】hideImage 函数的应用。

```
01 #include <stdlib.h>
02 #include <stdio.h>
03 #include <yzkgame.h>
04 #pragma comment(linker,"/subsystem:\"console\" /entry:\"mainCRTStartup\"" )
05 #pragma comment(lib, "YZKGame.lib")
06 void gameMain(void)
07 {
08  setGameSize(300,300);
09  createImage(0,"slice.png");          // 创建编号为 0 的图片
10  setImagePosition(0,100,100);         // 设置 0 号图片显示位置
11  pauseGame(1000);                     // 暂停 1 秒
12  hideImage(0);                        // 隐藏 0 号图片
13  pauseGame(10000);
14 }
15 int main(void)
16 {
17  rpInit(gameMain);
18  return 0;
19 }
```

运行结果如图 9-37 所示。

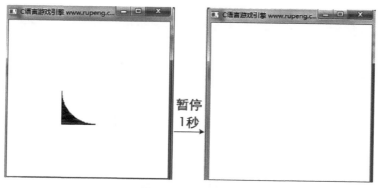

图 9-37　运行结果

【程序分析】

1. 第 9 行, 创建编号为 0 的图片 "slice.png"。

2. 第 10 行, 调用 setImagePosition 函数, 将 0 号图片显示在窗口 (100,100) 位置。

3. 第 11 行, 调用 pauseGame 函数, 传入 1000, 游戏程序暂停 1 秒。

4. 第 12 行, 调用 hideImage 函数, 传入 0, 表示隐藏 0 号图片。

9.3.9 showImage 显示图片函数

【函数原型】

```
void showImage(int num)
```

【形参列表】

num: 被显示的图片编号。

【函数功能】

显示编号为 num 的图片。

【示例 9-19】showImage 函数的应用。

```
01 #include <stdlib.h>
02 #include <stdio.h>
03 #include <yzkgame.h>
04 #pragma comment(linker,"/subsystem:\"console\" /entry:\"mainCRTStartup\"")
05 #pragma comment(lib, "YZKGame.lib")
06 void gameMain(void)
07 {
08  setGameSize(300,300);
09  createImage(0,"slice.png");          // 创建编号为 0 的图片
10  setImagePosition(0,100,100);         // 设置 0 号图片显示位置
11  hideImage(0);                        // 隐藏 0 号图片
12  pauseGame(1000);                     // 暂停 1 秒
13  showImage(0);                        // 显示 0 号图片
14  pauseGame(10000);
15 }
16 int main(void)
17 {
18  rpInit(gameMain);
19  return 0;
20 }
```

运行结果如图 9-38 所示。

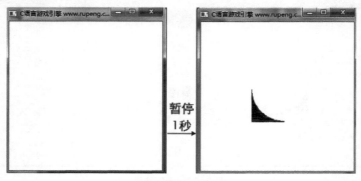

图 9-38 运行结果

【程序分析】

1. 第 9 行，创建编号为 0 的图片 "slice.png"。

2. 第 10 行，调用 setImagePosition 函数，将 0 号图片显示在窗口（100,100）位置。

3. 第 11 行，调用 hideImage 函数，传入 0，表示隐藏 0 号图片。

4. 第 12 行，调用 pauseGame 函数，传入 1000，游戏程序暂停 1 秒。

5. 第 13 行，调用 showImage 函数，传入 0，表示显示 0 号图片。

9.3.10 常见错误

【常见错误 1】

调用 createImage 函数时，没有传入图片全名称，导致运行时报错。

【错误程序 1】

```
01 #include <stdlib.h>
02 #include <stdio.h>
03 #include <yzkgame.h>
04 #pragma comment(linker,"/subsystem:\"console\" /entry:\"mainCRTStartup\"" )
05 #pragma comment(lib, "YZKGame.lib")
06 void gameMain(void)
07 {
08  setGameSize(300,300);
09  createImage(0,"slice");              // 出错代码，没有加上图片后缀名
10  pauseGame(10000);
11 }
12 int main(void)
13 {
14  rpInit(gameMain);
15  return 0;
16 }
```

运行结果如图 9-39 所示。

【错误分析 1】

第 9 行，调用 createImage 函数，第二个参数应该传入图片全名称，包括后缀名。因为游戏引擎加载图片时，会根据图片全名称到当前项目的 "Images" 文件夹下查找，如果查找到了就加载，否则就会报错。

图 9-39 运行结果

【解决方案 1】

调用 createImage 函数，第二个参数传入图片全名称，包括后缀名。

```
01 #include <stdlib.h>
02 #include <stdio.h>
03 #include <yzkgame.h>
04 #pragma comment(linker,"/subsystem:\"console\" /entry:\"mainCRTStartup\"" )
05 #pragma comment(lib, "YZKGame.lib")
06 void gameMain(void)
07 {
08  setGameSize(300,300);
09  createImage(0,"slice.png");          // 正确代码，加上了图片后缀名
```

```
10   pauseGame(10000);
11 }
12 int main(void)
13 {
14   rpInit(gameMain);
15   return 0;
16 }
```

运行结果如图 9-40 所示。

【常见错误 2】

如鹏游戏引擎暂不支持除 png 格式以外的图片。

图 9-40   运行结果

【错误程序 2】

```
01 #include <stdlib.h>
02 #include <stdio.h>
03 #include <yzkgame.h>
04 #pragma comment(linker,"/subsystem:\"console\" /entry:\"mainCRTStartup\"")
05 #pragma comment(lib, "YZKGame.lib")
06 void gameMain(void)
07 {
08   setGameSize(300,300);
09   createImage(0,"slice3.jpg");          // 出错代码，不支持 jpg 图片
10   setImagePosition(0,100,100);
11   pauseGame(10000);
12 }
13 int main(void)
14 {
15   rpInit(gameMain);
16   return 0;
17 }
```

运行结果如图 9-41 所示。

图 9-41   运行结果

【错误分析 2】

第 9 行，调用 createImage 函数时，第二个参数传入"slice3.jpg"，表示创建 jpg 格式的图片元素。不过如鹏游戏引擎暂不支持 jpg 格式图片，因此上述程序运行报错。

【解决方案 2】

首先根据 9.2.3 小节内容，将 slice3.jpg 转化为 png 格式图片，然后调用 createImage 函数时，传入转化之后的图片全名称 "slice3.png"。

```
01 #include <stdlib.h>
02 #include <stdio.h>
03 #include <yzkgame.h>
04 #pragma comment(linker,"/subsystem:\"console\" /entry:\"mainCRTStartup\"")
05 #pragma comment(lib, "YZKGame.lib")
06 void gameMain(void)
07 {
08   setGameSize(300,300);
09   createImage(0,"slice3.png");        // 正确代码，支持 png 格式
10   pauseGame(10000);
11 }
12 int main(void)
13 {
14   rpInit(gameMain);
15   return 0;
16 }
```

运行结果如图 9-42 所示。

【常见错误 3】

创建多张图片时，图片编号不能重复。

【错误程序 3】

图 9-42　运行结果

```
01 #include <stdlib.h>
02 #include <stdio.h>
03 #include <yzkgame.h>
04 #pragma comment(linker,"/subsystem:\"console\" /entry:\"mainCRTStartup\"" )
05 #pragma comment(lib, "YZKGame.lib")
06 void gameMain(void)
07 {
08   setGameSize(300,300);
09   createImage(0,"slice.png");        // 创建编号为 0 的图片
10   setImagePosition(0,100,100);
11   createImage(0,"slice3.png");        // 出错代码，编号 0 重复
12   pauseGame(10000);
13 }
14 int main(void)
15 {
16   rpInit(gameMain);
17   return 0;
18 }
```

运行结果如图 9-43 所示。

【错误分析 3】

上述程序中，第 9 行已经创建了编号为 0 的图片，第 11 行企图再次创建编号为 0 的图片。当如鹏游戏引擎检测到图片编号重复时，会报错。

【解决方案 3】

将第 11 行的图片编号修改为与 0 不重复的数字即可。

图 9-43　运行结果

```
01 #include <stdlib.h>
02 #include <stdio.h>
```

```
03 #include <yzkgame.h>
04 #pragma comment(linker,"/subsystem:\"console\" /entry:\"mainCRTStartup\"" )
05 #pragma comment(lib, "YZKGame.lib")
06 void gameMain(void)
07 {
08  setGameSize(300,300);
09  createImage(0,"slice.png");
10  setImagePosition(0,100,100);
11  createImage(1,"slice3.png");        // 正确写法，将编号修改为 1
12  pauseGame(10000);
13 }
14 int main(void)
15 {
16  rpInit(gameMain);
17  return 0;
18 }
```

运行结果如图 9-44 所示。

【常见错误 4】

图片元素和文本元素一样，也必须先创建后使用。

图 9-44　运行结果

【错误程序 4】

```
01 #include <stdlib.h>
02 #include <stdio.h>
03 #include <yzkgame.h>
04 #pragma comment(linker,"/subsystem:\"console\" /entry:\"mainCRTStartup\"" )
05 #pragma comment(lib, "YZKGame.lib")
06 void gameMain(void)
07 {
08  setGameSize(300,300);
09  setImagePosition(0,100,100); // 出错代码
10  createImage(0,"slice.png");
11  pauseGame(10000);
12 }
13 int main(void)
14 {
15  rpInit(gameMain);
16  return 0;
17 }
```

运行结果如图 9-45 所示。

不存在编号为0的文本

图 9-45　运行结果

【错误分析 4】

上述程序中，第 9 行设置了 0 号图片的位置，但 0 号图片在第 10 行才被创建，因此第 9 行相当于设置不存在图片，运行虽然没有弹出错误提示框，但是控制台已经打印出报错信息，如图 9-45 所示。

【解决方案 4】

交换第 9 行与第 10 行的代码顺序，先创建后使用。

```
01 #include <stdlib.h>
02 #include <stdio.h>
03 #include <yzkgame.h>
```

```
04 #pragma comment(linker,"/subsystem:\"console\" /entry:\"mainCRTStartup\"" )
05 #pragma comment(lib, "YZKGame.lib")
06 void gameMain(void)
07 {
08  setGameSize(300,300);
09  createImage(0,"slice.png");
10  setImagePosition(0,100,100); // 正确写法
11  pauseGame(10000);
12 }
13 int main(void)
14 {
15  rpInit(gameMain);
16  return 0;
17 }
```

运行结果如图 9-46 所示。

9.3.11 图片案例——性别判断

【案例要求】

编写程序判断性别，如果为男显示 "boy.png" 图片，否则显示 "girl.png" 图片。

【案例分析】

1. 该案例属于条件二选一，可以使用 if…else 或三目运算符实现。

2. 需要注意的是，"boy.png" 与 "girl.png" 图片必须存在于当前项目下的 "Images" 文件夹中，如图 9-47 所示。

图 9-46 运行结果

图 9-47 打开 "Images" 文件夹下的图片

【示例 9-20】性别判断实现代码如下。

```
01 #include <yzkgame.h>
02 #include <stdio.h>
03 #pragma comment( linker,"/subsystem:\"console\"/entry:\"mainCRTStartup\"")
04 #pragma comment(lib, "YZKGame.lib")
05 void gameMain(void)
06 {
07  int num=0;                    // 图片编号
08  int gender=0;                 // 默认 0 为女，非 0 为男
09  setGameSize(200,200);
10  createImage(num,(gender==0?"girl.png":"boy.png"));
```

```
11  setImagePosition(num,50,50);
12  pauseGame(10000);
13 }
14 int main(void)
15 {
16  rpInit(gameMain);
17  return 0;
18 }
```

运行结果如图 9-48 所示。

图 9-48　运行结果

【程序分析】

1. 第 8 行，定义变量 gender 并初始化，默认规定 0 为女，非 0 为男。

2. 第 10 行，createImage 函数的第二个参数为三目运算符表达式。由于 gender 值为 0，gender==0 结果为"真"，所以该三目运算符表达式结果为"girl.png"。最终，第 10 行代码简化为 createImage(num,"girl.png")，也即创建文件名为"girl.png"的图片元素。

9.3.12　图片案例——超级英雄启动界面

【案例要求】

编写程序，实现超级英雄启动界面，阅览效果如图 9-49 所示。

图 9-49　阅览效果

【案例分析】

1. 首先该游戏界面，由 4 个文本元素与一张图片组成。

2. 如何添加 4 个文本元素，已经在 9.1.10 小节中详细介绍过，这里不再重复介绍。

3. 在如鹏游戏引擎中，文字层位于图片层之上，所以在游戏窗口中创建的图片均位于文字层之下，相当于背景图片。

【示例 9-21】超级英雄启动界面实现代码如下。

```
01 #include <yzkgame.h>
02 #include <stdio.h>
03 #pragma comment( linker,"/subsystem:\"console\"/entry:\"mainCRTStartup\"")
04 #pragma comment(lib, "YZKGame.lib")
05 void gameMain(void)
06 {
07  int titleText=0;
08  int singleText=1;
09  int doubleText=2;
10  int demoText=3;
11  int x=100;
12  int font=30;
13  setGameSize(300,300);
14  createImage(0," 超级英雄启动界面 .png");
15  createText(titleText," 超级英雄 ");
```

```
16    setTextPosition(titleText,x,260);
17    setTextFontSize(titleText,40);
18    createText(singleText,"1 单人游戏 ");
19    setTextPosition(singleText,x,200);
20    setTextFontSize(singleText,font);
21    createText(doubleText,"2 多人游戏 ");
22    setTextPosition(doubleText,x,160);
23    setTextFontSize(doubleText,font);
24    createText(demoText,"3 游戏演示 ");
25    setTextPosition(demoText,x,120);
26    setTextFontSize(demoText,font);
27    pauseGame(10000);
28 }
29    int main(void)
30 {
31    rpInit(gameMain);
32    return 0;
33 }
```

运行结果如图 9-49 所示。

【程序分析】

1. 本案例只需在 9.1.10 文本案例的基础上再创建一张背景图片即可。

2. 第 14 行，调用 createImage 函数，创建 "超级英雄启动界面" 图片。

9.4 精灵元素

在如鹏游戏引擎中，每个精灵元素都拥有多个 "动作"，这些 "动作" 类似于现实生活中的动画片，由多张相似的图片快速切换来实现。

本章所有的精灵素材均可从本书配套资源中获取，以 boy 精灵为例，它的 "walk" 动作由 4 张图片切换完成，如图 9-50 所示。

0.png   1.png   2.png   3.png

图 9-50　精灵素材图片

9.4.1　精灵动作

下载精灵素材，解压进入【精灵】目录，可以看到很多文件夹，如图 9-51 所示。

图 9-51　精灵文件夹

在如鹏游戏引擎中，所谓的精灵元素指的就是这些文件夹，如 coin 文件夹代表 coin 精灵元素；boy 文件夹代表 boy 精灵元素。

以 boy 精灵为例，双击进入【boy】文件夹，会看到很多二级文件夹，如图 9-52 所示。

图 9-52　精灵动作文件夹

在如鹏游戏引擎中，所谓的精灵动作指的就是这些文件夹。如 fly 文件夹代表 boy 精灵的 fly 动作；jump 文件夹代表 boy 精灵的 jump 动作。

需要注意的是，一个精灵文件夹下会存在多个动作文件夹，也就意味着一个精灵元素会对应多个动作元素。以 boy 精灵为例，该精灵与它的动作元素对应关系如图 9-53 所示。

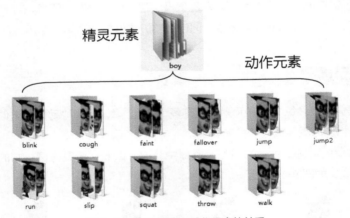

图 9-53　精灵元素和动作元素的关系

9.4.2　精灵文件夹存放位置

在游戏程序中，要想创建精灵元素，必须提前将图 9-51 中的精灵文件夹复制到当前项目下的【Sprites】文件夹中，如图 9-54 所示。

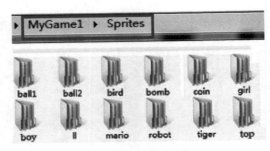

图 9-54　精灵文件夹

注意： 上述步骤非常重要，如果没有复制，后续如鹏游戏引擎将无法创建精灵元素。

9.4.3 createSprite 创建精灵函数

【函数原型】

```
void createSprite(int num, char* spriteName)
```

【形参列表】

num：创建的精灵元素编号；

spriteName：精灵名称。

【函数功能】

创建精灵元素。

注意： 精灵名称必须和当前项目的【Sprites】文件夹下精灵文件夹的名称相同。

【示例 9-22】createSprite 函数的应用。

```
01 #include <stdlib.h>
02 #include <yzkgame.h>
03 #include <stdio.h>
04 #pragma comment(linker,"/subsystem:\"console\" /entry:\"mainCRTStartup\"")
05 #pragma comment(lib, "YZKGame.lib")
06 void gameMain(void)
07 {
08  setGameSize(300,300);
09  createSprite(0,"boy");                // 创建编号为 0 的精灵 "boy"
10  pauseGame(10000);
11 }
12 int main(void)
13 {
14  rpInit(gameMain);
15  return 0;
16 }
```

运行结果如图 9-55 所示。

【程序分析】

1. 第 9 行，调用 createSprite 函数，第一个参数传入 0，第二个参数传入精灵文件夹的全名 "boy"。表示创建编号为 0 的精灵 boy。

2. 如果没有弹出报错信息，就说明精灵创建成功，但是为什么在窗口中没有显示呢？那是因为缺少了一步操作，播放精灵动作，下一节将介绍。

精灵元素与图片元素、文本元素一样，在游戏窗口中也可以创建多个，并且精灵元素可能会重复。为了准确操作某个精灵元素，在程序中创建精灵元素时必须为其指定唯一的编号，后续操作精灵元素时也必须先指定精灵编号。

图 9-55　运行结果

9.4.4 playSpriteAnimate 播放精灵动作函数

【函数原型】

```
void playSpriteAnimate(int num,char* animateName)
```

【形参列表】

num：精灵编号；

animateName：精灵要播放的动作名称。

【函数功能】

设置指定编号精灵播放指定的动作。

说明：动作名称必须和精灵文件夹下的动作文件夹名称相同。

【示例 9-23】playSpriteAnimate 函数的应用。

```
01 #include <stdlib.h>
02 #include <yzkgame.h>
03 #include <stdio.h>
04 #pragma comment(linker,"/subsystem:\"console\" /entry:\"mainCRTStartup\"")
05 #pragma comment(lib, "YZKGame.lib")
06 void gameMain(void)
07 {
08  setGameSize(200,200);
09  createSprite(0,"boy");             // 创建编号为 0 的精灵"boy"
10  playSpriteAnimate(0,"walk");       // 设置 0 号精灵播放"walk"动作
11  pauseGame(10000);
12 }
13 int main(void)
14 {
15  rpInit(gameMain);
16  return 0;
17 }
```

运行结果如图 9-56 所示。

【程序分析】

1. 第 9 行，创建 0 号精灵 boy。

2. 第 10 行，调用 playSpriteAnimate 函数，第一个参数传入 0，第二个参数传入动作文件夹的名称"walk"。表示设置 0 号精灵播放"walk"动作。

3. 精灵名与精灵文件夹、精灵动作与精灵动作文件夹之间的对应关系如图 9-57 所示。

图 9-56　运行结果

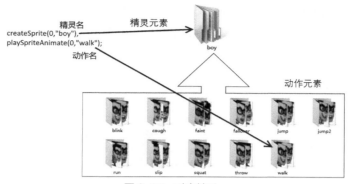

图 9-57　对应关系

9.4.5　setSpritePosition 设置精灵显示位置函数

【函数原型】

```
void setSpritePosition(int num, int x,int y)
```

【形参列表】

num：被设置精灵编号；

x：设置精灵 x 坐标；

y：设置精灵 y 坐标。

【函数功能】

设置指定编号精灵的显示位置。

【示例 9-24】setSpritePosition 函数的应用。

```
01 #include <stdlib.h>
02 #include <yzkgame.h>
03 #include <stdio.h>
04 #pragma comment(linker,"/subsystem:\"console\" /entry:\"mainCRTStartup\"")
05 #pragma comment(lib, "YZKGame.lib")
06 void gameMain(void)
07 {
08  setGameSize(200,200);
09  createSprite(0,"boy");              // 创建编号为 0 精灵 "boy"
10  playSpriteAnimate(0,"walk");        // 设置 0 号精灵播放 "walk" 动作
11  setSpritePosition(0,100,100);       // 设置 0 号精灵显示在 (100,100) 位置
12  pauseGame(10000);
13 }
14 int main(void)
15 {
16  rpInit(gameMain);
17  return 0;
18 }
```

运行结果如图 9-58 所示。

【程序分析】

1. 第 9 行，创建 0 号精灵 boy。

2. 第 10 行，设置 0 号精灵播放 "walk" 动作。

图 9-58　运行结果

3. 第 11 行，调用 setSpritePosition 函数，第一个参数传入 0，第二个参数传入 100，第三个参数传入 100。表示将编号为 0 的精灵显示在游戏窗口（100,100）位置处。需要注意的是：精灵元素的显示位置就是精灵元素左下角的坐标，如图 9-59 所示。

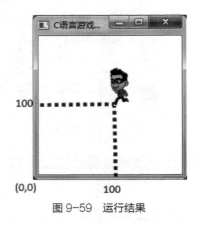

图 9-59　运行结果

9.4.6　hideSprite 隐藏精灵函数

【函数原型】

```
void hideSprite(int num)
```

【形参列表】

num：被隐藏精灵的编号。

【函数功能】

隐藏指定编号的精灵元素。

【示例 9-25】hideSprite 函数的应用。

```
01 #include <stdlib.h>
02 #include <yzkgame.h>
03 #include <stdio.h>
04 #pragma comment(linker,"/subsystem:\"console\" /entry:\"mainCRTStartup\"")
05 #pragma comment(lib, "YZKGame.lib")
06 void gameMain(void)
07 {
08   setGameSize(200,200);
09   createSprite(0,"boy");               // 创建编号为 0 的精灵 "boy"
10   playSpriteAnimate(0,"walk");         // 设置 0 号精灵播放 "walk" 动作
11   setSpritePosition(0,100,100);        // 设置 0 号精灵显示在 (100,100) 位置
12   pauseGame(1000);                     // 暂停 1 秒
13   hideSprite(0);                       // 隐藏 0 号精灵
14   pauseGame(10000);
15 }
16 int main(void)
17 {
18   rpInit(gameMain);
19   return 0;
20 }
```

运行结果如图 9-60 所示。

图 9-60　运行结果

【程序分析】

1. 第 9 行，创建 0 号精灵 boy。

2. 第 10 行，设置 0 号精灵播放 "walk" 动作。

3. 第 11 行，将 0 号精灵显示在游戏窗口（100,100）位置处。

4. 第 12 行，游戏暂停 1 秒。

5. 第 13 行，调用 hideSprite 函数，参数传入 0，表示隐藏编号为 0 的精灵元素。

9.4.7　showSprite 显示精灵函数

【函数原型】

```
void showSprite(int spriteNum)
```

【形参列表】

spriteNum：指定显示的精灵编号。

【函数功能】

显示指定编号的精灵。

【示例 9-26】showSprite 函数的应用。

```
01 #include <stdlib.h>
02 #include <yzkgame.h>
03 #include <stdio.h>
04 #pragma comment(linker,"/subsystem:\"console\" /entry:\"mainCRTStartup\"")
05 #pragma comment(lib, "YZKGame.lib")
06 void gameMain(void)
07 {
08  setGameSize(200,200);
09  createSprite(0,"boy");            // 创建编号为 0 的精灵 "boy"
10  playSpriteAnimate(0,"walk");      // 设置 0 号精灵播放 "walk" 动作
11  setSpritePosition(0,100,100);     // 设置 0 号精灵显示在 (100,100) 位置
12  hideSprite(0);                    // 隐藏 0 号精灵
13  pauseGame(1000);                  // 暂停 1 秒
14  showSprite(0);                    // 显示 0 号精灵
15  pauseGame(10000);
16 }
17 int   main(void)
18 {
```

```
19  rpInit(gameMain);
20  return 0;
21 }
```

运行结果如图 9-61 所示。

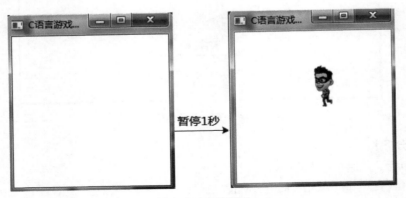

图 9-61　运行结果

【程序分析】

1. 第 9 行，创建 0 号精灵 boy。

2. 第 10 行，设置 0 号精灵播放 "walk" 动作。

3. 第 11 行，将 0 号精灵显示在游戏窗口（100,100）位置处。

4. 第 12 行，隐藏 0 号精灵。

5. 第 13 行，游戏暂停 1 秒。

6. 第 14 行，调用 showSprite 函数，传入 0。表示显示编号为 0 的精灵元素。

9.4.8　setSpriteFlipX 精灵在 x 轴翻转函数

【函数原型】

```
void setSpriteFlipX(int num, BOOL isFlipX);
```

【形参列表】

num：翻转精灵的编号；

isFlipX：是否翻转。

【函数功能】

设置指定编号的精灵在 x 轴翻转。

说明：BOOL 是如鹏游戏引擎自定义数据类型，该类型只有两种取值：

TRUE 为 "真"，表示翻转；

FALSE 为 "假"，表示不翻转。

【示例 9-27】setSpriteFlipX 函数的应用。

```
01 #include <stdlib.h>
02 #include <yzkgame.h>
03 #include <stdio.h>
```

```
04 #pragma comment(linker,"/subsystem:\"console\"/entry:\"mainCRTStartup\"")
05 #pragma comment(lib, "YZKGame.lib")
06 void gameMain(void)
07 {
08  setGameSize(200,200);
09  createSprite(0,"boy");
10  playSpriteAnimate(0,"walk");
11  setSpritePosition(0,100,100);
12  pauseGame(1000);
13  setSpriteFlipX(0,TRUE);                    // 在 x 轴翻转精灵
14  pauseGame(10000);
15 }
16 int main(void)
17 {
18  rpInit(gameMain);
19  return 0;
20 }
```

运行结果如图 9-62 所示。

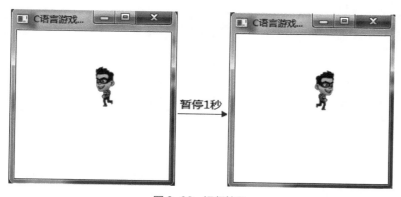

图 9-62　运行结果

【程序分析】

1. 第 9 行，创建 0 号精灵 boy。

2. 第 10 行，设置 0 号精灵播放 "walk" 动作。

3. 第 11 行，将 0 号精灵显示在游戏窗口（100,100）位置处。

4. 第 12 行，游戏暂停 1 秒。

5. 第 13 行，调用 setSpriteFlipX 函数，第一个参数传入 0，第二个参数传入 TRUE。表示将编号为 0 的精灵在 x 轴翻转。

说明： 执行 setSpriteFlipX(0,TRUE) 会让精灵在 x 轴上翻转一次，如果想要再翻转回来，只需将第二个参数改为 FALSE 即可，例如，setSpriteFlipX(0, FALSE)。

9.4.9　setSpriteFlipY 精灵在 y 轴翻转函数

【函数原型】

```
void setSpriteFlipY(int num, BOOL isFlipY);
```

【形参列表】

num：被翻转精灵编号；

isFlipY：是否翻转：TRUE 表示翻转，FALSE 表示不翻转。

【函数功能】

设置指定编号的精灵在 y 轴翻转。

【示例 9-28】setSpriteFlipY 函数的应用。

```
01 #include <stdlib.h>
02 #include <yzkgame.h>
03 #include <stdio.h>
04 #pragma comment(linker,"/subsystem:\"console\"/entry:\"mainCRTStartup\"")
05 #pragma comment(lib, "YZKGame.lib")
06 void gameMain(void)
07 {
08  setGameSize(200,200);
09  createSprite(0,"boy");
10  playSpriteAnimate(0,"walk");
11  setSpritePosition(0,100,100);
12  pauseGame(1000);
13  setSpriteFlipY(0,TRUE);                    // 在 y 轴翻转精灵
14  pauseGame(10000);
15 }
16 int main(void)
17 {
18  rpInit(gameMain);
19  return 0;
20 }
```

运行结果如图 9-63 所示。

图 9-63 运行结果

【程序分析】

1. 第 9 行，创建 0 号精灵 boy。

2. 第 10 行，设置 0 号精灵播放 "walk" 动作。

3. 第 11 行，将 0 号精灵显示在游戏窗口（100,100）位置处。

4. 第 12 行，游戏暂停 1 秒。

5. 第 13 行，调用 setSpriteFlipY 函数，第一个参数传入 0，第二个参数传入 TRUE。表示将编号为 0 的精灵在 y 轴翻转。

说明： 执行 setSpriteFlipY(0,TRUE) 会让精灵在 y 轴上翻转一次，如果想要再翻转回来，只需将第二个参数改为 FALSE 即可，例如，setSpriteFlipY(0,FALSE)。

9.4.10 getSpriteHeight 获取精灵高度函数

【函数原型】

```
int getSpriteHeight (int num);
```

【形参列表】

num：精灵编号。

【函数功能】

获取指定编号精灵的高度。

【返回值】

返回指定编号精灵的高度。

【示例 9-29】getSpriteHeight 函数的应用。

```
01 #include <stdlib.h>
02 #include <yzkgame.h>
03 #include <stdio.h>
04 #pragma comment(linker,"/subsystem:\"console\"/entry:\"mainCRTStartup\"")
05 #pragma comment(lib, "YZKGame.lib")
06 void gameMain(void)
07 {
08  int spriteHeight=0;              // 保存精灵高度
09  setGameSize(200,200);
10  createSprite(0,"boy");
11  playSpriteAnimate(0,"walk");
12  setSpritePosition(0,100,100);
13  pauseGame(100);                 // 暂停 100 毫秒，等待精灵加载
14  spriteHeight=getSpriteHeight(0); // 获取精灵高度
15  printf("%d",spriteHeight);
16  pauseGame(10000);
17 }
18 int main(void)
19 {
20  rpInit(gameMain);
21  return 0;
22 }
```

运行结果如图 9-64 所示。

47

图 9-64　运行结果

【程序分析】

1. 第 8 行，定义变量 spriteHeight，用于接收精灵高度。

2. 第 10~12 行，创建精灵、设置精灵显示位置、设置精灵播放动作。

3. 第 13 行，程序暂停 100 毫秒，等待精灵加载完毕。

4. 第 14 行，调用 spriteHeight 函数，获取 0 号精灵的高度，然后赋值给变量 spriteHeight。

5. 第 15 行，输出精灵的高度值 47。

注意： 由于精灵元素本质上是由多张图片组成，加载到游戏窗口中需要一定的时间。如果创建完精灵后，立刻获取精灵高度是获取不到的。因此需要暂停一定的时间，等待精灵加载完成后再获取。所以，第 13 行代码不能省略。

9.4.11　getSpriteWidth 获取精灵宽度函数

【函数原型】

```
int getSpriteWidth (int num);
```

【形参列表】

num：精灵编号。

【函数功能】

获取指定编号精灵的宽度。

【返回值】

返回指定编号精灵的宽度。

【示例 9-30】getSpriteWidth 函数的应用。

```
01 #include <stdlib.h>
02 #include <yzkgame.h>
03 #include <stdio.h>
04 #pragma comment(linker,"/subsystem:\"console\"/entry:\"mainCRTStartup\"")
05 #pragma comment(lib, "YZKGame.lib")
06 void gameMain(void)
07 {
08  int spriteWidth=0;                   // 保存精灵宽度
09  setGameSize(200,200);
10  createSprite(0,"boy");
11  playSpriteAnimate(0,"walk");
12  setSpritePosition(0,100,100);
13  pauseGame(100);                      // 暂停 100 毫秒，等待精灵加载
14  spriteWidth= getSpriteWidth(0);      // 获取精灵宽度
15  printf("%d", spriteWidth);
16  pauseGame(10000);
17 }
18 int main(void)
19 {
20  rpInit(gameMain);
21  return 0;
22 }
```

运行结果如图 9-65 所示。

31

图 9-65　运行结果

【程序分析】

1. 第 8 行，定义变量 spriteWidth 用于接收精灵宽度。

2. 第 10~12 行，创建精灵、设置精灵显示位置、设置精灵播放动作。

3. 第 13 行，程序暂停 100 毫秒，等待精灵加载完毕。

4. 第 14 行，调用 getSpriteWidth 函数，获取 0 号精灵的宽度，然后赋值给变量 spriteWidth。

5. 第 15 行，输出精灵的宽度值 31。

注意: 和获取精灵高度程序原理相同，获取精灵宽度，也需要等待精灵加载完成。因此，第 13 行代码也是不能省略。

9.4.12 精灵案例——精灵切换动作

【案例要求】

创建精灵 boy，使其每隔 3 秒切换一次动作，一共切换 3 次，动作分别为 "walk、jump、fly"，显示位置为（100,100）。

【案例分析】

1. 间隔时间调用 pauseGame 函数，传入 3000，表示程序暂停 3 秒。
2. 切换动作调用 playSpriteAnimate 函数，传入动作名称，表示精灵播放指定动作。

【示例 9-31】精灵切换动作实现代码如下。

```c
01 #include <yzkgame.h>
02 #include <stdio.h>
03 #pragma comment(linker, "/subsystem:\"console\"/entry:\"mainCRTStartup\"")
04 #pragma comment(lib, "YZKGame.lib")
05 void gameMain(void)
06 {
07     int spriteNum=0;                          // 设置精灵编号
08     setGameSize(200,200);
09     createSprite(spriteNum,"boy");            // 创建 boy 精灵
10     setSpritePosition(spriteNum,100,100);     // 设置精灵显示位置
11     playSpriteAnimate(spriteNum,"walk");      // 播放 walk 动作
12     pauseGame(3000);
13     playSpriteAnimate(spriteNum,"jump");      // 播放 jump 动作
14     pauseGame(3000);
15     playSpriteAnimate(spriteNum,"fly");       // 播放 fly 动作
16     pauseGame(10000);
17 }
18 int main(void)
19 {
20     rpInit(gameMain);
21     return 0;
22 }
```

运行结果如图 9-66 所示。

图 9-66　运行结果

【程序分析】

1. 第 9 行，创建 boy 精灵。

2. 第 10 行，设置精灵显示位置为（100,100）。

3. 第 11 行，设置精灵播放"walk"动作。

4. 第 12~13 行，程序暂停 3 秒钟，然后播放"jump"动作。

5. 第 14~15 行，程序暂停 3 秒钟，然后播放"fly"动作。

9.4.13　精灵案例——精灵向右移动

【案例要求】

创建精灵 boy，初始显示位置为（100,100）。每隔 1 秒，向右移动 10 像素，一共移动 5 次。

【案例分析】

1. 间隔 1 秒调用 pauseGame 函数，传入 1000 即可。

2. 向右移动 10 像素，表示精灵 y 坐标不变，x 坐标增加 10，实现代码如下。

```
x=x+10;
setSpritePosition(spriteNum,x,y);
```

3. 精灵移动 5 次，可以采用 for 循环实现，实现代码如下。

```
for(i=0;i<5;i++)
{
    x=x+10;
    setSpritePosition(spriteNum,x,y);
}
```

【示例 9-32】精灵向右移动实现代码如下。

```
01 #include <yzkgame.h>
02 #include <stdio.h>
03 #pragma comment(linker,"/subsystem:\"console\" /entry:\"mainCRTStartup\"")
04 #pragma comment(lib, "YZKGame.lib")
05 void gameMain(void)
06 {
07   int spriteNum=0;                              // 设置精灵编号
08   int x=100;                                    // 设置精灵 x 坐标，初值为 100
09   int y=100;                                    // 设直精灵 y 坐标，初值为 100
10   int I;
11   setGameSize(200,200);
12   createSprite(spriteNum,"boy");
13   playSpriteAnimate(spriteNum,"walk");
14   setSpritePosition(spriteNum,x,y);
15   setSpriteFlipX(spriteNum,TRUE);               // 设置精灵在 x 轴翻转
16   for (i=0;i<5;i++)                             // 循环移动 5 次
17   {
18       x=x+10;                                   //x 坐标增加 10 像素
19       setSpritePosition(spriteNum,x,y);         // 设置显示位置
20       pauseGame(1000);                          // 暂停 1 秒
21   }
22   pauseGame(10000);
23 }
24 int main(void)
```

```
25 {
26   rpInit(gameMain);
27   return 0;
28 }
```

运行结果如图 9-67 所示。

图 9-67　运行结果

【程序分析】

1. 第 8、9 行，定义变量 x、y，并分别初始化为 100，表示精灵初始坐标（100,100）。

2. 第 15 行，由于精灵默认面朝左，为了显示效果，调用 setSpriteFlipX 函数，将精灵在 x 轴上翻转。

3. 第 16 行，循环控制精灵移动 5 次。

4. 第 18 行，精灵 x 坐标加 10。

5. 第 19 行，设置精灵坐标改变之后的位置。

6. 第 20 行，每次循环结束时，程序暂停 1 秒钟。

9.4.14　精灵案例——精灵向右上方移动

【案例要求】

创建精灵 boy，初始显示位置（0,0）。每隔 1 秒，向右上方移动 10 像素，一共移动 10 次。

【案例分析】

1. 间隔 1 秒调用 pauseGame 函数，传入 1000 即可。

2. 向右上方移动 10 像素。表示精灵 x,y 坐标都增加 10，实现代码如下。

```
x=x+10;               //x 坐标增加 10
y=y+10;               //y 坐标增加 10
setSpritePosition(spriteNum,x,y);
```

3. 移动 10 次，可以采用 for 循环实现，实现代码如下。

```
for(i=0;i<10;i++)
{
    x=x+10;
    y=y+10;
    setSpritePosition(spriteNum,x,y);
}
```

【示例 9-33】精灵向右上方实现代码如下。

```
01 #include <yzkgame.h>
02 #include <stdio.h>
03 #pragma comment(linker,"/subsystem:\"console\" /entry:\"mainCRTStartup\"")
04 #pragma comment(lib, "YZKGame.lib")
05 void gameMain(void)
06 {
07   int spriteNum=0;
08   int x=0;                              // 设置精灵 x 坐标，初值为 0
09   int y=0;                              // 设置精灵 y 坐标，初值为 0
10   int I;
11   setGameSize(200,200);
12   createSprite(spriteNum,"boy");
13   playSpriteAnimate(spriteNum,"walk");
14   setSpritePosition(spriteNum,x,y);
15   setSpriteFlipX(spriteNum,TRUE);       // 在 x 轴翻转
16   for (i=0;i<10;i++)
17   {
18       x=x+10;                           // 精灵 x 坐标加 10
19       y=y+10;                           // 精灵 y 坐标加 10
20       setSpritePosition(spriteNum,x,y);
21       pauseGame(1000);
22   }
23   pauseGame(10000);
24 }
25 int main(void)
26 {
27   rpInit(gameMain);
28   return 0;
29 }
```

运行结果如图 9-68 所示。

图 9-68　运行结果

【程序分析】

1. 第 8、9 行，定义变量 x、y，并分别初始化为 0，表示精灵初始坐标（0,0）。

2. 第 15 行，由于精灵默认面朝左，为了显示效果，调用 setSpriteFlipX 函数，将精灵在 x 轴上翻转。

3. 第 16 行，循环控制精灵移动 10 次。

4. 第 18~19 行，每次循环，精灵 x、y 坐标都增加 10。

5. 第 20 行，设置精灵坐标改变之后的位置。

6. 第 21 行，每次循环结束时，程序暂停 1 秒。

9.5 课后习题

1. 如鹏游戏引擎中，如果没有设置游戏元素的显示位置，元素会默认显示在什么位置？

2. 如鹏游戏引擎支持的图片格式有哪些？

3. 图片元素应该存放在当前项目的哪个文件夹下？

4. 精灵元素应该存放在当前项目的哪个文件夹下？

5. 以下程序中，boy 精灵是否会正常显示？如果不会请说明理由。

```
#include <stdlib.h>
#include <yzkgame.h>
#include <stdio.h>
#pragma comment(linker,"/subsystem:\"console\" /entry:\"mainCRTStartup\"")
#pragma comment(lib, "YZKGame.lib"void gameMain(void)·
{
    setGameSize(200,200);
    createSprite(0,"boy");
    pauseGame(10000);
}
int main(void)
{
    rpInit(gameMain);
    return 0;
}
```

9.6 习题答案

1. 默认显示在游戏窗口左下角。

2. 只支持 png 格式图片。

3. 默认保存在当前项目的【Images】目录下。

4. 默认保存在当前项目的【Sprites】目录下。

5. 无法正常显示。因为在如鹏游戏引擎中，精灵元素需要设置播放动画才能正常显示，实现代码为 playSpriteAnimate(0,"walk");。

第 10 章　游戏开发基础

本章将综合应用 C 语言语法篇与游戏开发篇的内容做大量的游戏案例，通过案例练习巩固前面所学的知识。在游戏开发过程中会使用到的知识有：变量、运算符、选择结构、循环结构、函数、以及文字、图片、精灵元素等。

由于本章综合性较高，读者在学习时可能会觉得吃力，这是由于对前面所学的知识掌握得不够熟练。因此，当学习本章中的案例时，务必要对不清楚的内容及时复习。

10.1　文本案例

本节没有过多的概念介绍，主要通过几个与文本相关的案例来深入理解文本元素的使用。

10.1.1　呼吸字体

【案例要求】

编写程序实现呼吸字体：即文本字体有规律地反复放大、缩小。

【实现效果】

如图 10-1 所示。

图 10-1　运行结果

【案例分析】

（1）呼吸字体的本质就是，反复放大、缩小文本元素。

（2）字体的放大与缩小效果可以分别使用两个循环来实现，实现代码如下所示。

字体大小递增循环：

```
for(fontSize=20 ; fontSize<40 ; fontSize++)
{
    setTextFontSize(0,fontSize);        // 设置字体大小
}
```

字体大小递减循环：

```
for(fontSize=40; fontSize>20 ; fontSize--)
{
        setTextFontSize(0,fontSize);        // 设置字体大小
}
```

（3）由于文本是反复地放大、缩小，所以将文本字体放大、缩小代码嵌套在无限循环中即可，这里采用 while(1) { …… } 作为无限循环。

【示例 10-1】呼吸字体实现代码如下。

```
01 #include<stdlib.h>
02 #include<yzkgame.h>
03 #include<stdio.h>
04 #pragma comment(linker,"/subsystem:\"console\" /entry:\"mainCRTStartup\"")
05 #pragma comment(lib, "YZKGame.lib")
06 void gameMain(void)
07 {
08  int txtNum=0;                                    // 文本编号
09  int fontSize=0;                                  // 字体大小
10  setGameSize(300,300);
11  createText(txtNum," 如鹏网 ");
12  setTextPosition(txtNum,100,100);
13  while (1)                                        // 无限循环
14  {
15      for (fontSize=20;fontSize<40;fontSize++)     // 字体递增
16      {
17              setTextFontSize(txtNum,fontSize);    // 设置字体大小
18              pauseGame(100);
19      }
20      for (fontSize=40;fontSize>20;fontSize--)     // 字体递减
21      {
22              setTextFontSize(txtNum,fontSize);    // 设置字体大小
23              pauseGame(100);
24      }
25  }
26 }
27 int main(void)
28 {
29  rpInit(gameMain);
30  return 0;
31 }
```

运行结果如图 10-1 所示。

【程序分析】

1. 第 8 行，定义变量 txtNum 并初始化为 0，表示文本编号。

2. 第 9 行，定义变量 fontSize，表示文本字体大小。

3. 第 11 行，创建编号为 txtNum，内容为"如鹏网"的文本元素。

4. 第 12 行，设置文本显示在窗口（100,100）位置。

5. 第 13 行，while(1) 是一个无限循环，在该循环中反复执行字体放大与缩小操作。

6. 第 15~19 行，在该 for 循环中设置文本字体从 20 增大到 40，为了使增大过程更清楚，

每次递增后暂停 100 毫秒。

7. 第 20~24 行，在该 for 循环中设置文本字体从 40 递减到 20，同上，每次递减后暂停 100 毫秒。

8. 因为 while(1) 是无限循环，所以第 15~19 行与第 20~24 行两个 for 循环会被反复执行，运行以后"如鹏网"文本会反复地放大、缩小，实现呼吸效果。

10.1.2 倒计时

【案例要求】

编写程序，实现 10、9、8、7……0 倒计时效果。

【实现效果】

如图 10-2 所示。

【案例分析】

1. 10、9、8、7……0 依次递减 1，使用循环结构实现较为合适。

2. 10、9、8 数字是整数，而窗口中显示的 10、9、8 等是文本，需要调用 sprintf 函数将整数转换为字符串，例如，10 → "10"。

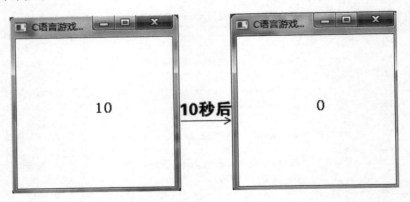

图 10-2　运行结果

【示例 10-2】倒计时实现代码如下。

```
01 #include<yzkgame.h>
02 #include<stdlib.h>
03 #include<stdio.h>
04 #pragma comment(linker,"/subsystem:\"console\" /entry:\"mainCRTStartup\"" )
05 #pragma comment(lib, "YZKGame.lib")
06 void gameMain(void)
07 {
08     int i;                              // 倒计时变量
09     int txtNum=0;                       // 计时文本编号
10     setGameSize(200,200);
11     createText(txtNum,"10");            // 创建文本，默认显示为 10
12     setTextPosition(txtNum,100,100);
13     for (i=10;i>=0;i--)                 // 倒计时计数循环
14     {
15         char str[10]={0};               // 保存转换后的字符串
```

```
16        sprintf(str,"%d",i);                  // 将整型变量 i 转换为字符串
17        setText(txtNum,str);                   // 修改计时文本
18        pauseGame(1000);                       // 暂停 1 秒
19    }
20    pauseGame(10000);
21 }
22 int main(void)
23 {
24    rpInit(gameMain);
25    return 0;
26 }
```

运行结果如图 10-2 所示。

【程序分析】

1. 第 8 行，定义变量 i，用于倒计时计数。

2. 第 9 行，定义变量 txtNum，表示倒计时文本编号。

3. 第 11 行，由于从 10 开始倒计时，所以创建文本时，初始化显示为 "10"。

4. 第 13 行，倒计时变量 i 从 10 开始，每次循环减 1，当 i 小于 0 时结束 for 循环。

5. 第 15~16 行，将倒计时变量 i 转换为字符串，保存在字符数组 str 中。

6. 第 17 行，更新游戏窗口倒计时文本。

7. 第 18 行，暂停 1 秒，实现每隔 1 秒倒计时文本更新一次的效果。

10.1.3 秒表

【案例要求】

编写代码，实现秒表功能。

【实现效果】

运行结果如图 10-3 所示。

图 10-3 中 0:03:42 表示 0 时 3 分 42 秒。

【案例分析】

1. 秒表显示可以分为 5 部分：一个小时文本，一个分钟文本，一个秒文本，两个 "："文本。

2. 5 个文本元素的 x 坐标不同，y 坐标相同。

图 10-3 运行结果

3. 计时、分、秒运行规律为，初始时显示为：00:00:00，从秒开始计数，满 60 秒后分加 1，满 60 分后时加 1，满 24 时后，显示停止。

为了降低学习难度，帮助读者更加容易地理解、实现秒表案例，本节将该案例拆分为 4 步依次实现。

（1）创建时、分、秒文本，设置显示位置。

（2）实现秒计时功能。

（3）实现分计时功能。

（4）实现时计时功能。

以下是具体的实现代码，以及运行效果。

第1步 创建时、分、秒和两个":"文本，并设置显示位置。

【示例 10-3】第 1 步代码如下。

```
01 #include<yzkgame.h>
02 #include<stdio.h>
03 #include<stdlib.h>
04 #pragma comment( linker,"/subsystem:\"console\"/entry:\"mainCRTStartup\"")
05 #pragma comment(lib, "YZKGame.lib")
06 void gameMain(void)
07 {
08     /* 定义时、分、秒和":"的编号 */
09     int shiNum=0;                    // 小时的编号
10     int num1=1;                      // 第一个":"的编号
11     int fenNum=2;                    // 分钟的编号
12     int num2=3;                      // 第二个":"的编号
13     int miaoNum=4;                   // 秒的编号
14     int y=100;                       //5 个文本的 y 坐标
15     setGameSize(200,200);
16     /* 创建时、分、秒和":"的文本 */
17     createText(shiNum,"0");
18     createText(num1,":");
19     createText(fenNum,"0");
20     createText(num2,":");
21     createText(miaoNum,"0");
22     /* 设置时、分、秒和":"文本的位置 */
23     setTextPosition(shiNum,40,y);
24     setTextPosition(num1,60,y);
25     setTextPosition(fenNum,80,y);
26     setTextPosition(num2,100,y);
27     setTextPosition(miaoNum,120,y);
28     pauseGame(10000);
29 }
30 int main(void)
31 {
32     rpInit(gameMain);
33     return 0;
34 }
```

第 1 步运行结果如图 10-4 所示。

【程序分析】

1. 第 9~13 行，定义 5 个 int 变量，分别表示时、分、秒和
":"文本元素的编号。

2. 第 14 行，设置 5 个文本元素的 y 坐标均为 100。

3. 第 15 行，设置游戏窗口宽 200 像素、高 200 像素。

4. 第 17~21 行，分别创建时、分、秒和":"文本元素。

5. 第 23~27 行，分别设置时、分、秒和":"文本的显示
位置。默认小时文本的 x 坐标为 40 像素，从左至右每个文本之
间相隔 20 像素。

图 10-4 运行结果

6. 第 28 行，程序暂停 10 秒。

第2步 实现秒计数功能。

【示例 10-4】第 2 步代码如下。

```
01 #include<yzkgame.h>
02 #include<stdio.h>
03 #include<stdlib.h>
04 #pragma comment( linker,"/subsystem:\"console\"/entry:\"mainCRTStartup\"")
05 #pragma comment(lib, "YZKGame.lib")
06 void gameMain(void)
07 {
08     /* 定义时、分、秒和 ":" 的编号 */
09     int shiNum=0;                        // 小时的编号
10     int num1=1;                          // ":" 编号
11     int fenNum=2;                        // 分钟的编号
12     int num2=3;                          // ":" 编号
13     int miaoNum=4;                       // 秒的编号
14     int y=100;                           //5 个文本的 y 坐标都为 100
15     int sec=0;                           // 秒计数
16     setGameSize(200,200);
17     /* 创建时、分、秒和 ":" 的文本 */
18     createText(shiNum,"0");
19     createText(num1,":");
20     createText(fenNum,"0");
21     createText(num2,":");
22     createText(miaoNum,"0");
23     /* 设置时、分、秒和 ":" 文本的位置 */
24     setTextPosition(shiNum,40,y);
25     setTextPosition(num1,60,y);
26     setTextPosition(fenNum,80,y);
27     setTextPosition(num2,100,y);
28     setTextPosition(miaoNum,120,y);
29     for (sec=0;sec<60;sec++)             // 秒计数递增循环
30     {
31         char strSec [5]={0};             // 保存秒转换结果
32         sprintf(strSec,"%02d",sec);      // 将整数秒 10 转换为字符串 "10"
33         setText(miaoNum, strSec);        // 更新秒
34         pauseGame(1000);                 // 暂停 1 秒
35     }
36     pauseGame(10000);
37 }
38 int main(void)
39 {
40     rpInit(gameMain);
41     return 0;
42 }
```

第 2 步运行结果如图 10-5 所示。

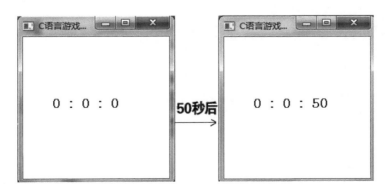

图 10-5 运行结果

【程序分析】

1. 第 2 步在第 1 步基础上，增加了秒计数功能。

2. 第 15 行，定义变量 sec，用于秒计数。

3. 第 29 行，采用 for 循环对秒进行计数，取值范围为 0~59。

4. 第 31 行，定义字符数组 strSec，由于 strSec 定义在 for 循环内部，因此每次执行循环时，strSec 都会被重新定义并初始化。

5. 第 32 行，调用 sprintf 函数，将整数秒转化为字符串秒写入变量 strSec 中。其中 "%02d" 表示显示成两位，不足两位则在十位补零，例如：1 → "01"。

6. 第 33 行，将秒更新到游戏窗口中。

7. 第 34 行，秒显示每 1 秒更新一次。

第3步 实现分、秒计数功能。

【示例 10-5】第 3 步代码如下。

```
01 #include<yzkgame.h>
02 #include<stdio.h>
03 #include<stdlib.h>
04 #pragma comment( linker,"/subsystem:\"console\"/entry:\"mainCRTStartup\"" )
05 #pragma comment(lib, "YZKGame.lib")
06 void gameMain(void)
07 {
08     /* 定义时、分、秒和 ":" 文本编号 */
09     int shiNum=0;                         // 小时的编号
10     int num1=1;                           // ":" 编号
11     int fenNum=2;                         // 分钟 ":" 编号
12     int num2=3;                           // ":" 编号
13     int miaoNum=4;                        // 秒的编号
14     int y=100;                            //5 个文本的 y 坐标都为 100
15     /* 定义时、分、秒计数变量 */
16     int sec=0;                            // 秒计数
17     int min=0;                            // 分计数
18     setGameSize(200,200);
19     /* 创建时、分、秒和 ":" 文本 */
20     createText(shiNum,"0");
21     createText(num1,":");
22     createText(fenNum,"0");
23     createText(num2,":");
24     createText(miaoNum,"0");
25     /* 设置时、分、秒和 ":" 文本位置 */
26     setTextPosition(shiNum,40,y);
27     setTextPosition(num1,60,y);
28     setTextPosition(fenNum,80,y);
29     setTextPosition(num2,100,y);
30     setTextPosition(miaoNum,120,y);
31     for (min=0;min<60;min++)              // 分计数
32     {
33         char strMin[5]={0};              // 保存分转化结果
34         sprintf(strMin,"%02d",min);      // 将整数分，转化为字符串分
35         setText(fenNum,strMin);          // 更新分
36         for (sec=0;sec<60;sec++)         // 秒计数
37         {
```

```
38            char strSec[5]={0};
39            sprintf(strSec,"%02d",sec);
40            setText(miaoNum,strSec);
41            pauseGame(1000);
42        }
43   }
44   pauseGame(10000);
45 }
46 int main(void)
47 {
48    rpInit(gameMain);
49    return 0;
50 }
```

第 3 步运行结果如图 10-6 所示。

【程序分析】

1. 第 3 步在第 2 步基础上，增加了分计数功能。

2. 第 17 行，定义变量 min，用于分计数。

3. 第 31 行，采用 for 循环对分进行计数，取值范围为 0~59。

4. 第 33~34 行，定义字符数组 str，调用 sprintf 函数，将整数分转化为字符串分。

5. 第 35 行，将分更新到游戏窗口中。

6. 需要注意的是，sec 循环嵌套在 min 循环中，这样 min 循环执行一次，内层 sec 循环执行 60 次，就实现了秒满 60 后，分加 1 的效果。

图 10-6　运行结果

第4步 实现小时计数功能。

【示例 10-6】第 4 步代码如下。

```
01 #include<yzkgame.h>
02 #include<stdio.h>
03 #include<stdlib.h>
04 #pragma comment(linker,"/subsystem:\"console\" /entry:\"mainCRTStartup\"" )
05 #pragma comment(lib, "YZKGame.lib")
06 void gameMain(void)
07 {
08    /*定义时、分、秒和":"文本编号 */
09    int shiNum=0;                    // 时的编号
10    int num1=1;                      // ":" 编号
11    int fenNum=2;                    // 分 r 编号
12    int num2=3;                      // ":" 编号
13    int miaoNum=4;                   // 秒 r 编号
14    int y=100;                       //5 个元素的 y 坐标都为 100
15    /*定义 秒计数变量 */
16    int sec;                         // 秒计数
17    int min;                         // 分计数
18    int hour;                        // 时计数
19    setGameSize(200,200);
20    /*创建时、分、秒和 ":" 文本 */
21    createText(shiNum,"0");
```

```
22        createText(num1,":");
23        createText(fenNum,"0");
24        createText(num2,":");
25        createText(miaoNum,"0");
26        /* 设置时、分、秒和 ":" 文本位置 */
27        setTextPosition(shiNum,40,y);
28        setTextPosition(num1,60,y);
29        setTextPosition(fenNum,80,y);
30        setTextPosition(num2,100,y);
31        setTextPosition(miaoNum,120,y);
32   for (hour=0;hour<24;hour++)              // 时计数
33   {
34        char strHour[5]={0};                 // 保存时转换结果
35        sprintf(strHour,"%02d",hour);        // 将整数时，转化为字符串时
36        setText(shiNum, strHour);            // 更新时
37        for (min=0;min<60;min++)
38        {
39            char strMin[5]={0};
40            sprintf(strMin,"%02d",min);
41            setText(fenNum,strMin);
42            for (sec=0;sec<60;sec++)
43            {
44                char strSec[5]={0};
45                sprintf(strSec,"%02d",sec);
46                setText(miaoNum,strSec);
47                pauseGame(1000);
48            }
49        }
50   }
51   pauseGame(10000);
52 }
53 int main(void)
54 {
55    rpInit(gameMain);
56    return 0;
57 }
```

第 4 步运行结果如图 10-7 所示。

【程序分析】

1. 第 4 步在第 3 步基础上，增加了时计数功能。

2. 第 18 行，定义变量 hour，用于时计数。

3. 第 32 行，采用 for 循环对时进行计数，取值范围为 0~23。

4. 第 34~35 行，定义字符数组 str，调用 sprintf 函数，将整数时转化为字符串时。

5. 第 36 行，将时更新到游戏窗口中。

6. 需要注意的是，这里采用了 3 层 for 循环，hour 是最外层循环，中间是 min，最里面是 sec。hour 计数加 1，min

图 10-7 运行结果

循环需要执行 60 次，sec 循环需要执行 60×60 次。这样就实现了秒满 60，分加 1，分满 60 时加 1。

10.2 精灵案例

本节主要通过 11 个与精灵相关的案例来深入讲解精灵元素的使用。

10.2.1 精灵走圈

【案例要求】

创建 boy 精灵，初始位置为（0,0），实现环绕游戏窗口移动一圈的效果，环绕轨迹为：上—右—下—左。

【案例效果】

具体移动轨迹如图 10-8 所示。

图 10-8 运行结果

【案例分析】

1. 精灵环绕可以拆分为 4 个部分：向上移动、向右移动、向下移动、向左移动。

2. 精灵向上移动时，x 坐标不变，y 坐标增加。当精灵移动到窗口顶部时，停止向上移动。由于精灵 y 坐标指的是精灵左下角的坐标，所以当精灵 y 坐标加上精灵自身高度大于等于游戏窗口高度时，就认为到达游戏窗口顶部，此时停止移动。向上移动的实现代码如下。

```
for (y=0;y+getSpriteHeight(boyNum)<gameHeight;y++)        // 向上移动
{
    setSpritePosition(boyNum,x,y);
    pauseGame(10);
}
```

其中 y 表示精灵 y 坐标，getSpriteHeight(boyNum) 表示获取精灵高度，gameHeight 表示游戏窗口高度。

3. 精灵向右移动时，y 坐标不变，x 坐标增加。当精灵移动到窗口右侧时，停止向右移动。由于精灵 x 坐标指的是精灵左下角的坐标，所以当精灵 x 坐标加上精灵自身宽度大于等于游戏窗口宽度时，就认为到达游戏窗口右边界，此时停止移动。向右移动的实现代码如下。

```
for (x=0;x+getSpriteWidth(boyNum)<gameWidth;x++)         // 向右移动
{
    setSpritePosition(boyNum,x,y);
    pauseGame(10);
}
```

其中 x 表示精灵 x 坐标，getSpriteWidth(boyNum) 表示获取精灵宽度，gameWidth 表示游戏窗口宽度。

4. 精灵向下移动时，x 坐标不变，y 坐标减小。当精灵移动到窗口底部时，停止向下移动。也即当精灵 y 坐标小于等于 0 时，就认为到达游戏窗口底部，此时停止移动。向下移动的实现代码如下。

```
for (; y >0;y--)                    // 向下移动
{
```

```
        setSpritePosition(boyNum,x,y);
        pauseGame(10);
    }
```

5. 精灵向左移动时，y 坐标不变，x 坐标减小。当精灵移动到窗口左侧时，停止向左移动。也即当精灵 x 坐标小于等于 0 时，就认为到达游戏窗口左边界，此时停止移动。向左移动的实现代码如下。

```
for (; x >0;x--)                    // 向左移动
{
    setSpritePosition(boyNum,x,y);
    pauseGame(10);
}
```

【示例 10-7】精灵走圈示例代码如下。

```
01 #include<yzkgame.h>
02 #include<stdlib.h>
03 #include<stdio.h>
04 #pragma comment(linker,"/subsystem:\"console\" /entry:\"mainCRTStartup\"")
05 #pragma comment(lib, "YZKGame.lib")
06 void gameMain(void)
07 {
08     int x=0,y=0;                                    // 精灵 x,y 坐标
09     int boyNum=0;                                   // 精灵编号
10     int gameHeight=300,gameWidth=300;
11     setGameSize(gameHeight,gameWidth);             // 设置游戏窗口宽、高均为100
12     createSprite(boyNum,"boy");
13     playSpriteAnimate(boyNum,"walk");
14     for (y=0;y+getSpriteHeight(boyNum)<gameHeight;y++) // 向上移动
15     {
16         setSpritePosition(boyNum,x,y);
17         pauseGame(10);
18     }
19     setSpriteFlipX(boyNum,TRUE);                    // 在 x 轴翻转精灵
20     for (x=0;x+getSpriteWidth(boyNum)<gameWidth;x++)   // 向右移动
21     {
22         setSpritePosition(boyNum,x,y);
23         pauseGame(10);
24     }
25     for (; y >0;y--)                                // 向下移动
26     {
27         setSpritePosition(boyNum,x,y);
28         pauseGame(10);
29     }
30     setSpriteFlipX(boyNum,FALSE);                   // 取消在 x 轴翻转精灵
31     for (; x >0;x--)                                // 向左移动
32     {
33         setSpritePosition(boyNum,x,y);
34         pauseGame(10);
35     }
36     pauseGame(5000);
37 }
38 int main(void)
```

```
39 {
40   rpInit(gameMain);
41   return 0;
42 }
```

运行结果如图 10-9 所示。

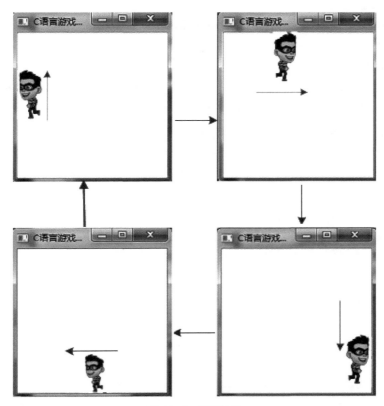

图 10-9　运行结果

【程序分析】

1. 第 8 行，定义变量 x、y 并初始化，用于表示精灵的 x、y 坐标。

2. 第 9 行，定义变量 boyNum 并初始化，表示精灵编号。

3. 第 10 行，定义变量 gameHeight、gameWidth 并初始化，表示游戏窗口的宽度、高度。

4. 第 11~13 行，设置窗口宽、高，创建 boy 精灵，播放 "walk" 动作。

5. 第 14~18 行，精灵向上移动。为了避免精灵移动过快，每移动一次暂停 10 毫秒。

6. 第 19 行，设置精灵在 x 轴翻转。由于精灵默认面朝左，导致向右移动时仿佛倒着移动。因此，在向右移动之前，先在 x 轴翻转精灵，使精灵面朝右。

7. 第 20~24 行，精灵向右移动，每移动一次暂停 10 毫秒。

8. 第 25~29 行，精灵向下移动，每移动一次暂停 10 毫秒。

9. 第 30 行，取消精灵在 x 轴翻转。由于之前将精灵在 x 轴翻转为面朝右，因此，在向左移动之前，取消在 x 轴翻转精灵，使精灵面朝左。

10. 第 31~35 行，精灵向左移动，每移动一次暂停 10 毫秒。

10.2.2 桌面弹球

【案例要求】

编写程序实现桌面弹球效果。

【案例效果】

桌面弹球效果就是小球在游戏窗口中做斜线运动，当碰到窗口边界时，发生反弹，具体可以分为以下四种情况：碰撞上边界、碰撞下边界、碰撞左边界、碰撞右边界。

【案例分析】

1. 首先小球做斜线运动，小球的 x、y 坐标都会改变。假设小球移动一次，x 坐标变化 vx 像素，y 坐标变化 vy 像素，那么小球坐标的计算公式为。

```
x=x+vx;              // 计算 x 坐标
y=y+vy;              // 计算 y 坐标
```

需要注意的是这里的 vx 和 vy 是有正负之分的，下面分四种情况讨论。

2. 第一种情况：小球碰撞上边界，运动轨迹如图 10-10 所示。

碰撞前，小球向右上方向运动，移动一次，x 坐标增加 vx，y 坐标增加 vy。

碰撞后，小球向右下方向运动，移动一次，x 坐标增加 vx，y 坐标减小 vy。

可以得出结论，碰撞上边界前后，vx 不变，vy 取反，实现代码如下。

图 10-10 运行结果

```
if(y+getSpriteHeight(ball)>=gameHeight)
{
    vy=-vy;              //vy 取反
}
```

其中，如果 y+getSpriteHeight(ball)>=gameHeight 为 "真"，表示小球 y 坐标加自身高度大于等于游戏窗口高度，就代表撞上了上边界，然后 vy 取反。

3. 第二种情况：小球碰撞右边界，运动轨迹如图 10-11 所示。

碰撞前，小球向右下方向运动，移动一次，x 坐标增加 vx，y 坐标减小 vy。

碰撞后，小球向左下方向运动，移动一次，x 坐标减小 vx，y 坐标减小 vy。

可以得出结论，碰撞右边界前后，vx 取反，vy 不变，实现代码如下。

图 10-11 运行结果

```
if(x +getSpriteWidth(ball) >=gameWidth)
```

```
        {
            vx=-vx;           //vx 取反
        }
```

其中，如果 x+getSpriteHeight(ball)>=gameHeight 为"真"，表示小球 x 坐标加上自身宽度大于等于游戏窗口宽度，就代表撞上了右边界，然后 vx 取反。

4. 第三种情况：小球碰撞下边界，运动轨迹如图 10-12 所示。

碰撞前，小球向左下方向运动，移动一次，x 坐标减小 vx，y 坐标减小 vy。

碰撞后，小球向左上方向运动，移动一次，x 坐标减小 vx，y 坐标增加 vy。

可以得出结论，碰撞右边界前后，vx 不变，vy 取反，实现代码如下。

图 10-12　运行结果

```
    else if(y<=0)
    {
            vy=-vy;           //vy 取反
    }
```

其中，如果 y<=0 为"真"，表示小球 y 坐标小于等于 0，就代表撞上了下边界，然后 vy 取反。

5. 第四种情况：小球碰撞左边界，运动轨迹如图 10-13 所示。

碰撞前，小球向左上方向运动，移动一次，x 坐标减小 vx，y 坐标增加 vy。

碰撞后，小球向右上方向运动，移动一次，x 坐标增加 vx，y 坐标增加 vy。

可以得出结论，碰撞左边界前后，vx 取反，vy 不变，实现代码如下。

图 10-13　运行结果

```
    if(x<=0)
    {
        vx=-vx;           //vx 取反
    }
```

其中，如果 x<=0 为"真"，表示小球 x 坐标小于等于 0，就代表撞上了左边界，然后 vy 取反。

【示例 10-8】桌面弹球示例代码如下。

```
01 #include<yzkgame.h>
02 #include<stdio.h>
03 #pragma comment(linker,"/subsystem:\"console\" /entry:\"mainCRTStartup\"")
04 #pragma comment(lib, "YZKGame.lib")
05 void gameMain1(void)
06 {
07      int ballNum=0;                              // 小球编号
```

```
08        int x=100,y=50;                                    // 小球初始 x、y 坐标
09        int vx= -2;                                         // 小球的 x 坐标每次移动 vx 像素
10        int vy= 2;                                          // 小球的 y 坐标每次移动 vy 像素
11        int gameWidth=200,gameHeight=200;                   // 游戏窗口宽、高
12        setGameSize(gameWidth,gameHeight);
13        createSprite(ballNum,"ball1");
14        playSpriteAnimate(ballNum,"rotate");                // 播放 "rotate" 动作
15   while(1)
16   {
17        if(x +getSpriteWidth(ballNum) >=gameWidth)          // 判断是否碰撞右边界
18        {
19            vx=-vx;                                         //vx 取反
20        }
21        else if(x<=0)                                       // 判断是否碰撞下边界
22        {
23            vx=-vx;                                         //vx 取反
24        }
25        else if(y+getSpriteHeight(ballNum)>=gameHeight)     // 判断是否碰撞上边界
26        {
27            vy=-vy;                                         //vy 取反
28        }
29        else if(y<=0)                                       // 判断是否碰撞下边界
30        {
31            vy=-vy;                                         //vy 取反
32        }
33        x=x+vx;                                             // 计算小球 x 坐标
34        y=y+vy;                                             // 计算小球 y 坐标
35        setSpritePosition(ballNum,x,y);                     // 设置小球显示位置
36        pauseGame(10);                                      // 暂停 10 毫秒
37   }
38 }
39 int main(void)
40 {
41        rpInit(gameMain1);
42        return 0;
43 }
```

运行结果如图 10-14 所示。

【程序分析】

1. 第 7 行，定义变量 ballNum，表示小球精灵编号。

2. 第 8 行，定义变量 x、y，表示小球 x、y 的初始坐标。

3. 第9行，定义变量 vx，表示小球 x 坐标每次移动 vx 像素。

4. 第10行，定义变量 vy，表示小球 y 坐标每次移动 vx 像素。

5. 第 11 行，定义变量 gameWidth、gameHeight 表示游戏窗口宽、高。

6. 第 12~14 行，分别设置游戏窗口宽、高，创建小球精灵 "ball1"，设置小球播放 "rotate" 动作。

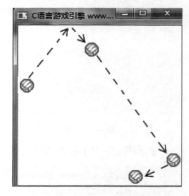

图 10-14 运行结果

7. 第 15 行，while(1) 是无限循环，将控制小球移动代码放置在无限循环中，表示小球运动不会自动停止，除非手动强制关闭。

8. 第 17~32 行，采用 if…else if 多分支语句判断小球是否与游戏边界发生碰撞，当碰撞某

个边界时 *vx* 或 *vy* 取反。

9. 第 33~34 行，计算小球每次移动后的 *x*、*y* 坐标，并将新的坐标值赋值给 *x*、*y* 变量。

10. 第 35 行，设置小球在游戏窗口中显示的位置。

11. 第 36 行，为了避免小球移动过快，每次移动后暂停 10 毫秒。

10.3 课后习题

1．设置文本"rupeng"从（0,0）位置开始向游戏窗口右上角移动。

2．设置精灵 boy，使其从左边界移动到右边界，然后从右边界再移动到左边界，做往返运动。

10.4 习题答案

1.

```
#include <stdlib.h>
#include <yzkgame.h>
#include <stdio.h>
#pragma comment(linker,"/subsystem:\"console\" /entry:\"mainCRTStartup
\"")
#pragma comment(lib, "YZKGame.lib")
void gameMain(void)
{
    int x=0;
    int y=0;
    int i=0;
    setGameSize(300,300);
    createText(0,"rupeng");
    for (i=0;i<300;i++)
    {
        setTextPosition(0,x,y);
        x++;
        y++;
        pauseGame(200);
    }
}
int main(void)
{
    rpInit(gameMain);
    return 0;
}
```

2.

```
#include <yzkgame.h>
#include <stdio.h>
#pragma comment( linker, "/subsystem:\"windows\" /entry:\"mainCRTStartup
\"" )
```

```c
#pragma comment(lib, "YZKGame.lib")
void gameMain(void)
{
    int spriteX=0;
    int boyWidth=0;
    setGameSize(300,300);
    createSprite(0,"boy");
    setSpritePosition(0,0,100);
    playSpriteAnimate(0,"walk");
    while(1)
    {
        boyWidth=getSpriteWidth(0);
        setSpriteFlipX(0,TRUE);
        for (spriteX= 0; spriteX < 300-boyWidth; spriteX++)
        {
                setSpritePosition(0,spriteX,100);
                pauseGame(10);
        }
        setSpriteFlipX(0,FALSE);
        for (spriteX= 300-boyWidth; spriteX >boyWidth; spriteX--)
        {
                setSpritePosition(0,spriteX,100);
                pauseGame(10);
        }
    }
}
int main(void)
{
    rpInit(gameMain);
    return 0;
}
```

第 11 章　游戏开发高级

本章属于游戏开发的高级部分，和前面的基础部分相比，主要增加了用户与游戏的交互功能，用户可以通过按键操作游戏元素，例如，用按键控制精灵的移动。为了实现这些高级功能，我们首先要学习获取键盘输入、随机数等基础知识。

11.1　键盘输入功能

在前面几章中，所有的游戏程序都是按照提前写好的逻辑从头执行到尾，中间没有任何外界干预，就像播放动画片一样。但是玩过游戏的读者都了解，游戏一般都是由用户进行操控的，如按下左键，精灵向左移动；按下右键，精灵向右移动等。

要实现这类游戏功能，需要在游戏运行期间获取用户按键，然后根据用户的按键输入做出判断，进而操作游戏元素。

如鹏游戏引擎提供了 getPressedKeyCode() 函数，该函数的返回值即为用户的按键值。在游戏程序中调用该函数就可以获取用户按键的键值，然后通过判断键值得知用户按下了哪个按键。

11.1.1　getPressedKeyCode 获取按键函数

【函数原型】

```
int getPressedKeyCode();
```

【头文件】

```
#include<yzkgame.h>
```

【形参列表】

无。

【返回值】

int 表示该函数返回整数类型数据，返回 0 表示没有按键按下，非 0 表示有按键按下。

【函数功能】

获取用户按键值。

为了增加程序的可读性，如鹏游戏引擎中预先定义好了一些类似于变量的值，来代替键盘上按键所对应的值，例如：

```
#define  RP_KEY_UP       101        // 上键对应键值为 101
#define  RP_KEY_DOWN     103        // 下键对应键值为 103
#define  RP_KEY_LEFT     100        // 左键对应键值为 100
#define  RP_KEY_RIGHT    102        // 右键对应键值为 102
```

在程序中，直接使用 RP_KEY_UP、RP_KEY_DOWN 等，就可以替换 101、103 等键值。

下面通过例子来了解 getPressedKeyCode 函数的使用。

【示例 11-1】getPressedKeyCode 函数的应用。

```
01 #include<yzkgame.h>
02 #include<stdio.h>
03 #include<stdlib.h>
04 #pragma comment(linker,"/subsystem:\"console\" /entry:\"mainCRTStartup\"")
05 #pragma comment(lib,"YZKGame.lib")
06 void gameMain(void)
07 {
08     int key=0;
09     setGameSize(300,300);
10     while(1)
11     {
12         key=getPressedKeyCode();            // 获取用户按键值
13         if(RP_KEY_UP==key)                  // 判断上键是否按下
14         {
15             printf(" 上键, %d\n",key);
16         }
17         else if(RP_KEY_DOWN==key)           // 判断下键是否按下
18         {
19             printf(" 下键, %d\n",key);
20         }
21         else if(RP_KEY_LEFT==key)           // 判断左键是否按下
22         {
23             printf(" 左键, %d\n",key);
24         }
25         else if(RP_KEY_RIGHT==key)          // 判断右键是否按下
26         {
27             printf(" 右键, %d\n",key);
28         }
29         pauseGame(100);                     // 暂停 100 毫秒
30     }
31 }
32 int main(void)
33 {
34     rpInit(gameMain);
35     return 0;
36 }
```

运行结果如图 11-1 所示。

图 11-1　运行结果

注意： 程序运行以后需要先单击一下游戏窗口，然后再按上、下、左、右键就会在控制台窗口中打印输出信息。

【程序分析】

1. 第 8 行，定义变量 key，用于接收用户按键值。

2. 第 9 行，while(1) 是一个无限循环，表示不间断读取用户按键值。

3. 第 12 行，调用 getPressedKeyCode 函数获取用户按键值，然后赋值给变量 key。

4. 第 13~16 行，先执行判断 RP_KEY_UP==key，如果为"真"表示按下上键，则执行 if 语句块输出上键对应的键值，否则执行后面的 else if 语句继续做判断。

5. 第 17~28 行，分别将 key 与其他 3 个键值作比较，如果相等就输出对应的键值信息。

6. 第 29 行，为了避免执行过快，每次循环后暂停 100 毫秒。

注意： getPressedKeyCode( ) 函数只是读取一次当前用户按下哪个按键，并不会像 getchar( ) 函数一样等待用户输入。如果没有按键按下，该函数就会返回 0，如果用户在执行上面的程序时按住上键不放，会发现运行结果连续地打印出"上键"。

11.1.2 案例——按键控制精灵移动

【案例要求】

编写程序，控制精灵可以在游戏窗口中上、下、左、右移动。

【案例分析】

1. 精灵移动的本质就是精灵的 x、y 坐标发生变化，例如，当用户按上键时，精灵 x 坐标不变，y 坐标加 1，然后将改变之后的 (x,y) 坐标重新赋值，精灵就可以向上移动。实现代码如下。

```
if(RP_KEY_UP==key)                      // 判断上键是否按下
{
    y++;                                //y 坐标加 1
    setSpritePosition(boy,x,y); // 设置精灵显示位置
}
```

2. 当用户按下键时，精灵 x 坐标不变，y 坐标减 1，实现代码如下。

```
else if(RP_KEY_DOWN==key)               // 判断下键是否按下
{
    y--;                                //y 坐标减 1
    setSpritePosition(boy,x,y);
}
```

3. 当用户按左键时，精灵 x 坐标减 1，y 坐标不变，实现代码如下。

```
else if(RP_KEY_LEFT==key)               // 判断左键是否按下
{
    x--;                                //x 轴坐标减 1
    setSpriteFlipX(boy,FALSE);  // 取消精灵在 x 轴翻转
    setSpritePosition(boy,x,y);
}
```

为了避免精灵倒着向左移动，取消精灵在 x 轴翻转。

4. 当用户按右键时，精灵 x 坐标加 1，y 坐标不变，实现代码如下。

```
else if(RP_KEY_RIGHT==key)              // 判断右键是否按下
{
    x++;                                //x 轴坐标加 1
    setSpriteFlipX(boy,TRUE);
    setSpritePosition(boy,x,y); // 设置精灵在 x 轴翻转
}
```

为了避免精灵倒着向右移动，设置精灵在 x 轴翻转。

【示例 11-2】按键控制精灵移动示例代码如下。

```
01 #include<yzkgame.h>
02 #include<stdio.h>
03 #include<stdlib.h>
04 #pragma comment(linker,"/subsystem:\"console\" /entry:\"mainCRTStartup\"" )
05 #pragma comment(lib, "YZKGame.lib")
06 void gameMain(void)
07 {
08     int boyNum=0;                              // 设置精灵编号
09     int x=100;                                 // 设置精灵 x 坐标
10     int y=100;                                 // 设置精灵 y 坐标
11     int key=0;
12     setGameSize(300,300);
13     createSprite(boyNum,"boy");
14     playSpriteAnimate(boyNum,"walk");
15     setSpritePosition(boyNum,x,y);
16     while (1)
17     {
18         key=getPressedKeyCode();
19         if(RP_KEY_UP==key)                     // 判断是否按上键
20         {
21             y++;                               //y 轴坐标加 1
22             setSpritePosition(boyNum,x,y);
23         }
24         else if(RP_KEY_DOWN==key)              // 判断是否按下键
25         {
26             y--;                               //y 轴坐标减 1
27             setSpritePosition(boyNum,x,y);
28         }
29         else if(RP_KEY_LEFT==key)              // 判断是否按左键
30         {
31             x--;                               //x 轴坐标减 1
32             setSpriteFlipX(boyNum,FALSE);
33             setSpritePosition(boyNum,x,y);
34         }
35         else if(RP_KEY_RIGHT==key)             // 判断是否按右键
36         {
37             x++;                               //x 轴坐标加 1
38             setSpriteFlipX(boyNum,TRUE);
39             setSpritePosition(boyNum,x,y);
40         }
41         pauseGame(10);                         // 暂停 10 毫秒
42     }
43 }
44 int main(void)
45 {
46     rpInit(gameMain);
47     return 0;
48 }
```

运行结果如图 11-2 所示。

初始显示　　　　　　　　　　向上移动

图 11-2　运行结果

【程序分析】

1. 第 8 行，boyNum 表示精灵的编号。

2. 第 9~10 行，精灵 x、y 坐标都初始化为 100。

3. 第 11 行，定义变量 key，用于接收用户按键。

4. 第 13~15 行，创建、设置精灵。

5. 第 16 行，将控制精灵移动的代码放置在 while(1) 无限循环中，避免移动精灵时程序结束。

6. 第 18 行，获取用户按键并赋值给变量 key。

7. 第 19~40 行，分别控制精灵向上、向下、向左、向右移动。

8. 第 41 行，为了避免精灵移动过快，每次移动后均暂停 10 毫秒。

11.2　随机数

随机数，就是随机生成的数，随机数最重要的特征是：后面的数与前面的数毫无关系。例如，1、200、33、2……是一组随机数。生活中最常见的随机数应用就是彩票、摇号、掷骰子等。

在 C 语言中，要生成符合要求的随机数，一般需要用到 3 个函数。在调用 rand 函数生成随机数之前，需要调用 srand 设置随机数种子，因为计算机中生成的随机数序列都是"伪随机数"，所以需要提供一个较难预测的值作为初始生成随机数的起点，这个起点叫作"随机数种子"，一般调用 time 函数来生成和当前时间相关的随机数种子。这 3 个函数的具体解释分别如下。

1．time() 函数

【函数原型】

```
time_t time(time_t * Time)
```

【头文件】

```
#include<time.h>
```

【形参列表】

Time：表示 time_t 类型的指针（一般传入 0 即可）。

【返回值】

返回从 1970 年 1 月 1 日 ,00:00:00 起经过的秒数。

【函数功能】

获取当前系统时间，返回 time_t 类型数据，也即整数型数据。

2. srand() 函数

【函数原型】

```
void srand (unsigned int seed)
```

【头文件】

```
#include<stdlib.h>
```

【形参列表】

seed：表示随机时间种子，必须为正整数。

【函数功能】

设置随机时间种子，常与 rand 函数配合使用。如果直接使用 rand 函数生成随机数，每次运行程序生成的随机数都是相同的。

3. rand() 函数

【函数原型】

```
int rand();
```

【头文件】

```
#include<stdlib.h>
```

【返回值】

返回 0~32767 范围内的正整数。

【函数功能】

返回 0~32767 范围内的随机数，一般和 srand 函数配合使用。

下面通过例子来了解如何生成随机数。

【示例 11-3】 生成随机数。

```
01   #include<stdio.h>
02   #include<stdlib.h>
03   #include <time.h>                    // 包含 time.h 头文件
04   int main(void)
05   {
06       int i;
07       int num=0;
08       srand(time(0));                  // 设置时间种子
09       for (i=0;i<10;i++)
10       {
11           num=rand();                  // 生成随机数
12           printf("%d\n",num);          // 输出随机数
13       }
14       getchar();
15       return 0;
16   }
```

运行结果如图 11-3 所示。

```
9553
30264
12688
210
11482
16971
16524
10364
11590
31493
```

图 11-3　运行结果

【程序分析】

（1）第 8 行，调用 time 函数获取当前系统时间，然后传入 srand 函数中当作随机时间种子。

（2）第 9~13 行，在 for 循环中调用 10 次 rand 函数生成 10 个随机数，然后打印。

11.2.1　生成 [0,n) 之间的随机数

在实际开发中，一般很少使用 [0, 32767) 这部分范围内的随机数，一般使用 [0,n) 范围内的随机数，如 [0,10) 之间的随机数。

为了实现该效果，直接使用公式 rand()* n / RAND_MAX，就可以生成 [0,n) 范围内的随机数。其中 RAND_MAX 是一个宏，代表整数 32767，这部分内容读者暂不必深究。

下面通过例子来了解生成 [0,n) 之间的随机数。

【示例 11-4】生成 [0,n) 之间的随机数。

```
01 #include<stdio.h>
02 #include<stdlib.h>
03 #include <time.h>
04 int main(void)
05 {
06     int i;
07     int num;
08     int n=10;                              // 随机数范围
09     srand(time(0));                        // 设置时间种子
10     for (i=0;i<10;i++)
11     {
12         num=rand()* n / RAND_MAX;          // 生成 [0,n) 之间随机数
13         printf("%d\n",num);                // 输出随机数
14     }
15     getchar();
16     return 0;
17 }
```

运行结果如图 11-4 所示。

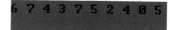

图 11-4　运行结果

【程序分析】

1. 第 8 行，定义变量 n 并赋值为 10，表示随机数的生成范围。

2. 第 9 行，套用公式 rand()* n / RAND_MAX，生成 [0,n) 范围内的随机数。

说明：（1）由于 rand 函数生成的数是随机的，所以可能重复。

（2）区间 [0,n) 是左闭右开区间，表示该随机数取值范围包含 0 不包含 n。例如，[0,10) 表示只能生成 0~9 之内的随机数，也即 0 会出现在随机数中，而 10 不会。

（3）srand(time(0)) 是设置随机数时间种子，只需要在程序最开始的部分调用一次，不需要放到循环中。

11.2.2 生成 [m,n) 之间的随机数

在实际开发中，偶尔会需要生成 [m,n) 之间的随机数。为了实现该效果，直接使用公式 rand()* (n − m) / RAND_MAX + m，就可以生成。

下面通过例子来了解生成 [m,n) 之间的随机数。

【示例 11-5】生成 [m,n) 之间的随机数。

```
01 #include<stdio.h>
02 #include<stdlib.h>
03 #include <time.h>
04 int main(void)
05 {
06     int i;
07     int num=0;
08     int m=10;                                    // 随机数左区间
09     int n=20;                                    // 随机数右区间
10     srand(time(0));
11     for (i=0;i<10;i++)
12     {
13         num=rand()* (n − m) / RAND_MAX + m;      // 生成 [m,n) 范围随机数
14         printf("%d ",num);
15     }
16     getchar();
17     return 0;
18 }
```

运行结果如图 11-5 所示。

`16 12 10 18 15 10 11 10 16 15`

图 11-5 运行结果

【程序分析】

1. 第 8 行，定义变量 m 并赋值为 10，表示生成随机数的左区间。

2. 第 9 行，定义变量 n 并赋值为 20，表示生成随机数的右区间。

3. 第 13 行，使用公式 rand()*(n − m) / RAND_MAX + m 生成 [10,20) 范围内的随机数。

4. 第 14 行，打印输出 [10,20) 范围内的随机数。

11.2.3 封装随机数生成函数

案例 1：封装函数，要求传入一个正整数 n，返回 [0,n) 之间的随机数。

【示例 11-6】返回 [0,n) 之间的随机数。

```
01 #include<stdio.h>
02 #include <stdlib.h>
03 #include <time.h>
04 int randN(int n)                            // 定义 randN 函数
05 {
06     int num=rand()*n/RAND_MAX;              // 计算 [0,n) 随机数
07     return num;                             // 返回随机数
08 }
09 int main(void)
10 {
11     int i;
12     srand(time(0));                         // 设置时间种子
```

```
13  for (i=0;i<10;i++)
14  {
15      printf("%d ",randN(10));        // 调用 randN 函数，输出随机数
16  }
17  getchar();
18  return 0;
19 }
```

运行结果如图 11-6 所示。

【程序分析】

4 9 6 0 7 9 5 5 6 3

图 11-6　运行结果

1. 第 4 行，定义函数 randN，有一个 int 类型的形参，返回值类型为 int。

2. 第 6 行，计算 [0,n) 之间的随机数，然后赋值给变量 num。

3. 第 7 行，返回生成的随机数。

4. 第 12 行，设置时间种子。

5. 第 15 行，调用函数 randN，传入整数 10，返回 [0,10) 之间的随机数，然后通过 printf 函数打印输出。

案例 2：封装函数，要求传入两个正整数 m、n，返回 [m,n) 之间的随机数。

【示例 11-7】 返回 [m,n) 之间的随机数。

```
01 #include<stdio.h>
02 #include <stdlib.h>
03 #include <time.h>
04 int randM_N(int m,int n)                // 定义 randN 函数
05 {
06     int num=rand()*(n-m)/RAND_MAX+m;    // 计算 [m,n) 随机数
07     return num;                         // 返回随机数
08 }
09 int main(void)
10 {
11     int i;
12     srand(time(0));                     // 设置时间种子
13     for (i=0;i<10;i++)
14     {
15         printf("%d ", randM_N(10,20));  // 调用 randM_N 函数，输出随机数
16     }
17     getchar();
18     return 0;
19 }
```

运行结果如图 11-7 所示。

【程序分析】

16 16 15 16 15 11 15 13 19 14

图 11-7　运行结果

1. 第 4 行，定义函数 randM_N，有两个 int 类型形参，返回值类型为 int。

2. 第 6 行，计算 [m,n) 之间的随机数，然后赋值给变量 num。

3. 第 7 行，返回生成的随机数。

4. 第 12 行，设置时间种子。

5. 第 15 行，调用函数 randM_N，传入整数 10、20，返回 [10,20) 之间的随机数，然后通过 printf 函数打印输出。

11.3 吃金币游戏

从本节开始，读者将会学习到多个版本的吃金币游戏开发，通过阶梯式学习，由简单到复杂，降低了读者的学习难度，同时可以使读者逐渐掌握核心功能。

11.3.1 吃金币游戏——吃金币

【游戏要求】

1. 加载游戏背景图片，创建 boy 精灵和 8 个金币精灵。
2. 控制精灵移动，当 boy 碰到金币时，金币消失，实现吃金币的效果。

【游戏效果】

游戏的预览效果如图 11-8 所示。

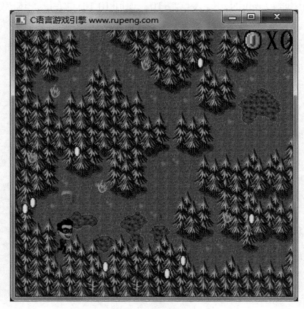

图 11-8　运行结果

【游戏分析】

该游戏可以通过以下 3 步实现。

第 1 步　加载游戏背景图片，创建 boy 精灵和 8 个金币精灵。

【示例 11-8】第 1 步示例代码如下。

```
01 #include<yzkgame.h>
02 #include<stdio.h>
03 #include<stdlib.h>
04 #pragma comment(linker,"/subsystem:\"console\" /entry:\"mainCRTStartup\"" )
05 #pragma comment(lib, "YZKGame.lib")
06 void gameMain(void)
07 {
08     int coinNums[ ]={1,2,3,4,5,6,7,8};                    // 金币编号数组
```

```
09    int coinXs[ ]={110,210,130,340,250,160,170,280};    // 金币 x 坐标数组
10    int coinYs[ ]={88,117,18,181,200,204,301,350};      // 金币 y 坐标数组
11    int imageNum=0;                                      // 背景图片编号
12    int boyNum=0;                                        //boy 精灵编号
13    int i;
14    int size=sizeof(coinNums)/sizeof(int);
15    setGameSize(400,400);
16    createImage(imageNum," 大片草地 .png");
17    createSprite(boyNum,"boy");
18    playSpriteAnimate(boyNum,"walk");
19    setSpriteFlipX(boyNum,TRUE);
20    for (i=0;i<size;i++)
21    {
22        int coinNum=coinNums[i];                         // 获取金币编号
23        int coinX=coinXs[i];                             // 获取金币 x 坐标
24        int coinY=coinYs[i];                             // 获取金币 y 坐标
25        createSprite(coinNum,"coin");
26        playSpriteAnimate(coinNum,"rotate");
27        setSpritePosition(coinNum,coinX,coinY);
28    }
29    pauseGame(10000);
30 }
31 int main(void)
32 {
33    rpInit(gameMain);
34    return 0;
35 }
```

第 1 步运行结果如图 11-9 所示。

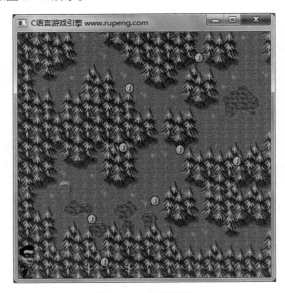

图 11-9 运行结果

【程序分析】

1. 第 8 行，定义数组 coinNums 并初始化，表示 8 个金币精灵的编号。

2. 第 9~10 行，定义数组 coinXs、coinYs 并初始化，表示 8 个金币的（x, y）坐标。

3. 第 11 行，imageNum 表示背景图片编号。

4. 第 12 行，boyNum 表示精灵编号。

5. 第 14 行，计算金币数组元素个数并赋值给变量 *size*。

6. 第 16 行，创建游戏背景"大片草地"图片。

7. 第 17~19 行，创建 boy 精灵，并设置 boy 在 *x* 轴翻转。

8. 第 20 行，for 循环遍历金币精灵编号。

9. 第 22 行，获取金币精灵编号。

10. 第 23 行，获取金币精灵 *x* 坐标。

11. 第 24 行，获取金币精灵 *y* 坐标。

12. 第 25~27 行，创建金币精灵，播放"rotate"动作，设置显示位置。

13. 第 29 行，为了避免运行结果一闪而过，程序运行结束后暂停 10 秒。

第2步 按键控制精灵移动。

【示例 11-9】第 2 步示例代码如下。

```
01 #include<yzkgame.h>
02 #include<stdio.h>
03 #include<stdlib.h>
04 #pragma comment(linker,"/subsystem:\"console\" /entry:\"mainCRTStartup\"" )
05 #pragma comment(lib, "YZKGame.lib")
06 void gameMain(void)
07 {
08      int coinNums[ ]={1,2,3,4,5,6,7,8};
09      int coinXs[ ]={110,210,130,340,250,160,170,280};
10      int coinYs[ ]={88,117,18,181,200,204,301,350};
11      int imageNum=0;
12      int boyNum=0;
13      int i;
14      int size=sizeof(coinNums)/sizeof(int);
15      int boyX=0;                                      // 设置 boy 精灵 x 坐标
16      int boyY=0;                                      // 设置 boy 精灵 y 坐标
17      setGameSize(400,400);
18      createImage(imageNum," 大片草地 .png");
19      createSprite(boyNum,"boy");
20      playSpriteAnimate(boyNum,"walk");
21      setSpriteFlipX(boyNum,TRUE);
22      for (i=0;i<size;i++)
23      {
24          int coinNum=coinNums[i];
25          int coinX=coinXs[i];
26          int coinY=coinYs[i];
27          createSprite(coinNum,"coin");
28          playSpriteAnimate(coinNum,"rotate");
29          setSpritePosition(coinNum,coinX,coinY);
30      }
31      while (1)
32      {
33          int key=getPressedKeyCode();
34          if(RP_KEY_UP==key)
35          {
36              boyY++;                                  //y 坐标加 1
```

```
37                 }
38             else if(RP_KEY_DOWN==key)
39             {
40                 boyY--;                                //y 坐标减 1
41             }
42             else if(RP_KEY_LEFT==key)
43             {
44                 boyX--;                                //x 坐标减 1
45                 setSpriteFlipX(boyNum,FALSE);
46             }
47             else if(RP_KEY_RIGHT==key)
48             {
49                 boyX++;                                //x 坐标加 1
50                 setSpriteFlipX(boyNum,TRUE);
51             }
52             setSpritePosition(boyNum,boyX,boyY);       // 设置 boy 显示位置
53             pauseGame(10);
54     }
55 }
56 int main(void)
57 {
58     rpInit(gameMain);
59     return 0;
60 }
```

第 2 步运行结果如图 11-10 所示。

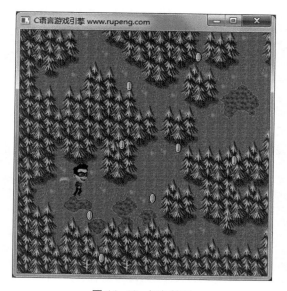

图 11-10　运行结果

【程序分析】

1. 第 2 步在第 1 步的基础上增加了精灵移动功能。

2. 第 15~16 行，变量 boyX、boyY 分别表示 boy 精灵的 x、y 坐标。

3. 第 31~54 行，这段代码实现了按键控制精灵移动。不过需要注意的是，if…else if 中只对 boy 的 x、y 坐标进行修改。if…else if 执行结束后再统一设置 boy 的显示位置。

第3步 实现 boy 吃金币效果。

【游戏分析】

boy 吃金币效果的原理是：当 boy 碰到金币时隐藏该金币。具体可以分两部分实现：

（1）判断 boy 是否碰到金币；

（2）如果碰到了就隐藏该金币，否则不隐藏。

首先，判断 boy 是否碰到金币，可以规定当两者之间的距离小于 10 像素时，就认为碰到了。利用数学中计算距离公式：$|AB|^2=(X_1-X_2)^2+(Y_1-Y_2)^2$，可以计算出游戏中 boy 与金币精灵之间距离的平方值。

例如，设 boy 坐标为 (boyX, boyY)，金币坐标为 (coinX, coinY)。则 boy 与金币之间距离的计算公式为：

```
int dist=(coinX- boyX)*(coinX- boyX)+(coinY- boyY)*(coinY- boyY);
```

dist 是 boy 与金币之间距离的平方值，为了减少不必要的开方运算，可以规定两者的距离平方值小于 100 时判定为碰到，然后隐藏金币，实现代码如下。

```
for (i=0;i<size;i++)                              // 遍历金币
{
    int coinNum=coinNums[i];                      // 获取金币编号
    int coinX=coinXs[i];                          // 获取金币 x 轴坐标
    int coinY=coinYs[i];                          // 获取金币 y 轴坐标
int dist=(coinX-boyX)*(coinX-boyX)+(coinY-boyY)*(coinY-boyY);
    if (dist<100)                                 // 判断距离平方值是否小于 100
    {
        hideSprite(coinNum);                      // 隐藏金币
    }
}
```

这段代码循环计算每一个金币与 boy 之间距离的平方值，如果小于 100 就认为 boy 碰到其中一个金币，然后将其隐藏。

【示例 11-10】第 3 步示例代码如下。

```
01 #include<yzkgame.h>
02 #include<stdio.h>
03 #include<stdlib.h>
04 #pragma comment(linker,"/subsystem:\"console\" /entry:\"mainCRTStartup\"" )
05 #pragma comment(lib, "YZKGame.lib")
06 void gameMain(void)
07 {
08     int coinNums[ ]={1,2,3,4,5,6,7,8};
09     int coinXs[ ]={110,210,130,340,250,160,170,280};
10     int coinYs[ ]={88,117,18,181,200,204,301,350};
11     int imageNum=0;
12     int boyNum=0;
13     int i;
14     int key=0;
15     int size=sizeof(coinNums)/sizeof(int);
16     int boyX=0;                                // 设置 boy 精灵 x 坐标
17     int boyY=0;                                // 设置 boy 精灵 y 坐标
18     setGameSize(400,400);
19     createImage(imageNum," 大片草地 .png");
```

```
20         createSprite(boyNum,"boy");
21         playSpriteAnimate(boyNum,"walk");
22         setSpriteFlipX(boyNum,TRUE);
23         for (i=0;i<size;i++)
24         {
25             int coinNum=coinNums[i];
26             int coinX=coinXs[i];
27             int coinY=coinYs[i];
28             createSprite(coinNum,"coin");
29             playSpriteAnimate(coinNum,"rotate");
30             setSpritePosition(coinNum,coinX,coinY);
31         }
32         while (1)
33         {
34             key=getPressedKeyCode();
35             if(RP_KEY_UP==key)
36             {
37                 boyY++;                        //y 坐标加 1
38             }
39             else if(RP_KEY_DOWN==key)
40             {
41                 boyY--;                        //y 坐标减 1
42             }
43             else if(RP_KEY_LEFT==key)
44             {
45                 boyX--;                        //x 坐标减 1
46                 setSpriteFlipX(boyNum,FALSE);
47             }
48             else if(RP_KEY_RIGHT==key)
49             {
50                 boyX++;                        //x 坐标加 1
51                 setSpriteFlipX(boyNum,TRUE);
52             }
53             setSpritePosition(boyNum,boyX,boyY);
54             for (i=0;i<size;i++)               // 遍历金币
55             {
56                 int coinNum=coinNums[i];       // 获取金币编号
57                 int coinX=coinXs[i];           // 获取金币 x 坐标
58                 int coinY=coinYs[i];           // 获取金币 y 坐标
59             int dist=(coinX-boyX)*(coinX-boyX)+(coinY-boyY)*(coinY-boyY);
60                 if (dist<100)                  // 判断距离平方值是否小于 100
61                 {
62                     hideSprite(coinNum);       // 隐藏金币
63                 }
64             }
65             pauseGame(10);
66         }
67 }
68 int main(void)
69 {
70   rpInit(gameMain);
71   return 0;
72 }
```

第 3 步运行结果如图 11-11 所示。

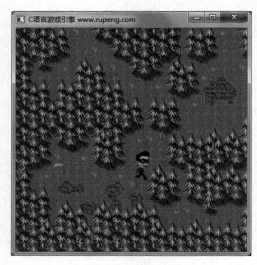

图 11-11　运行结果

【程序分析】

1. 第 3 步是在第 2 步的基础上增加了吃金币功能。

2. 第 54~64 行，对金币进行遍历，然后计算 boy 与每一个金币的距离平方值 dist，如果 dist 小于 100 判定为碰到，接着调用 hideSprite 函数隐藏该金币，表示金币被吃掉。

11.3.2　吃金币游戏——显示分数

【游戏要求】

在上一个游戏的基础上，增加显示吃掉的金币个数。

【游戏效果】

当 boy 吃掉金币后，游戏窗口右上角分数加 1，如图 11-12 所示。

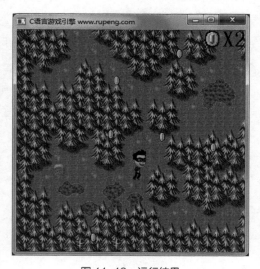

图 11-12　运行结果

【游戏分析】

通过观察，可以看到右上角显示部分由一张金币图片与分数文本"X1"组成（由于键盘中没有"×"，因此用大写字母"X"代替）。该效果可以分为两个步骤实现。

第 1 步 创建金币图片和分数文本"X0"。

【示例 11-11】第 1 步示例代码如下。

```
01  #include<yzkgame.h>
02  #include<stdio.h>
03  #include<stdlib.h>
04  #pragma comment(linker,"/subsystem:\"console\" /entry:\"mainCRTStartup\"" )
05  #pragma comment(lib, "YZKGame.lib")
06  void gameMain(void)
07  {
08      int coinNums[ ]={1,2,3,4,5,6,7,8};
09      int coinXs[ ]={110,210,130,340,250,160,170,280};
10      int coinYs[ ]={88,117,18,181,200,204,301,350};
11      int imageNum=0;
12      int boyNum=0;
13      int i;
14      int key=0;
15      int size=sizeof(coinNums)/sizeof(int);
16      int boyX=0;
17      int boyY=0;
18      int scoreCoinNum=1;                     // 设置分数金币图片编号
19      int scoreTxt=0;                         // 设置分数文本编号
20      setGameSize(400,400);
21      createImage(imageNum," 大片草地 .png");
22      createSprite(boyNum,"boy");
23      playSpriteAnimate(boyNum,"walk");
24      setSpriteFlipX(boyNum,TRUE);
25      createImage(scoreCoinNum,"bigcoin.png"); // 创建分数金币图片
26      setImagePosition(scoreCoinNum,330,370);
27      createText(scoreTxt,"X0");              // 创建分数文本
28      setTextPosition(scoreTxt,360,370);
29      setTextFontSize(scoreTxt,40);           // 设置分数文本字体
30      for (i=0;i<size;i++)
31      {
32          int coinNum=coinNums[i];
33          int coinX=coinXs[i];
34          int coinY=coinYs[i];
35          createSprite(coinNum,"coin");
36          playSpriteAnimate(coinNum,"rotate");
37          setSpritePosition(coinNum,coinX,coinY);
38      }
39      while (1)
40      {
41          key=getPressedKeyCode();
42          if(RP_KEY_UP==key)
43          {
44              boyY++;                         //y 坐标加 1
45          }
46          else if(RP_KEY_DOWN==key)
47          {
```

```
48              boyY--;                              //y 坐标减 1
49          }
50          else if(RP_KEY_LEFT==key)
51          {
52              boyX--;                              //x 坐标减 1
53              setSpriteFlipX(boyNum,FALSE);
54          }
55          else if(RP_KEY_RIGHT==key)
56          {
57              boyX++;                              //x 坐标加 1
58              setSpriteFlipX(boyNum,TRUE);
59          }
60          setSpritePosition(boyNum,boyX,boyY);
61          for (i=0;i<size;i++)                     // 遍历金币
62          {
63              int coinNum=coinNums[i];             // 获取金币编号
64              int coinX=coinXs[i];                 // 获取金币 x 坐标
65              int coinY=coinYs[i];                 // 获取金币 y 坐标
66          int dist=(coinX-boyX)*(coinX-boyX)+(coinY-boyY)*(coinY-boyY);
67              if (dist<100)                        // 判断距离平方值是否小于 100
68              {
69                  hideSprite(coinNum);             // 隐藏金币
70              }
71          }
72          pauseGame(10);
73      }
74 }
75 int main(void)
76 {
77      rpInit(gameMain);
78      return 0;
79 }
```

第 1 步运行结果如图 11-13 所示。

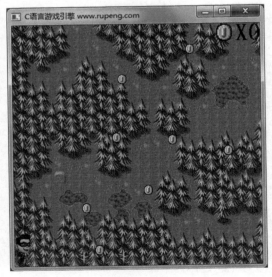

图 11-13　运行结果

【程序分析】

1. 上述程序是在吃金币游戏基础上修改而来。

2. 第 18 行，定义变量 scoreCoinNum，表示分数金币图片编号。

3. 第 19 行，定义变量 scoreTxt，表示分数文本编号。

4. 第 25~26 行，创建分数金币图片，设置显示在（330,370）位置上。

5. 第 27~29 行，创建分数文本，设置显示在（360,370）位置上，设置文本大小为 40 像素。

第 2 步 实现 boy 吃掉一个金币，分数文本加 1，例如，"X0" → "X1"。

【游戏分析】

文本 "X0" 可以拆分为 2 部分看待：字符 "X" 与数字字符 "0"。其中 "X" 是固定值，而 "0" 表示被 boy 吃掉的金币个数，随着游戏进行而变化。

为了实现该效果，可以定义变量 count 对吃掉的金币计数，再调用 sprintf 函数，将 count 写入新的字符串中，最后替换掉之前的分数文本，实现代码如下。

```
if (dist<100)
{
    char text[10]={0};              // 定义字符数组，长度为 10
    count++;                        // 吃掉的金币计数加 1
    sprintf(text,"X%d",count);      // 修改分数文本内容
    setText(scoreTxt,text);         // 更新窗口分数文本显示
    hideSprite(coinNum);            // 隐藏金币
}
```

注意： 在程序中调用 hideSprite 函数只是隐藏金币，并不是销毁金币，在游戏引擎中金币仍然存在，只不过在游戏窗口不显示而已。因此，当精灵移动到之前被吃掉的金币位置上，if(dist<100) 语句块仍然会执行，就会导致分数文本异常增加。

为了解决上述问题，如鹏游戏提供了 isSpriteVisible 函数。

【函数原型】

```
BOOL isSpriteVisible(int num);
```

【形参列表】

num：精灵编号。

【函数功能】

判断指定编号的精灵是否可见（没有被隐藏）。

【返回值】

返回 TRUE 表示精灵没有被隐藏，返回 FALSE 表示精灵被隐藏。

【示例 11-12】第 2 步示例代码如下。

```
01 #include<yzkgame.h>
02 #include<stdio.h>
03 #include<stdlib.h>
04 #pragma comment(linker,"/subsystem:\"console\" /entry:\"mainCRTStartup\"" )
05 #pragma comment(lib, "YZKGame.lib")
06 void gameMain(void)
07 {
```

```
08      int coinNums[ ]={1,2,3,4,5,6,7,8};
09      int coinXs[ ]={110,210,130,340,250,160,170,280};
10      int coinYs[ ]={88,117,18,181,200,204,301,350};
11      int imageNum=0;
12      int boyNum=0;
13      int i;
14      int key=0;
15      int size=sizeof(coinNums)/sizeof(int);
16      int boyX=0;
17      int boyY=0;
18      int scoreCoinNum=1;                              // 设置分数金币图片编号
19      int scoreTxt=0;                                  // 设置分数文本编号
20      int count=0;                                     // 被吃掉的金币计数
21      setGameSize(400,400);
22      createImage(imageNum," 大片草地 .png");
23      createSprite(boyNum,"boy");
24      playSpriteAnimate(boyNum,"walk");
25      setSpriteFlipX(boyNum,TRUE);
26      createImage(scoreCoinNum,"bigcoin.png");
27      setImagePosition(scoreCoinNum,330,370);
28      createText(scoreTxt,"X0");
29      setTextPosition(scoreTxt,360,370);
30      setTextFontSize(scoreTxt,40);
31      for (i=0;i<size;i++)
32      {
33          int coinNum=coinNums[i];
34          int coinX=coinXs[i];
35          int coinY=coinYs[i];
36          createSprite(coinNum,"coin");
37          playSpriteAnimate(coinNum,"rotate");
38          setSpritePosition(coinNum,coinX,coinY);
39      }
40      while (1)
41      {
42          key=getPressedKeyCode();
43          if(RP_KEY_UP==key)
44          {
45              boyY++;                                  //y 坐标加 1
46          }
47          else if(RP_KEY_DOWN==key)
48          {
49              boyY--;                                  //y 坐标减 1
50          }
51          else if(RP_KEY_LEFT==key)
52          {
53              boyX--;                                  //x 坐标减 1
54              setSpriteFlipX(boyNum,FALSE);
55          }
56          else if(RP_KEY_RIGHT==key)
57          {
58              boyX++;                                  //x 坐标加 1
59              setSpriteFlipX(boyNum,TRUE);
60          }
61          setSpritePosition(boyNum,boyX,boyY);
```

```
62              for (i=0;i<size;i++)                    // 遍历金币
63              {
64                  int coinNum=coinNums[i];             // 获取金币编号
65                  int coinX=coinXs[i];                 // 获取金币 x 坐标
66                  int coinY=coinYs[i];                 // 获取金币 y 坐标
67          int dist=(coinX-boyX)*(coinX-boyX)+(coinY-boyY)*(coinY-boyY);
68          if (dist<100&&isSpriteVisible(coinNum)) // 判断距离是否小于 100 且金币精灵没隐藏
69                  {
70                      char text[10]={0};               // 定义字符数组，长度为 10
71                      count++;                         // 被吃掉的金币计数加 1
72                      sprintf(text,"X%d",count);       // 修改分数文本内容
73                      setText(scoreTxt,text);          // 更新窗口分数文本显示
74                      hideSprite(coinNum);             // 隐藏金币
75                  }
76              }
77          pauseGame(10);
78      }
79 }
80 int main(void)
81 {
82      rpInit(gameMain);
83      return 0;
84 }
```

第 2 步运行结果如图 11-14 所示。

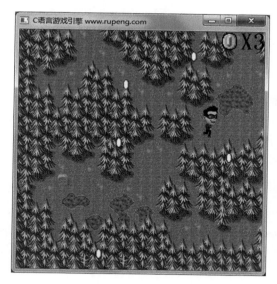

图 11-14　运行结果

【程序分析】

1. 第 20 行，定义变量 count，表示被吃掉的金币数量。

2. 第 68 行，先判断 dist 是否小于 100，再判断金币是否被隐藏。如果都为"真"，表示 boy 碰到的是没有被隐藏的金币，执行 if 语句块中的代码。

3. 第 70~74 行，被吃掉的金币计数加 1，同时更新分数文本、隐藏金币。

4. 第 77 行，为了避免精灵移动过快，每次移动后暂停 10 毫秒。

11.3.3 吃金币游戏——吃到炸弹游戏结束

【游戏要求】

在显示分数的基础上，增加 5 个炸弹精灵，如果 boy 吃到炸弹，游戏结束。

【游戏效果】

运行结果如图 11-15 所示。

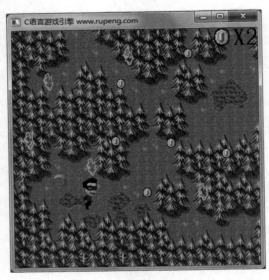

图 11-15 运行结果

【游戏分析】

boy 吃到炸弹与吃到金币原理上是一样的，唯一的区别是：吃到金币后分数文本更新且隐藏金币，而吃到炸弹时则直接退出游戏。具体可以分为两个步骤来实现。

第 1 步 创建 5 个炸弹精灵。

【示例 11-13】第 1 步示例代码如下。

```
01 #include<yzkgame.h>
02 #include<stdio.h>
03 #include<stdlib.h>
04 #pragma comment(linker,"/subsystem:\"console\" /entry:\"mainCRTStartup\"" )
05 #pragma comment(lib, "YZKGame.lib")
06 void gameMain(void)
07 {
08     int coinNums[ ]={1,2,3,4,5,6,7,8};
09     int coinXs[ ]={110,210,130,340,250,160,170,280};
10     int coinYs[ ]={88,117,18,181,200,204,301,350};
11     int bombNums[ ]={9,10,11,12,13};              // 设置炸弹编号
12     int bombXs[ ]={299,17,118,181,50};            // 设置炸弹 x 坐标
13     int bombYs[ ]={110,200,155,340,299};          // 设置炸弹 y 坐标
14     int imageNum=0;
15     int boyNum=0;
16     int i;
17     int key=0;
```

```
18        int size=sizeof(coinNums)/sizeof(int);
19        int bombSize=sizeof(bombNums)/sizeof(int);          // 计算炸弹数组元素个数
20        int boyX=0;
21        int boyY=0;
22        int scoreCoinNum=1;                                  // 设置分数金币图片编号
23        int scoreTxt=0;                                      // 设置分数文本编号
24        int count=0;
25        setGameSize(400,400);
26        createImage(imageNum," 大片草地 .png");
27        createSprite(boyNum,"boy");
28        playSpriteAnimate(boyNum,"walk");
29        setSpriteFlipX(boyNum,TRUE);
30        createImage(scoreCoinNum,"bigcoin.png");
31        setImagePosition(scoreCoinNum,330,370);
32        createText(scoreTxt,"X0");
33        setTextPosition(scoreTxt,360,370);
34        setTextFontSize(scoreTxt,40);
35        for (i=0;i<size;i++)
36        {
37            int coinNum=coinNums[i];
38            int coinX=coinXs[i];
39            int coinY=coinYs[i];
40            createSprite(coinNum,"coin");
41            playSpriteAnimate(coinNum,"rotate");
42            setSpritePosition(coinNum,coinX,coinY);
43        }
44        for (i=0;i<bombSize;i++)                             // 遍历炸弹编号
45        {
46            int bombNum=bombNums[i];                         // 获取炸弹编号
47            int bombX=bombXs[i];                             // 获取炸弹 x 坐标
48            int bombY=bombYs[i];                             // 获取炸弹 y 坐标
49            createSprite(bombNum,"bomb");                    // 创建炸弹精灵
50            playSpriteAnimate(bombNum,"laser");              // 播放 "laser" 动作
51            setSpritePosition(bombNum,bombX,bombY);          // 设置炸弹显示位置
52        }
53        while (1)
54        {
55            key=getPressedKeyCode();
56            if(RP_KEY_UP==key)
57            {
58                boyY++;                                      //y 坐标加 1
59            }
60            else if(RP_KEY_DOWN==key)
61            {
62                boyY--;                                      //y 坐标减 1
63            }
64            else if(RP_KEY_LEFT==key)
65            {
66                boyX--;                                      //x 坐标减 1
67                setSpriteFlipX(boyNum,FALSE);
68            }
69            else if(RP_KEY_RIGHT==key)
70            {
71                boyX++;                                      //x 坐标加 1
```

```
72              setSpriteFlipX(boyNum,TRUE);
73          }
74          setSpritePosition(boyNum,boyX,boyY);
75          for (i=0;i<size;i++)                              // 遍历金币
76          {
77              int coinNum=coinNums[i];                      // 获取金币编号
78              int coinX=coinXs[i];                          // 获取金币 x 坐标
79              int coinY=coinYs[i];                          // 获取金币 y 坐标
80      int dist=(coinX-boyX)*(coinX-boyX)+(coinY-boyY)*(coinY-boyY);
81          if (dist<100&&isSpriteVisible(coinNum))           // 判断距离平方值是否小于100
82              {
83                  char   text[10]={0};
84                  count++;
85                  sprintf(text,"X%d",count);
86                  setText(scoreTxt,text);
87                  hideSprite(coinNum);                      // 隐藏金币
76              }
89          }
90          pauseGame(10);
91      }
92  }
93  int main(void)
94  {
95  rpInit(gameMain);
96  return 0;
97  }
```

运行结果如图 11-16 所示。

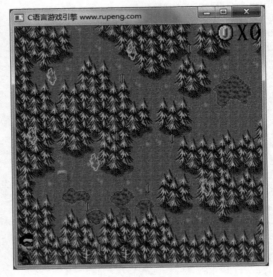

图 11-16   运行结果

【程序分析】

1. 上述程序是在吃金币游戏的基础上增加了 5 个炸弹精灵，并实现吃到炸弹结束游戏。

2. 第 11 行，定义数组 bombNums，表示炸弹编号。

3. 第 12 行，定义数组 bombXs，表示炸弹 x 坐标。

4. 第 13 行，定义数组 bombYs，表示炸弹 y 坐标。

5. 第 19 行，计算炸弹数组元素个数。

6. 第 44 行，遍历炸弹编号。

7. 第 46~48 行，获取炸弹编号，获取炸弹 x 坐标，获取炸弹 y 坐标。

8. 第 49~51 行，创建炸弹精灵，播放 "laser" 动作，设置显示位置。

第2步 boy 吃到炸弹后，退出游戏程序。

【游戏分析】

首先，利用数学距离公式计算出 boy 与每个炸弹精灵的距离平方值 dist，如果 dist 小于 100，就认为吃到了炸弹，调用 exit() 函数，结束游戏程序。实现代码如下。

```
for (i=0;i<bombSize;i++)          // 遍历炸弹编号
{
    int bombX=bombXs[i];          // 获取炸弹 x 坐标
    int bombY=bombYs[i];          // 获取炸弹 y 坐标
    int dist=(bombX-boyX)*(bombX-boyX)+(bombY-boyY)*(bombY-boyY);
    if (dist<100)                 // 判断 dist 是否小于 100
    {
        exit(0);                  // 结束游戏
    }
}
```

【示例 11-14】第 2 步示例代码如下。

```
001 #include<yzkgame.h>
002 #include<stdio.h>
003 #include<stdlib.h>
004 #pragma comment(linker,"/subsystem:\"console\" /entry:\"mainCRTStartup\"" )
005 #pragma comment(lib, "YZKGame.lib")
006 void gameMain(void)
007 {
008     int coinNums[ ]={1,2,3,4,5,6,7,8};
009     int coinXs[ ]={110,210,130,340,250,160,170,280};
010     int coinYs[ ]={88,117,18,181,200,204,301,350};
011     int bombNums[ ]={9,10,11,12,13};               // 设置炸弹精灵编号
012     int bombXs[ ]={299,17,118,181,50};             // 设置炸弹精灵 x 坐标
013     int bombYs[ ]={110,200,155,340,299};           // 设置炸弹精灵 y 坐标
014     int imageNum=0;
015     int boyNum=0;
016     int i;
017     int key=0;
018     int size=sizeof(coinNums)/sizeof(int);
019     int bombSize=sizeof(bombNums)/sizeof(int);
020     int boyX=0;
021     int boyY=0;
022     int scoreCoinNum=1;                            // 设置分数金币图片编号
023     int scoreTxt=0;                                // 设置分数文本编号
024     int count=0;
025     setGameSize(400,400);
026     createImage(imageNum," 大片草地 .png");
027     createSprite(boyNum,"boy");
028     playSpriteAnimate(boyNum,"walk");
029     setSpriteFlipX(boyNum,TRUE);
```

```
030        createImage(scoreCoinNum,"bigcoin.png");
031        setImagePosition(scoreCoinNum,330,370);
032        createText(scoreTxt,"X0");
033        setTextPosition(scoreTxt,360,370);
034        setTextFontSize(scoreTxt,40);
035        for (i=0;i<size;i++)
036        {
037            int coinNum=coinNums[i];
038            int coinX=coinXs[i];
039            int coinY=coinYs[i];
040            createSprite(coinNum,"coin");
041            playSpriteAnimate(coinNum,"rotate");
042            setSpritePosition(coinNum,coinX,coinY);
043        }
044        for (i=0;i<bombSize;i++)
045        {
046            int bombNum=bombNums[i];
047            int bombX=bombXs[i];
048            int bombY=bombYs[i];
049            createSprite(bombNum,"bomb");
050            playSpriteAnimate(bombNum,"laser");
051            setSpritePosition(bombNum,bombX,bombY);
052        }
053        while (1)
054        {
055            key=getPressedKeyCode();
056            if(RP_KEY_UP==key)
057            {
058                boyY++;                              //y 坐标加 1
059            }
060            else if(RP_KEY_DOWN==key)
061            {
062                boyY--;                              //y 坐标减 1
063            }
064            else if(RP_KEY_LEFT==key)
065            {
066                boyX--;                              //x 坐标减 1
067                setSpriteFlipX(boyNum,FALSE);
068            }
069            else if(RP_KEY_RIGHT==key)
070            {
071                boyX++;                              //x 坐标加 1
072                setSpriteFlipX(boyNum,TRUE);
073            }
074            setSpritePosition(boyNum,boyX,boyY);
075            for (i=0;i<size;i++)                     // 遍历金币
076            {
077                int coinNum=coinNums[i];             // 获取金币编号
078                int coinX=coinXs[i];                 // 获取金币 x 坐标
079                int coinY=coinYs[i];                 // 获取金币 y 坐标
080                int dist=(coinX-boyX)*(coinX-boyX)+(coinY-boyY)*(coinY-boyY);
081                if (dist<100&&isSpriteVisible(coinNum))
082                {
083                    char  text[10]={0};
084                    count++;
085                    sprintf(text,"X%d",count);
```

```
086                        setText(scoreTxt,text);
087                        hideSprite(coinNum);        // 隐藏金币
088                }
089            }
090            for (i=0;i<bombSize;i++)                // 遍历炸弹编号
091            {
092                int bombX=bombXs[i];                // 获取炸弹 x 坐标
093                int bombY=bombYs[i];                // 获取炸弹 y 坐标
094                int dist=(bombX-boyX)*(bombX-boyX)+(bombY-boyY)*(bombY-boyY);
095                if (dist<100)                       // 判断炸弹与精灵距离是否小于 100
096                {
097                    exit(0);                        // 结束游戏
098                }
099            }
100            pauseGame(10);
101        }
102 }
103 int main(void)
104 {
105     rpInit(gameMain);
106     return 0;
107 }
```

运行结果如图 11-17 所示。

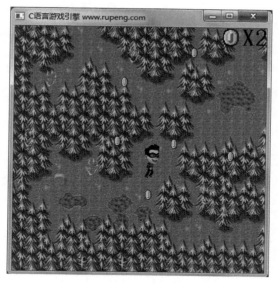

图 11-17   运行结果

【程序分析】

1. 第 2 步是在第 1 步程序的基础上修改而来。

2. 第 90 行,遍历炸弹编号。

3. 第 92~93 行,获取炸弹 x、y 坐标。

4. 第 94 行,计算 boy 与每个炸弹之间距离的平方值。

5. 第 95~98 行,先执行判断 dist<100,如果结果为 "真",表示 boy 吃到了炸弹,执行 if 语句块,调用 exit 函数退出游戏程序。否则结果为 "假",表示没吃到炸弹,继续执行下一次循环。

11.3.4 吃金币游戏——随机生成金币位置

在上一小节所介绍的吃金币游戏程序中，金币的位置都是预先设定在程序中。因此，每次运行游戏时金币的位置都是固定的。这样显然不能满足实际游戏开发需求，因为玩家一般期望每次游戏中，金币的位置都不一样。

为了解决这个问题，可以调用随机函数来生成金币的 x、y 坐标。这样每次运行游戏时，金币的位置都是随机的。

【游戏分析】

1. 首先，随机生成的金币位置不能超过游戏窗口边界。假设游戏窗口宽 400 像素、高 400 像素，那么金币 x 坐标的取值范围为 [0,400)，y 坐标的取值范围 [0,400)。

2. 在随机数章节内容里介绍过，生成 [0,n) 之间的随机数需要使用公式 rand()* n / RAND_MAX，因此，金币 x、y 的坐标计算公式如下。

```
x=rand()* 400 / RAND_MAX;              // 生成 [0,400) 范围内随机数
y=rand()* 400 / RAND_MAX;              // 生成 [0,400) 范围内随机数
```

3. 将之前的游戏程序中，金币 x、y 坐标数组清空，然后使用随机数对金币 x、y 坐标重新赋值，例如：

```
srand(time(0));                        // 设置时间种子
int coinXs[8]={0};                     // 清空金币 x 坐标数组
int coinYs[8]={0};                     // 清空金币 y 坐标数组
for (i=0;i<size;i++)
{
        coinXs[i]=rand()*400/RAND_MAX;   // 生成金币 x 坐标
        coinYs[i]=rand()*360/RAND_MAX;   // 生成金币 y 坐标
}
```

【示例 11-15】随机生成金币位置示例代码如下。

```
001 #include<yzkgame.h>
002 #include<stdio.h>
003 #include<stdlib.h>
004 #include <time.h>
005 #pragma comment(linker,"/subsystem:\"console\" /entry:\"mainCRTStartup\"" )
006 #pragma comment(lib, "YZKGame.lib")
007 void gameMain(void)
008 {
009     int coinNums[ ]={1,2,3,4,5,6,7,8};
010     int coinXs[8]={0};                     // 清空金币 x 坐标数组
011     int coinYs[8]={0};                     // 清空金币 y 坐标数组
012     int bombNums[ ]={9,10,11,12,13};
013     int bombXs[ ]={299,17,118,181,50};
014     int bombYs[ ]={110,200,155,340,299};
015     int imageNum=0;
016     int boyNum=0;
017     int i;
018     int key=0;
019     int size=sizeof(coinNums)/sizeof(int);
020     int bombSize=sizeof(bombNums)/sizeof(int);
021     int boyX=0;
022     int boyY=0;
```

```
023        int scoreCoinNum=1;
024        int scoreTxt=0;
025        int count=0;
026        setGameSize(400,400);
027        createImage(imageNum," 大片草地 .png");
028        createSprite(boyNum,"boy");
029        playSpriteAnimate(boyNum,"walk");
030        setSpriteFlipX(boyNum,TRUE);
031        createImage(scoreCoinNum,"bigcoin.png");
032        setImagePosition(scoreCoinNum,330,370);
033        createText(scoreTxt,"X0");
034        setTextPosition(scoreTxt,360,370);
035        setTextFontSize(scoreTxt,40);
036        srand(time(0));                           // 设置时间种子
037        for (i=0;i<size;i++)
038        {
039            coinXs[i]=rand()*400/RAND_MAX;        // 生成金币 x 坐标
040            coinYs[i]=rand()*360/RAND_MAX;        // 生成金币 y 坐标
041        }
042        for (i=0;i<size;i++)
043        {
044            int coinNum=coinNums[i];
045            int coinX=coinXs[i];
046            int coinY=coinYs[i];
047            createSprite(coinNum,"coin");
048            playSpriteAnimate(coinNum,"rotate");
049            setSpritePosition(coinNum,coinX,coinY);
050        }
051        for (i=0;i<bombSize;i++)
052        {
053            int bombNum=bombNums[i];
054            int bombX=bombXs[i];
055            int bombY=bombYs[i];
056            createSprite(bombNum,"bomb");
057            playSpriteAnimate(bombNum,"laser");
058            setSpritePosition(bombNum,bombX,bombY);
059        }
060        while (1)
061        {
062            key=getPressedKeyCode();
063            if(RP_KEY_UP==key)
064            {
065                boyY++;                            //y 坐标加 1
066            }
067            else if(RP_KEY_DOWN==key)
068            {
069                boyY--;                            //y 坐标减 1
070            }
071            else if(RP_KEY_LEFT==key)
072            {
073                boyX--;                            //x 坐标减 1
074                setSpriteFlipX(boyNum,FALSE);
075            }
076            else if(RP_KEY_RIGHT==key)
077            {
078                boyX++;                            //x 坐标加 1
079                setSpriteFlipX(boyNum,TRUE);
```

```
080                }
081            setSpritePosition(boyNum,boyX,boyY);
082            for (i=0;i<size;i++)
083            {
084                    int coinNum=coinNums[i];
085                    int coinX=coinXs[i];
086                    int coinY=coinYs[i];
087            int dist=(coinX-boyX)*(coinX-boyX)+(coinY-boyY)*(coinY-boyY);
088                    if (dist<100&&isSpriteVisible(coinNum))
089                    {
090                            char   text[10]={0};
091                            count++;
092                            sprintf(text,"X%d",count);
093                            setText(scoreTxt,text);
094                            hideSprite(coinNum);
095                    }
096            }
097            for (i=0;i<bombSize;i++)
098            {
099                    int bombX=bombXs[i];
100                    int bombY=bombYs[i];
101                    int dist=(bombX-boyX)*(bombX-boyX)+(bombY-boyY)*(bombY-boyY);
102                    if (dist<100)                       // 判断 dist 是否小于 100
103                    {
104                            exit(0);                    // 结束游戏
105                    }
106            }
107            pauseGame(10);
108        }
109 }
110 int main(void)
111 {
112     rpInit(gameMain);
113     return 0;
114 }
```

运行结果如图 11-18 所示。

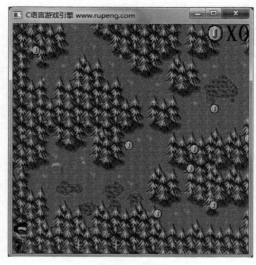

图 11-18　运行结果

【程序分析】

1. 上述代码是在吃到炸弹游戏结束基础上修改而来。

2. 第 11~12 行，将金币 x、y 坐标数组清空为 0。

3. 第 36 行，设置时间种子。

4. 第 37~41 行，随机生成金币的 x、y 坐标，保存在金币的 x、y 坐标数组中。

5. 经过以上三步操作，每次运行游戏时生成，金币的位置都不一样。

11.4   课后习题

1．创建 8 个金币，boy 每吃掉一个金币，游戏窗口右上角分数加 1，当吃完所有金币时，游戏直接结束。

2．在第 1 题基础上，增加 boy 碰到上、下、左、右边界时停止移动。

11.5   习题答案

1．

```c
#include<yzkgame.h>
#include<stdio.h>
#include<stdlib.h>
#pragma comment(linker,"/subsystem:\"console\" /entry:\"mainCRTStartup\"" )
#pragma comment(lib, "YZKGame.lib")
void gameMain(void)
{
        int coinNums[]={1,2,3,4,5,6,7,8};
        int coinXs[]={110,210,130,340,250,160,170,280};
        int coinYs[]={88,117,18,181,200,204,301,350};
        int imageNum=0;
        int boyNum=0;
        int i;
        int key=0;
        int size=sizeof(coinNums)/sizeof(int);
        int boyX=0;
        int boyY=0;
        int scoreCoinNum=1;
        int scoreTxt=0;
        int count=0;
        setGameSize(400,400);
        createImage(imageNum," 大片草地 .png");
        createSprite(boyNum,"boy");
        playSpriteAnimate(boyNum,"walk");
        setSpriteFlipX(boyNum,TRUE);
        createImage(scoreCoinNum,"bigcoin.png");
        setImagePosition(scoreCoinNum,330,370);
        createText(scoreTxt,"X0");
        setTextPosition(scoreTxt,360,370);
        setTextFontSize(scoreTxt,40);
```

```
for (i=0;i<size;i++)
{
        int coinNum=coinNums[i];
        int coinX=coinXs[i];
        int coinY=coinYs[i];
        createSprite(coinNum,"coin");
        playSpriteAnimate(coinNum,"rotate");
        setSpritePosition(coinNum,coinX,coinY);
}
while (1)
{
        key=getPressedKeyCode();
        if(RP_KEY_UP==key)
        {
                boyY++;
        }
        else if(RP_KEY_DOWN==key)
        {
                boyY--;
        }
        else if(RP_KEY_LEFT==key)
        {
                boyX--;
                setSpriteFlipX(boyNum,FALSE);
        }
        else if(RP_KEY_RIGHT==key)
        {
                boyX++;
                setSpriteFlipX(boyNum,TRUE);
        }
        setSpritePosition(boyNum,boyX,boyY);
        for (i=0;i<size;i++)
        {
                int coinNum=coinNums[i];
                int coinX=coinXs[i];
                int coinY=coinYs[i];
                int dist=(coinX-boyX)*(coinX-boyX)+
                (coinY-boyY)*(coinY-boyY);
                if (dist<100&&isSpriteVisible(coinNum))
                {
                char text[10]={0};
                count++;
                sprintf(text,"X%d",count);
                setText(scoreTxt,text);
                hideSprite(coinNum);
                if(count>=8)                    // 判断是否所有金币吃完
                {
                pauseGame(1000);
                exit(0);
                }
        }
    }
        pauseGame(10);
}
}
```

```
int main(void)
{
rpInit(gameMain);
        return 0;
}
```

2.

```
#include<yzkgame.h>
#include<stdio.h>
#include<stdlib.h>
#pragma comment(linker,"/subsystem:\"console\" /entry:\"mainCRTStartup
\"" )
#pragma comment(lib, "YZKGame.lib")
void gameMain(void)
{
    int coinNums[]={1,2,3,4,5,6,7,8};
    int coinXs[]={110,210,130,340,250,160,170,280};
    int coinYs[]={88,117,18,181,200,204,301,350};
    int imageNum=0;
    int boyNum=0;
    int i;
    int key=0;
    int size=sizeof(coinNums)/sizeof(int);
    int boyX=0;
    int boyY=0;
    int scoreCoinNum=1;
    int scoreTxt=0;
    int count=0;
    int spriteWidth=0;
    int spriteHeight=0;
    setGameSize(400,400);
    createImage(imageNum," 大片草地 .png");
    createSprite(boyNum,"boy");
    playSpriteAnimate(boyNum,"walk");
    setSpriteFlipX(boyNum,TRUE);
    createImage(scoreCoinNum,"bigcoin.png");
    setImagePosition(scoreCoinNum,330,370);
    createText(scoreTxt,"X0");
    setTextPosition(scoreTxt,360,370);
    setTextFontSize(scoreTxt,40);
    for (i=0;i<size;i++)
    {
        int coinNum=coinNums[i];
        int coinX=coinXs[i];
        int coinY=coinYs[i];
        createSprite(coinNum,"coin");
        playSpriteAnimate(coinNum,"rotate");
        setSpritePosition(coinNum,coinX,coinY);
    }
    while (1)
    {
        key=getPressedKeyCode();
        spriteWidth=getSpriteWidth(boyNum);
```

```
                spriteHeight=getSpriteHeight(boyNum);
                if(RP_KEY_UP==key&&boyY<400-spriteHeight)
                {
                        boyY++;
                }
                else if(RP_KEY_DOWN==key&&boyY>0)
                {
                        boyY--;
                }
                else if(RP_KEY_LEFT==key&&boyX>0)
                {
                        boyX--;
                        setSpriteFlipX(boyNum,FALSE);
                }
                else if(RP_KEY_RIGHT==key&&boyX<400-spriteWidth)
                {
                        boyX++;
                        setSpriteFlipX(boyNum,TRUE);
                }
                setSpritePosition(boyNum,boyX,boyY);
                for (i=0;i<size;i++)
                {
                        int coinNum=coinNums[i];
                        int coinX=coinXs[i];
                        int coinY=coinYs[i];
                        int dist=(coinX-boyX)*(coinX-boyX)+
                        (coinY-boyY)*(coinY-boyY);
                        if (dist<100&&isSpriteVisible(coinNum))
                        {
                                char text[10]={0};
                                count++;
                                sprintf(text,"X%d",count);
                                setText(scoreTxt,text);
                                hideSprite(coinNum);
                                if(count>=8)
                                {
                                        pauseGame(1000);
                                        exit(0);
                                }
                        }
                }
                pauseGame(10);
        }
}
int main(void)
{
    rpInit(gameMain);
    return 0;
}
```

第三篇 高级指针篇

经过前面十一章的学习，相信读者已经对 C 语言的基础知识有了比较系统的认识。高级篇将分两章介绍 C 语言的高级知识：指针、内存管理、结构体。

本篇学习目标

◎ 掌握指针的定义、使用。

◎ 理解指针在数据处理中的作用。

◎ 掌握"&"和"*"两个运算符的使用方法。

◎ 理解数组和指针的关系。

◎ 掌握使用指针进行数组遍历的方法。

◎ 掌握字符串常用函数的使用方法。

◎ 理解堆内存、栈内存的不同。

◎ 知道如何选择堆内存还是栈内存。

◎ 掌握堆内存分配和回收方式。

◎ 理解结构体的特点及基本使用方法。

本篇学习难点

◎ 本篇难点是"&"和"*"两个运算符的作用，以及熟练地应用"&"和"*"，掌握指针的使用。

◎ 本篇另一难点是数组和字符串的应用，这两种数据类型是编程中应用非常多的数据类型。本篇的案例将帮助读者理解和运用数组和字符串。

第 12 章　指针初识

指针是 C 语言的特色，也是精华所在，但同时也是 C 语言的难点。每一个合格的 C 语言程序员都应该掌握指针，软件开发行业有这样一句话，"没有掌握指针，就等于没有学过 C 语言"。这句话虽然有点夸张，但足以说明指针在 C 语言中的重要性。

12.1　指针知识先导

指针的本质是内存空间的地址编号。由此可以看出指针与内存空间密切相关，因此，搞清指针与内存之间的关系是学习指针的第一步，也是最重要的一步。本节将从内存空间开始介绍，带领读者由浅入深地学习指针。

12.1.1　内存空间与内存地址

想要掌握指针，就必须清楚计算机中如何存储数据、访问数据。前面几章的程序中，都是通过变量名来操作数据，如：

```
int num=100;
```

上述程序的本质是：在内存中开辟 4 字节空间，然后给该内存空间命名为 num，最后将整数 100 保存在该内存空间中。

```
num=200;
```

上述程序的本质是：将整数 200 保存在名称为 num 的内存空间中，这样就会覆盖之前保存的 100，也即所谓的修改变量。

```
printf("%d\n",num);
```

上述程序的本质是：读取名称为 num 的内存空间中的数据，然后打印输出。

通过分析，读者有没有发现：计算机中的数据都是存储在内存中，因此读写数据的本质其实是读写内存。目前读写内存的唯一方式就是通过变量名，这种方式被称为"直接访问"。

既然有"直接访问"，相信读者就会问，那有没有"间接访问"呢？

答案是肯定的。其本质是通过内存地址访问内存空间。那么什么是内存地址呢？下面通过一个例子来介绍内存空间与内存地址。

在计算机中，内存空间的最小单位为字节，操作系统会为每个字节的内存空间进行编号，并且这个编号在当前程序中是唯一的。

这种方式类似于现实生活中的小区，小区的最小单位是住户，每一个住户的房子都有唯一的编号（门牌号），如 1-1 表示 1 栋 1 号、2-5 表示 2 栋 5 号等。如果想要找住在该小区的居民，可以根据门牌号找到他家。因此这里可以作形象类比：计算机内存空间相当于小区，每一个字节内存空间相当于每一个住户的房子，每一个字节内存空间编号相当于门牌号。

最后需要说明一点，所谓的内存空间编号在计算机应用中被称为"内存空间地址"，简称"内存地址"。因此在后续程序中，出现内存地址，默认表示某一个字节内存空间的编号。

注意： 这里读者务必清楚，内存地址与内存空间虽然是一一对应的，但是真正存储数据的是内存地址所对应的内存空间，而不是内存地址本身，因为内存地址只是一个编号。

下面通过例子来深入理解内存空间与内存地址。

假设图 12-1 是宾馆中的一排房间，每个房间中都住着一个足球运动员，例如，101 号房间住着 7 号球员；105 号房间住着 2 号球员。

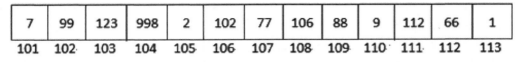

| 7 | 99 | 123 | 998 | 2 | 102 | 77 | 106 | 88 | 9 | 112 | 66 | 1 |
| 101 | 102 | 103 | 104 | 105 | 106 | 107 | 108 | 109 | 110 | 111 | 112 | 113 |

图 12-1　内存空间与内存地址

如果想要在这排房间中找到 2 号球员，只需知道他住的房间号是 105 即可。同理，要找其他球员也是如此，虽然宾馆的房间外表都一样，但是房号不同。这里可以作一个形象的类比：房号 101 相当于内存地址，101 房间相当于内存空间，7 号球员相当于内存空间中的数据。

前面讲过，要想找到 7 号球员，必须通过房间号来查找。同理，在计算机中，要想读写内存空间中的数据，也需要通过内存地址找到内存空间，然后进行读写操作。读写内存有如下两种方式。

第一种，通过变量名读写内存。

变量本质上是一块有名字的内存空间，可以通过变量名读写内存，如图 12-2 所示。

第二种，通过内存地址读写内存。

在计算机内存中，每一个字节的内存空间都有一个编号，这个编号被称为内存地址。通过该地址可以读写对应的内存空间，如图 12-3 所示。

图 12-2　通过变量名读写内存　　　　图 12-3　通过内存地址读写内存

12.1.2　探索内存

上一节中，讨论了内存空间与内存地址的关系，为了帮助读者更加深入地了解这二者之间的关系，本节将使用 VS2012 自带的工具，更加形象地分析。

下面这段代码，用于输出变量 num 的内存地址。

【示例 12-1】输出变量地址。

```
1 #include<stdio.h>
2 int main(void)
3 {
4   int num=999;
5   printf("%p\n",&num);        // 输出变量 num 内存地址
6   getchar();
7   return 0;
8 }
```

【程序分析】

第 5 行，"&" 是 C 语言中的取地址符，&num 表示提取变量 num 所对应的内存空间的地址编号，也就是所谓的内存地址。%p 表示以十六进制格式输出内存地址。

编写完上述程序后，下面通过 VS2012 的工具一步步探索内存空间。

第1步 测试程序第 6 行，在第 6 行代码编号左侧单击，可以为程序添加一个断点，如图 12-4 所示，断点的作用是当程序以调试模式运行的时候，程序会在设置了断点的代码行处暂停。

第2步 运行程序，控制台会输出十六进制的地址数据，如图 12-5 所示。

```
1   #include<stdio.h>
2   int main(void)
3   {
4       int num=999;
5       printf("%p\n",&num);
6       getchar();
7       return 0;
8   }
```

图 12-4　为程序加断点

图 12-5　运行结果

说明： 变量的地址是系统随机给出的，每次运行程序，变量的地址都是不一样的。因此，当读者运行这段程序时，也会发现变量的地址在变化。

第3步 依次单击【菜单】→【调试】→【窗口】→【内存】→【内存 1】选项，打开内存窗口，如图 12-6 所示。

```
内存 1                                              ▼ ☐ ✕
地址: 0x0040FCA8                        ▼ ↻ 列: 自动        ▼
0x0040FCA8   ???????????? ????????????    ........
0x0040FCB0   ???????????? ????????????    ........
0x0040FCB8   ???????????? ????????????    ........
0x0040FCC0   ???????????? ????????????    ........
0x0040FCC8   ???????????? ????????????    ........
```

图 12-6　内存窗口

第4步 将控制台输出的数据，输入到【内存 1】窗口的【地址】栏中，然后按下【Enter】键，如图 12-7 所示。

```
内存 1                                                      ▼ □ ×
地址: 0x0019FE50                              ▼ 🔄 列: 自动          ▼
0x0019FE50  e7 03 00 00 cc cc cc cc a8    ?...?????  ▲
0x0019FE59  fe 19 00 a9 19 04 00 01 00    ?..?.....
0x0019FE62  00 00 00 57 1f 00 f0 59 1f    ...W..?Y.
0x0019FE6B  00 2e 38 9e 28 00 00 00 00    ..8?(....
0x0019FE74  00 00 00 00 00 e0 fd 7f 00    .....??..
0x0019FE7D  00 00 00 00 01 00 00 00 00    .........  ▼
```

图 12-7　内存地址

第5步　在【内存1】窗体内单击右键，然后在弹出的菜单中选择【4字节整数】和【带符号显示】复选项，如图 12-8 所示。

图 12-8　修改显示格式

说明：因为 num 是 int 类型，在 32 位系统下占 4 字节，所以第 5 步选【4 字节整数】，其他类型数据依次类推。

第6步　查看【内存1】窗口，可以发现内存地址对应内容变为数字显示，且带有符号，其中 0019FE50 内存地址保存的内容为 999，如图 12-9 所示。

```
内存 1                                                      ▼ □ ×
地址: 0x0019FE50                              ▼ 🔄 列: 自动          ▼
0x0019FE50         +999    -858993460   ?...????   ▲
0x0019FE58     +1703592       +268713   ??..?...
0x0019FE60           +1      +2053888   .....W..
0x0019FE68     +2054640    +681457710   ?Y...8?(
0x0019FE70           +0            +0   ........
0x0019FE78  +2147344384            +0   .??.....   ▼
```

图 12-9　内存窗口显示

【操作分析】

1. 在输出变量地址程序代码中，第 4 行，通过变量名 num 将整数 999 写入内存空间。

2. 第 5 行，使用 &num 得到变量 num 对应的内存空间地址为 0019FE50。

3. 通过断点调试的方式，查看 0019FE50 地址空间中保存的数据 999。

4. 经过以上分析，变量 num 完整内存模型如图 12-10 所示。

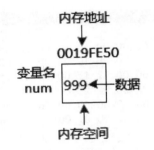

图 12-10　完整的内存模型

5. 通过图 12-10 可以看到，访问内存空间可以通过变量名，也可以通过内存地址。

【高手支招】

为了方便在【内存 1】对话框中查看内存，建议读者将【列】选项设置为【自动】，如图 12-11 所示。

内存 1							
地址: 0x009F5858					列: 自动		
0x009F5858	+114	+117	+112	+101	+110	+103	rupeng
0x009F585E	+0	+0	+95	+0	+95	+0	.._._.
0x009F5864	+110	+0	+97	+0	+116	+0	n.a.t.

图 12-11　调节显示【列】选项

12.1.3　指针变量: 保存内存地址的变量

1．如何获得内存地址

前面介绍过，变量的本质是一块有名字的内存空间。其实这块内存空间不仅有名字，还有编号，在 32 位操作系统下，这个编号是一个 4 字节的整数。通过"& 变量名"的方式可以得到这个整数，例如：

```
int num=10;
printf("%p\n",&num);           // 以十六进制格式输出内存地址
```

输出结果如图 12-12 所示。

这个编号与一部分内存空间是对应的，通过这个编号可以找到对应的内存空间。

图 12-12　输出结果

2．变量地址与内存地址

现阶段学习，在程序中得到内存地址的唯一方式是: & 变量名。由于这种方式得到的内存地址是变量所对应的内存空间地址，又是通过变量名得到的，因此可以称为"变量地址"。这里读者务必清楚，变量地址本质上就是内存地址。

3．指针变量

用于保存内存地址的变量，称为指针变量。在 C 语言程序中不仅变量有类型，数据也有类型，例如，1—整数型，3.14—浮点数型，'c'—字符型。在存储数据时，需要使用与之匹配的类型变量进行保存。同理，内存地址也是一种数据，这种数据都是指针类型，因此需要指针类型变量来保存这种数据。

12.1.4 指针变量定义与初始化

1．定义指针变量的一般形式

定义指针变量一般采用如下形式：

```
类型名 * 变量名 ；
```

类型名表示该指针变量只能保存该类型变量的地址，* 表示该变量是指针变量，只能保存地址数据，变量名即该变量的名称。例如：

```
int* p;
```

int 表示该指针变量只能保存 int 类型变量的地址，* 表示变量 p 是指针变量，只能保存地址数据，p 是指针变量的名称。

2．指针变量初始化

指针变量和普通变量初始化方式相同，可以在变量定义时初始化，也可以先定义后初始化。例如：

```
int a=10;
int* p_a=&a;              // 定义 int 指针变量 p_a，并将变量 a 的内存地址赋值给 p_a
```

或者

```
int a=10;
int*p_a;                  // 先定义 int 指针变量 p_a
p_a=&a;                   // 然后将变量 a 地址赋值给变量 p_a
```

3．指针变量指向的变量

在 C 语言程序中，将某个变量的地址赋值给指针变量，就认为该指针变量指向了某个变量，例如：

```
int a=10;
int*p_a=&a;
```

上述程序，将整数变量 a 的地址赋值给指针变量 p_a，就认为 p_a 指向了变量 a，如图 12-13 所示。

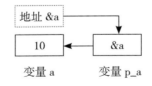

图 12-13　指针变量指向的变量

可以看到，变量 a 中存储的是整数 10，而变量 p_a 中存储的是变量 a 的地址。想要访问数据 10，必须先找到指针变量 p_a，通过变量 p_a 中的数据 &a，找到变量 a，最后访问数据 10。

12.1.5 引用指针变量

指针变量的引用分以下两种情况。

第一种，引用指针变量。

【示例 12-2】对指针变量进行读写操作。

```
01 #include<stdio.h>
02 int main(void)
03 {
04     int a=10;
05     int b=20;
06     int* p1,*p2;                      // 定义指针变量 p1、p2
07     p1=&a;                            //p1 指向变量 a
08     p2=p1;                            //p2 指向变量 a
09     printf("&a=%p p1=%p p2=%p\n",&a,p1,p2);
10     p1=&b;                            //p1 指向变量 b
11     p2=p1;                            //p2 指向变量 b
12     printf("&b=%p p1=%p p2=%p\n",&b,p1,p2);
13     getchar();
14     return 0;
15 }
```

运行结果如图 12-14 所示。

```
&a=0013F8F4  p1=0013F8F4  p2=0013F8F4
&b=0013F8E8  p1=0013F8E8  p2=0013F8E8
```

图 12-14　运行结果

【程序分析】

1. 第 4~5 行分别定义两个 int 变量 a、b。

2. 第 6 行，定义两个 int 类型指针变量 p1、p2。

3. 第 7 行，将变量 a 的地址赋值给指针变量 p1，因此 p1 指向变量 a。

4. 第 8 行，将指针变量 p1 的值赋值给指针变量 p2，p2 也指向变量 a，如图 12-15 所示。

5. 第 9 行，输出变量 a 的地址与指针变量 p1、p2 的值，可以看到指针变量 p1、p2 的值就是变量 a 地址，如图 12~14 第 1 行所示。

6. 第 10 行，将变量 b 的地址赋值给指针变量 p1，因此 p1 指向变量 b。

7. 第 11 行，将指针变量 p1 的值赋值给指针变量 p2，p2 也指向变量 b，如图 12-16 所示。

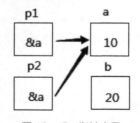

图 12-15　指针变量

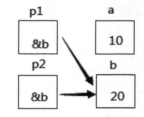

图 12-16　指针变量交换

8. 第 12 行，输出变量 b 的地址与指针变量 p1、p2 的值，可以看到指针变量 p1、p2 的值就是变量 b 地址，如图 12-14 第 2 行所示。

9. 通过上述程序，读者可以发现，操作指针变量与操作普通变量是一样的。

第二种，引用指针变量指向的变量。

【示例 12-3】对指针变量指向的变量进行读写操作。

```
01 #include<stdio.h>
02 int main(void)
03 {
04     int a=10;
```

```
05      int* p=&a;                                    // 指针变量 p 指向变量 a 的内存地址
06      printf("a=%d *p=%d\n",a,*p);
07      *p=20;                                        // 修改 p 指向变量 a 中的数据
08      printf("a=%d *p=%d\n",a,*p);
09      getchar();
10      return 0;
11 }
```

运行结果如图 12-17 所示。

【程序分析】

```
a=10  *p=10
a=20  *p=20
```

图 12-17　运行结果

1. 第 5 行，定义 int 指针变量 p 并使用变量 a 的内存地址对其初始化，也即指针 p 指向变量 a。

2. 第 6 行，因为 p 的值为 &a，所以 *p 等价于 *&a，在 C 语言中 * 与 & 可以相互抵消，因此 *p 等价于 a，最终 *p 的输出结果与变量 a 的值一致，均为 10。

3. 第 7 行，*p=20 等价于 *&a=20，* 与 & 相互抵消，因此 *p=20 等价于 a=20，所以变量 a 的值被修改为 20。

4. 第 8 行，由于第 7 行已经将变量 a 修改为 20，所以输出 a 与 *p 的结果都为 20。

学习指针时，读者必须熟练掌握以下两个运算符。

（1）&：取地址运算符。&a 代表取变量 a 的地址。

（2）*：间接访问运算符。该符号的使用分以下两种情况。

第一种，* 与变量类型一起出现时，表示定义指针变量。

例如：

```
int*p;              // 定义指针变量 p
```

第二种，* 与指针变量一起出现，表示操作指针变量指向的变量。

例如：

```
int a=10;
int*p=&a;
*p=20;              // 将指针变量 p 指向的变量 a 修改为 20
```

12.1.6　指针变量作函数参数：交换两个变量的值

在 C 语言中，函数参数不仅可以是字符型、整型、浮点型等，还可以是指针类型，作用是将变量地址传递给函数形参。

下面通过几个例子来了解指针变量作函数参数。

案例 1：封装函数，修改 main 函数中变量的值

【案例分析 1】

1. main 函数与封装的函数，属于两个函数，不能直接通过变量名修改。

2. 以函数传参的方式修改，最终修改的只是形参副本，实参变量并未被修改。

为了解决这种跨函数修改变量的问题，一般将变量地址作为实参传递给形参，这样形参指向被修改变量，就可以对指向的变量随意修改。

【示例 12-4】指针方式修改变量的值。

```
01 #include <stdio.h>
02 void change(int* p)
03 {
04  *p=*p+1;                          //p 指向的内存空间数据加 1
05 }
06 int main(void)
07 {
08     int num=999;
09     printf(" 修改前 : num=%d\n",num);
10     change(&num);                   // 传入变量 num 的地址
11     printf(" 修改后 : num=%d\n",num);
12     getchar();
13     return 0;
14 }
```

运行结果如图 12-18 所示。

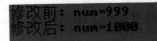

【程序分析 1】

1. 第 2~5 行，定义函数 change，形参 p 为 int* 类型，该函数的作用是将 p 指向的变量值加 1。

图 12-18　运行结果

2. 第 8 行，定义 int 变量 num，赋值为 999。

3. 第 9 行，输出变量 num 的值：999。

4. 第 10 行，调用 change 函数，传入变量 num 的地址，此时形参 p 指向变量 num。*p=*p+1 表示将 p 指向的内存空间中数据加 1，等价于将变量 num 的值加 1。

5. 第 11 行，再次输出变量 num 的值：1000，可以看到调用 change 函数修改了变量 num 的值。

案例 2：封装函数，交换两个整型变量的值

【案例分析 2】

1. 前面介绍过交换两个变量的值，需要定义一个临时变量，例如：

```
int temp=a;
a=b;
b=temp;
```

2. 定义函数 swap，将两个整型变量的值作为函数实参传递给 swap 函数形参，在该函数中交换两个变量的值。

【示例 12-5】变量作函数形参。

```
01 #include<stdio.h>
02 void swap(int a,int b)
03 {
04     int temp=a;
05     a=b;
06     b=temp;
07 }
08 int main(void)
09 {
10     int a=10;
11     int b=20;
12     swap(a,b);
```

```
13        printf(" 交换后 a=%d b=%d\n",a,b);
14        getchar();
15        return 0;
16   }
```

运行结果如图 12-19 所示。

【程序分析 2】

交换后**a=10 b=20**

图 12-19 运行结果

1. 第 2 行，定义函数 swap，有两个 int 类型形参，无返回值，该函数的作用是交换两个变量的值。

2. 第 10~11 行，定义两个 int 变量，并分别初始化为 10、20。

3. 第 12 行，调用 swap 函数，将变量 a、b 的值作为实参传递给 swap 函数形参。

4. 第 13 行，输出交换后变量 a、b 的值。

5. 通过运行结果可以看到，调用 swap 函数后，main 函数中变量 a、b 的值并未交换。之所以会出现这种现象，是由于在 C 语言中函数传参存在"副本"机制。swap 函数中的形参 a、b只是 main 函数中实参 a、b 的一个复制品，相当于一个文件的复印件，在复印件上修改并不会影响文件原件。同理，在 swap 函数中交换的只是实参 a、b 的副本，并不会影响实参 a、b 的值。

图 12-20 所示为副本机制示意图。

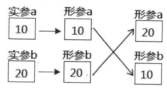

图 12-20 副本机制

下面使用指针变量作为函数参数，交换整型变量的值。

【示例 12-6】 指针变量做函数形参。

```
01 #include<stdio.h>
02 void swap(int* p_a,int* p_b)
03 {
04     int temp=*p_a;
05     *p_a=*p_b;
06     *p_b=temp;
07 }
08 int main(void)
09 {
10     int a=10;
11     int b=20;
12     swap(&a,&b);
13     printf(" 交换后 a=%d b=%d\n",a,b);
14     getchar();
15     return 0;
16 }
```

运行结果如图 12-21 所示。

【程序分析】

交换后**a=20 b=10**

1. 第 2 行，定义函数 swap，有两个 int* 类型形参 p_a、p_b，

图 12-21 运行结果

无返回值，该函数的作用是交换两个变量的值。

2. 第 10~11 行，定义两个 int 变量，并分别初始化为 10、20。

3. 第 12 行，调用 swap 函数，将变量 a、b 的地址作为实参传递给 swap 函数的形参 p_a、p_b。

4. 第 13 行，输出交换后变量 a、b 的值。

5. 通过运行结果可以看到，调用 swap 函数后，main 函数中变量 a、b 的值发生了交换。与示例 12-5 不同的是，形参 p_a、p_b 得到的是实参 a、b 的地址。因此，形参 p_a 指向实参 a，形参 p_b 指向实参 b，如图 12-22 所示。

6. 由于形参 p_a、p_b 中保存的是实参 a、b 的地址，所以 *p_a、*p_b 操作的是实参 a、b 本身而不是副本。最终在 swap 函数中，实现交换实参 a、b 的值，如图 12-23 所示。

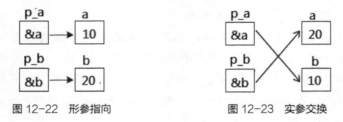

图 12-22 形参指向　　　　　　　　图 12-23 实参交换

12.1.7 指针变量作函数参数：获取三位整数的个、十、百位

【案例要求】

封装函数，将三位整数的个、十、百位分别拆分出来，分别保存在 3 个变量中并返回，例如：365 拆分为：3、6、5。

【案例分析】

1. 拆分三位整数的个、十、百位，使用除法和取余运算即可。

```
365/100;              //365/100 结果为 3，表示百位
365/10%10;            //365/10 结果为 36，36%10 结果为 6，表示十位
365%10;               //365%10 结果为 5，表示个位
```

2. 函数返回值每次只能返回一个数据，而题目要求返回 3 个数据。因此，使用返回值是做不到的，只能使用指针变量作函数形参来返回 3 个数据。

【示例 12-7】获取三位整数的个、十、百位数字。

```
01 #include<stdio.h>
02 void getGSB(int num,int* p_ge,int* p_shi,int* p_bai)
03 {
04     *p_bai=num/100;        // 获取百位
05     *p_shi=num/10%10;      // 获取十位
06     *p_ge=num%10;          // 获取个位
07 }
08 int main(void)
09 {
10     int bai,shi,ge;
11     getGSB(365,&ge,&shi,&bai);
12     printf(" 百位: %d\n",bai);
13     printf(" 十位: %d\n",shi);
14     printf(" 个位: %d\n",ge);
15     getchar();
```

```
16   return 0;
17 }
```

运行结果如图 12-24 所示。

【程序分析】

1. 第 2 行，定义函数 getGSB，有 4 个形参，num 表示要拆
分的三位整数，p_bai、p_shi、p_ge 分别指向 3 块内存空间，用
于保存拆分之后的个、十、百位数据。

图 12-24　运行结果

2. 第 4 行，拆分出百位，赋值到 p_bai 指向的内存空间。

3. 第 5 行，拆分出十位，赋值到 p_shi 指向的内存空间。

4. 第 6 行，拆分出个位，赋值到 p_ge 指向的内存空间。

5. 第 10 行，分别定义 3 个变量 bai、shi、ge，用于保存拆分之后的数据。

6. 第 11 行，调用 getGSB，传入整数 365 以及变量 bai、shi、ge 的地址。此时，p_bai 指向
bai、p_shi 指向 shi、p_ge 指向 ge，如图 12-25 所示。

图 12-25　指针指向内容

7. 第 12~14 行，分别输出拆分出来的 bai、shi、ge 位。

12.1.8　scanf 获取输入数据函数

【scanf 函数原型】

```
int scanf(const char * _Format, 地址列表 )
```

【头文件】

```
#include<stdio.h>
```

【形参列表】

_Format：格式控制字符串，与 printf 函数中格式控制作用相同。

地址列表：由若干个地址组成。

【函数功能】

获取用户按键输入的数据，并以指定格式写入到变量或数组中。

【返回值】

成功时返回正确读入的数据个数，失败时返回 EOF（值为 -1）。

【示例 12-8】 scanf 函数应用。

```
01 #include <stdio.h>
02 int main(void)
03 {
04     int i,j;
05     printf(" 请输入第一个数: \n");
06     scanf("%d",&i);
```

```
07        printf(" 请输入第二个数: \n");
08        scanf("%d",&j);
09        printf("i+j=%d",i+j);
10        getchar();
11        getchar();
12        return 0;
13   }
```

运行结果如图 12-26 所示。

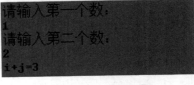

图 12-26　运行结果

【程序分析】

1. 第 4 行，定义变量 i、j，未赋值。

2. 第 5 行，输出提示信息"请输入第一个数："。

3. 第 6 行，调用 scanf 函数等待用户输入。当用户输入 1 时，按下回车键，1 将以 %d 的格式写入变量 i 中。因为变量 i 是 int 类型，所以占位符要使用 %d，和 printf 中占位符用法相同。需要注意的是，scanf 参数列表中传入的是变量地址，而不是变量名。

4. 第 7 行，输出提示信息"请输入第二个数："。

5. 第 8 行，调用 scanf 函数等待用户输入。当用户输入 2，按下回车键，2 将以 %d 的格式写入变量 j 中。

6. 第 9 行，计算 i+j 的值，然后输出 3。

7. 第 10 行，用于接收第 8 行调用 scanf 函数时，最后按下的回车键。

8. 第 11 行，为了方便分析输出结果，程序暂停。

上述程序是接收单个输入数据的程序，scanf 函数还可用于接收多个输入数据。

【示例 12-9】scanf 函数接收多个数据。

```
01 #include <stdio.h>
02 int main(void)
03 {
04      int a,b;
05      scanf("%d %d",&a,&b);      // 获取输入数据，写入到变量 a、b
06      printf("a=%d\n",a);        // 输出变量 a
07      printf("b=%d",b);          // 输出变量 b
08      getchar();
09      getchar();
10      return 0;
11 }
```

输入：1 2（1 和 2 之间以空格隔开），然后按下回车键，运行结果如图 12-27 所示。

图 12-27　运行结果

scanf 中数据类型一定不能用错，float 类型必须使用 %f，int 类型必须使用 %d，表 12-1 中列出了 scanf 函数中常用的占位符所对应的数据类型。

表 12-1　scanf 函数中常用的占位符

占位符	类 型	说 明
%d	int	输入十进制整数
%f	float	输入单精度浮点数

占位符	类 型	说 明
%lf	double	输入双精度浮点数
%c	char	输入单个字符
%s	字符串	输入字符串

使用 scanf 函数需要注意的问题

（1）scanf 函数中应该传入变量地址，而不是变量名。例如：

```
int a,b;
scanf("%d %d",a,b);
```

这种写法是错误的，应该将 "a,b" 修改为 "&a,&b"。

（2）从键盘获取多个数据时，相邻数据之间可以使用空格、tab、回车键作为两个数据之间的分隔符。例如：

```
int a,b;
scanf("%d %d",&a,&b);
```

第一种输入方式：

```
1 2      //1 和 2 之间以空格分隔
```

第二种输入方式：

```
1    2   //1 和 2 之间以 tab 键分隔
```

第三种输入方式：

```
1
2        //1 和 2 之间以回车分隔
```

（3）如果在 scanf 函数中的格式控制字符串中除了占位符外，还有其他字符，则在输入时也必须在对应的位置上输入相同的字符。例如：

```
int a,b,c;
scanf("%d,%d,%d",&a,&b,&c);      // 注意 scanf 中 %d 之间以 "," 分隔
输入：
1,2,3   （输入数据时，也必须以 "," 分隔）
```

（4）使用 scanf 获取字符串时，只需传入字符数组名即可，取地址符 "&" 可以省略不写。例如：

```
char c[10];
scanf("%s",c);   // 可以省去 "&"
输入：
rupeng
```

12.2 数组与指针

数组本质上是一片连续的内存空间，每个数组元素都对应一块独立的内存空间，它们都有相应的地址。因此，指针变量既然可以指向变量，也就可以指向数组元素。本节将介绍指向数

组元素的指针。

12.2.1　数组元素地址初识

1．数组元素地址

在 C 语言中数组可以看作是相同类型变量的集合。通俗点讲，数组中每个元素类型都是相同的。例如：

```
char ch[10]          // 数组 ch 可以看作是由 10 个 char 变量组成
int a[10]            // 数组 a 可以看作是由 10 个 int 变量组成
float f[10]          // 数组 f 可以看作是由 10 个 float 变量组成
```

前面讲过，每字节内存空间都有唯一的内存地址编号。而数组本质上是一片连续的内存空间，数组元素又可以看作是单独的内存空间，如果将数组比作一排房间，数组元素就是单独的一个房间。因此，每个数组元素都有自己的内存空间地址，简称数组元素地址，它和变量地址本质上一致的。

由于数组元素本质上可以当作单独的变量，只不过没有名称，因此，可以使用指针变量来保存数组元素的地址，例如：

```
int a[5]={1,2,3,4,5};    // 定义长度为 5 的 int 数组
int* p_a;                // 定义指向 int 变量的指针变量 p_a
p_a=&a[0]                // 把 a 数组第 0 个元素地址赋给指针变量 p_a
```

p_a 中保存了数组 a 中第 1 个元素 a[0] 的地址，可以认为指针变量 p_a 指向数组 a 的第 1 个元素，如图 12-28 所示。

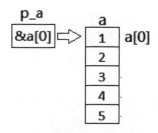

图 12-28　指针变量的指向

提示： &a[0] 等价于 &(a[0])，由于运算符 "[ ]" 比取地址符 "&" 优先级高，因此 &(a[0]) 中的括号可以省略，简写为：&a[0]。

2．定义指向数组元素的指针变量

数组元素本质上可以当作普通变量对待，数组元素类型在定义数组时确定，例如：

```
char c[10]       //10 个数组元素类型都是 char
int  i[10];      //10 个数组元素类型都是 int
float f[10];     //10 个数组元素类型都是 float
```

因此，可以认为数组元素 c[0] 是 char 类型，数组元素 i[0] 是 int 类型，数组元素 f[0] 是 float 类型。分析到这里，读者就会发现数组元素和普通的变量除了名称之外，其他完全相同。所以，可以定义指向同一类型变量的指针变量来指向数组元素。定义与赋值语法如下。

```
数组元素类型 * 变量名  = & 数组名 [ 数组下标 ];
```

或

```
数组元素类型 * 变量名 ;
变量名 = & 数组名 [ 数组下标 ];
```

例如：

```
char   c[10];
char* p_c;                         // 定义 char 指针变量 p_c
p_c=&c[0];
```

指针变量 p_c 中保存数组元素 c[0] 的地址，因此 p_c 指向 c[0]。

下面通过例子来了解指向数组元素的指针变量。

【示例 12-10】指向数组元素的指针变量。

```
01 #include<stdio.h>
02 int main(void)
03 {
04     char c[5]={0};
05     int i[5]={0};
06     float f[5]={0};
07     char* p_c;
08     int* p_i;
09     float* p_f;
10     p_c=&c[0];
11     p_i=&i[0];
12     p_f=&f[0];
13     printf("&c[0]=%p p_c=%p\n",&c[0],p_c);
14     printf("&i[0]=%p p_i=%p\n",&i[0],p_i);
15     printf("&f[0]=%p p_f=%p\n",&f[0],p_f);
16     getchar();
17     return 0;
18 }
```

运行结果如图 12-29 所示。

```
&c[0]=0041F8AC  p_c=0041F8AC
&i[0]=0041F890  p_i=0041F890
&f[0]=0041F874  p_f=0041F874
```

图 12-29 运行结果

【程序分析】

（1）第 4~6 行，分别定义 char、int、float 类型数组 c、i、f。

（2）第 7~9 行，分别定义与数组元素类型相同的指针变量 p_c、p_i、p_f。

（3）第 10~12 行，p_c 指向 c[0]，p_i 指向 i[0]，p_f 指向 f[0]。

（4）第 13~15 行，分别输出数组第 0 个元素的地址与指针变量的值，可以看到二者是相同的。

3．引用指向数组元素的指针变量

因为数组元素本质上可以看作是单独的变量，所以引用指向数组元素的指针变量与引用指向变量的指针变量方式相同，格式为 "* 指针变量名"。例如：

```
int i[5]={1,2,3,4,5};
int*p_i;
p_i=&i[0];
printf("%d\n",*p_i);
```

上述程序中，将数组元素 i[0] 的地址赋值给指针变量 p_i，因此 p_i 等价于 &i[0]，然后

零基础趣学 C 语言

通过 *p_i 引用，等价于 *&i[0]。前面讲过"*"与"&"同时出现可以相互抵消，所以，*p_
i==*&i[0]==i[0] 等价于 *p_i==i[0]。

下面通过例子来理解引用指向数组元素的指针变量。

【示例 12-11】引用指向数组元素的指针变量。

```
01 #include<stdio.h>
02 int main(void)
03 {
04     int i[5]={1,2,3,4,5};
05     int*p_i;
06     p_i=&i[0];
07     printf("i[0]=%d *p_i=%d\n",i[0],*p_i);
08     p_i=&i[1];
09     printf("i[1]=%d *p_i=%d\n",i[1],*p_i);
10     getchar();
11     return 0;
12 }
```

运行结果如图 12-30 所示。

【程序分析】

（1）第 6 行，将数组元素 i[0] 的地址赋给指针变量 p_i，p_i
指向 i[0]。

```
i[0]=1 *p_i=1
i[1]=2 *p_i=2
```

图 12-30　运行结果

（2）第 7 行，先使用数组方式引用 i[0]，再使用 *p_i 方式引用 i[0]，结果都为 1。

（3）第 8 行，又将数组元素 i[1] 的地址赋给指针变量 p_i，p_i 指向 i[1]。

（4）第 9 行，先使用数组方式引用 i[1]，再使用 *p_i 方式引用 i[1]，结果都为 2。

通过以上练习，读者可以看到，访问数组元素有以下两种方式。

第一种：数组名 [下标]。

第二种：* 数组元素地址。

和访问变量方式类似，可以将通过数组名访问元素的方式称为"直接访问"，将通过数组元
素地址访问元素的方式称为"间接访问"。

12.2.2　数组元素地址深入分析

在计算机中内存的最小单位是字节，每个字节都对应一个地址。如果一个变量占用多个字
节，就会占用多个内存地址。例如：char 类型变量占 1 字节就对应 1 个地址，short 类型变量占 2
字节对应 2 个地址，int 类型变量占 4 字节对应 4 个地址……其他类型依次类推。同理，数组元
素类型不同占用的内存地址也不同。

下面通过例子来验证以上分析。

【示例 12-12】打印不同类型的数组元素地址。

```
01 #include<stdio.h>
02 int main(void)
03 {
04     char c[5];
05     short s[5];
06     int i;
07     for (i=0;i<5;i++)
```

274

```
08 {
09      printf("&c[%d]=%p ", i , &c[i]);
10      printf("&s[%d]=%p \n", i ,&s[i]);
11 }
12 getchar();
13 return 0;
14 }
```

运行结果如图 12-31 所示。

【程序分析】

```
&c[0]=002FFD74  &s[0]=002FFD60
&c[1]=002FFD75  &s[1]=002FFD62
&c[2]=002FFD76  &s[2]=002FFD64
&c[3]=002FFD77  &s[3]=002FFD66
&c[4]=002FFD78  &s[4]=002FFD68
```

图 12-31　运行结果

1. 第 4~5 行，分别定义 char、short 类型数组 c、s，长度均为 5。

2. 第 7~11 行，分别输出数组 c 与 s 所有元素的地址。

3. 通过输出结果可以看到，char 类型数组相邻元素地址差值为 1，和 char 类型所占字节数相同。short 类型数组相邻元素地址差值为 2，和 short 类型所占字节数相同。

下面以 int 数组为例，通过内存工具来查看数组在内存中是如何存储的。

第1步　编写测试代码。

```
1 #include<stdio.h>
2 int main(void)
3 {
4      int num[5]={1,2,3,4,5};
5      printf("%p\n",&num);
6      getchar();
7      return 0;
8 }
```

第2步　在第 6 行前加断点，如图 12-32 所示。

第3步　运行程序，记录数组 num 的地址，如图 12-33 所示。

```
1 #include<stdio.h>
2 int main(void)
3 {
4      int num[5]={1,2,3,4,5};
5      printf("%p\n",&num);
6      getchar();
7      return 0;
8 }
```

图 12-32　添加断点

002BF7A0

图 12-33　运行结果

第4步　将地址输入【内存 1】地址栏，然后按下回车键，如图 12-34 所示。

内存 1	
地址:	0x002BF7A0
0x002BF7A0	+1
0x002BF7A4	+2
0x002BF7A8	+3
0x002BF7AC	+4
0x002BF7B0	+5

图 12-34　显示内存地址

经过以上 4 步，可以清楚地看到，数组 num 在内存中是连续存储的，并且相邻元素地址间隔为 4 字节。

12.2.3 数组名与数组首元素地址

在 C 语言中，数组名与数组首元素地址等价。也就是说，在程序中，输出数组名与输出数组首元素地址是相同的。

【示例 12-13】数组名与数组首元素地址。

```
1 #include<stdio.h>
2 int main(void)
3 {
4     int num[5];
5     printf("%p\n",num);        // 输出数组名
6     printf("%p\n",&num[0]);    // 输出数组首元素地址
7     getchar();
8     return 0;
9 }
```

运行结果如图 12-35 所示。

【程序分析】

1. 第 4 行，定义长度为 5 的 int 数组 num。

2. 第 5 行，以 %p 的格式输出数组名 num。

3. 第 6 行，以 %p 的格式输出数组首元素地址 &num[0]。

4. 通过运行结果可以看到输出 num 与 &num[0] 的结果相同。

```
002DFDD4
002DFDD4
```

图 12-35 运行结果

12.2.4 指针加、减运算

指针本质上就是内存地址，在 32 位操作系统下，内存地址是 4 字节的整数。既然是整数，就可以进行加、减、乘、除等算术运算。不过需要注意的是，在 C 语言中一般只讨论指针加、减运算，乘、除等其他算术运算都没有意义。

在实际开发中，指针加、减运算多用于数组（或连续内存空间）。当指针变量 p 指向数组元素时，p+1 表示指向下一个数组元素，p-1 表示指向上一个数组元素。

注意： p+1、p-1 并不是数学中的加 1、减 1，而是表示移动一个"单元"，对于 int 类型来讲一个单元占 4 个字节，因此，p 和 p+1 的值相差 4 个字节。同理，p 和 p-1 也是如此，二者相差 4 个字节。

下面通过例子来了解一下指针加法运算。

【示例 12-14】指针加法运算。

```
01 #include<stdio.h>
02 int main(void)
03 {
04     int a[3]={1,2,3};
05     int* p=&a[0];                // 指针 p 指向 a[0]
06     printf("%p %d\n",p,*p);      // 输出 p 和 p 指向的元素
```

```
07        p=p+1;                          //p 加 1
08        printf("%p %d\n",p,*p);          // 输出 p 和 p 指向的元素
09        getchar();
10        return 0;
11 }
```

运行结果如图 12-36 所示。

```
0013F834 1
0013F838 2
```

图 12-36　运行结果

【程序分析】

1. 第 4 行，定义长度为 3 的 int 数组 a。

2. 第 5 行，定义指针变量 p 指向数组元素 a[0]。

3. 第 6 行，输出指针变量 p 和 p 指向的元素。

4. 第 7 行，指针变量 p 加 1。

5. 第 8 行，输出指针变量 p 和 p 指向的元素。

6. 通过输出结果，可以看到指针变量 p 虽然加 1，但实际上内存地址加了 4，指向了下一个数组元素 a[1]。

下面通过例子来了解一下指针减法运算。

【示例 12-15】指针减法运算。

```
01 #include<stdio.h>
02 int main(void)
03 {
04        int a[3]={1,2,3};
05        int* p=&a[1];                    // 指针 p 指向 a[1]
06        printf("%p %d\n",p,*p);          // 输出 p 和 p 指向的元素
07        p=p-1;                           //p 减 1
08        printf("%p %d\n",p,*p);          // 输出 p 和 p 指向的元素
09        getchar();
10        return 0;
11 }
```

运行结果如图 12-37 所示。

```
002DFC28 2
002DFC24 1
```

图 12-37　运行结果

【程序分析】

1. 第 4 行，定义长度为 3 的 int 数组 a。

2. 第 5 行，定义指针变量 p 指向数组元素 a[1]。

3. 第 6 行，输出指针 p 和 p 指向的元素。

4. 第 7 行，指针变量 p 减 1。

5. 第 8 行，输出指针变量 p 和 p 指向的元素。

6. 通过输出结果，可以看到指针变量 p 虽然减 1，但实际上内存地址减了 4，指向了上一个数组元素 a[0]。

通过以上示例分析，可以归纳总结出以下几点。

（1）指针的加、减法一般指的是指针和普通整数的加、减运算。

（2）当指针变量 p 指向数组元素时，p+1、p-1 分别表示指向下一个、上一个数组元素。依次类推，p+n、p-n 分别表示指向下 n 个元素，上 n 个元素。

（3）p+i 不能超过数组最后一个元素，p-i 不能小于数组第一个元素。否则就会发生数组

越界。

在 C 语言中，两个指针相加是没有意义的，而两个指针相减却有特殊的意义，不过只有当两个指针都指向同一数组中的元素时才有意义。以数组 int a[5] 为例：假设 p2 指向元素 a[2]，p1 指向元素 a[0]，p2-p1 并不是单纯的减法运算，而是表示 p2 与 p1 之间间隔了多少个数组元素。

下面通过例子来了解两个指针相减运算。

【示例 12-16】两个指针相减运算。

```
01 #include<stdio.h>
02 int main(void)
03 {
04     int a[5]={1,2,3,4,5};
05     int* p1=&a[0];                  // 指针 p1 指向元素 a[0]
06     int* p2=&a[2];                  // 指针 p2 指向元素 a[2]
07     printf("p1=%p\n",p1);           // 输出 p1
08     printf("p2=%p\n",p2);           // 输出 p2
09     printf("%d\n",p2-p1);           // 输出 p2-p1
10     getchar();
11     return 0;
12 }
```

运行结果如图 12-38 所示。

```
p1=0013FCC0
p2=0013FCC8
2
```

图 12-38　运行结果

【程序分析】

1. 第 4 行，定义长度为 5 的 int 数组 a。

2. 第 5 行，p1 指向元素 a[0]，如图 12-39 所示。

3. 第 6 行，p2 指向元素 a[2]，如图 12-39 所示。

4. 第 7 行，输出指针变量 p1 的值为 0013FCC0。

5. 第 8 行，输出指向变量 p2 的值为 0013FCC8。

6. 第 9 行，由于 p1 与 p2 地址之间相差 8 个字节，而数组元素是 int 类型，占 4 个字节，相当于差了 2 个数组元素所占的字节数，所以结果为 p2-p1 结果为 2，表示 p1 与 p2 之间相差 2 个数组元素。

数组 a

p1 ⇨	1	a[0]
	2	a[1]
p2 ⇨	3	a[2]
	4	a[3]

图 12-39　指针指向

12.2.5　数组作函数参数

函数参数不仅可以是变量，也可以是数组，数组作函数参数的作用是将数组首元素地址传给函数作形参。

在 C 语言中，数组作函数参数时，是没有副本机制的，只能传递地址。也可以认为，数组作函数参数时，会退化为指针。

下面通过例子来了解数组作形参时，退化为指针。

【示例 12-17】数组做形参，退化为指针。

```
01  #include<stdio.h>
02  void getSize(int nums[5])            // 定义 getSize 函数
03  {
04      int size=sizeof(nums);           // 计算数组 nums 的总字节数
```

```
05        printf("size=%d\n",size);
06    }
07    int main(void)
08    {
09        int nums[5]={1,2,3,4,5};
10        int size=sizeof(nums);              // 计算数组 nums 的总字节数
11        printf("size=%d\n",size);
12        getSize(nums);                       // 调用 getSize 函数
13        getchar();
14        return 0;
15    }
```

运行结果如图 12-40 所示。

```
size=20
size=4
```

图 12-40　运行结果

【程序分析】

1. 第 2 行，定义函数 getSize，形参 nums 为 int 类型数组，该函数的作用是计算数组总字节数，然后打印输出。

2. 第 9 行，定义长度为 5 的 int 数组 nums 并初始化。

3. 第 10 行，计算数组 nums 总字节数，然后赋值给变量 size。

4. 第 11 行，输出变量 size 的值为 20，表示数组 nums 总字节数为 20。

5. 第 12 行，调用 getSize 函数，将数组 nums 作为实参赋给形参 nums。

6. 第 4 行，计算形参数组 nums 的总字节数，然后赋值给变量 size。

7. 第 5 行，输出变量 size 的值为 4，表示形参数组 nums 总字节数为 4。

8. 根据运行结果，可以看到两次输出结果不一样。这是因为当数组作函数形参时，会退化为指针。

```
void getSize(int nums[5])
```

退化为：

```
void getSize(int *nums)
```

在 32 位系统下，所有指针变量都占 4 个字节，因此第 5 行的输出结果为 4。

需要注意的是，只有数组作函数形参时，才会退化为指针。当数组退化为指针后，会无法在被调函数中计算传入数组的大小及长度。

由于用数组作函数参数和用指针作函数参数本质上是一样的，为了避免给函数调用者造成误解，一般不用数组作函数参数。一般当数组作函数参数时，必须传入数组长度，例如：

```
void getSize(int *nums, int length);
```

其中形参 length 表示数组 nums 的长度。

下面给出函数传递数组参数的正确程序示例。

【示例 12-18】封装函数，遍历数组。

```
01    #include<stdio.h>
02    void show(int *nums,int length)              // 定义函数 show
03    {
04        int i;
05        for (i=0;i<length;i++)                    // 遍历数组
06        {
07            printf("%d ",nums[i]);
```

```
08     }
09 }
10 int main(void)
11 {
12     int nums[5]={1,2,3,4,5};
13     int length=sizeof(nums)/sizeof(int);        // 计算数组长度
14     show(nums,length);                          // 调用 show 函数
15     getchar();
16     return 0;
17 }
```

运行结果如图 12-41 所示。

`1 2 3 4 5`

图 12-41　运行结果

【程序分析】

1. 第 2 行，定义函数 show，第 1 个形参 nums 表示数组，第 2 个形参 length 表示数组 nums 的元素个数，该函数的作用是遍历传入的数组元素。

2. 第 12 行，定义 int 数组 nums 并初始化。

3. 第 13 行，计算数组 nums 的长度并赋值给变量 length。

4. 第 14 行，调用 show 函数，传入数组 nums 与数组长度 length。

12.2.6 *(a+i) 与 a[i] 等效

在 C 语言中，数组名等价于数组首元素地址。例如，int a[5]，a 与 &a[0] 完全等价。12.2.4 小节介绍过，数组元素地址加 1 等于下一个数组元素的地址，例如：

&a[0]+1 等价于 &a[1]、&a[0]+2 等价于 &a[2]。而 a 又与 &a[0] 等价，因此，就会有这样的转换关系：

```
a+0 等价于        &a[0], a+0 指向 a[0];
a+1 等价于        &a[1], a+1 指向 a[1];
a+2 等价于        &a[2], a+2 指向 a[2]。
```

可以认为 a+i 等价于 &a[i]，a+i 指向 a[i]，那么 *(a+i) 就是 a+i 所指向的数组元素 a[i]。因此，*(a+i) 与 a[i] 等价。

下面通过例子来了解 *(a+i) 与 a[i] 的关系。

【示例 12-19】*(a+i) 与 a[i] 等效关系。

```
01 #include<stdio.h>
02 int main(void)
03 {
04     int a[5]={1,2,3,4,5};
05     int i;
06     int len=sizeof(a)/sizeof(int);
07     for (i=0;i<len;i++)
08     {
09         printf("%d ",*(a+i));
10     }
11     getchar();
12     return 0;
13 }
```

`1 2 3 4 5`

运行结果如图 12-42 所示。

图 12-42　运行结果

【程序分析】

1. 第 4 行，定义数组 a 并初始化。

2. 第 6 行，计算数组 a 的长度，并赋值给变量 len。

3. 第 7 行，循环遍历数组下标。

4. 第 9 行，以 *(a+i) 形式访问数组元素，并打印输出。

12.2.7 查找数组元素最大值

【案例要求】

封装函数，查找出 int 类型数组中的最大元素，并返回。

【案例分析】

1. 定义函数 getMax，第 1 个形参为数组退化后的指针，第 2 个形参为数组长度，返回值为 int 类型。

2. 查找数组中的最大元素比较简单，默认第一个元素是最大值，然后依次和后面的元素进行比较，如果大于最大值，就将其覆盖，否则不覆盖。

【示例 12-20】查找数组中的最大值。

```
01    #include<stdio.h>
02    int getMax(int *nums,int length)          // 定义函数 getMax
03    {
04        int i;
05        int max=nums[0];                       // 默认 nums[0] 为最大值
06        for (i=1;i<length;i++)                 // 下标从 1 开始遍历
07        {
08            if (max<nums[i])                   // 比较大小
09            {
10            max=nums[i];                       // 覆盖最大值
11            }
12        }
13        return max;                            // 返回最大值
14    }
15    int main(void)
16    {
17        int nums[10]={11,22,3,24,15,8,99,21,35,0};
18        int length=sizeof(nums)/sizeof(int);   // 计算数组长度
19        int max=getMax(nums,length);           // 返回最大值
20        printf(" 最大值为 :%d\n",max);          // 输出最大值
21        getchar();
22        return 0;
23    }
```

运行结果如图 12-43 所示。

【程序分析】

1. 第 17 行，定义数组 nums 并初始化。

最大值为:99

图 12-43 运行结果

2. 第 18 行，计算数组 nums 长度，并赋值给变量 length。

3. 第 19 行，调用函数 getMax，传入数组 nums 与数组长度。在 getMax 函数中第 5 行，默认 nums[0] 是最大值。第 6 行，数组下标从 1 开始遍历。第 8~11 行，如果 max 小于 nums[i]，

就用 nums[i] 的值覆盖 max。第 13 行，返回最大值 max 给被调函数。

4. 第 20 行，输出数组 nums 中的最大值 max 为 99。

由于 *(a+i) 与 a[i] 之间的等效关系，上述程序中 getMax 函数还可以改写为如下形式。

```c
int getMax(int *nums,int length)
{
    int i;int max=*(nums+0);              // *(nums+0) 等效于 nums[0]
    for (i=1;i<length;i++)
    {
        if (max<*(nums+i))                // *(nums+i) 等效于 nums[i]
        {
            max=*(nums+i);
        }
    }
    return max;
}
```

12.3 字符串与指针

在 C 语言中，字符串本质上是采用字符数组的形式进行存储。前面介绍过，指针可以指向数值类型的数组元素，也就可以指向字符类型的数组元素。本节将介绍指向字符数组元素的指针。

12.3.1 字符串的引用与存储

在 C 语言中，字符串存放在字符数组中，要想引用字符串有以下两种方式。

第一种，通过字符数组引用字符串。

【示例 12-21】通过字符数组引用字符串。

```c
1 #include<stdio.h>
2 int main(void)
3 {
4   char str[]="rupeng";        // 定义字符数组 str
5   printf("%s\n",str);          // 以 %s 格式输出 str
6   printf("%c",str[2]);         // 以 %c 格式输出一个字符
7   getchar();
8   return 0;
9 }
```

运行结果如图 12-44 所示。

【程序分析】

1. 第 4 行，定义字符数组 str，并使用 "rupeng" 对其进行初始化。

图 12-44 运行结果

2. 第 5 行，以 %s 格式输出字符串 str。

3. 第 6 行，以 %c 格式输出字符串 str 中的第 3 个字符。

第二种，使用字符指针变量指向字符串，通过字符指针变量引用字符串和字符串中的字符。

【示例 12-22】通过字符指针引用字符串。

```
1 #include<stdio.h>
2 int main(void)
3 {
4   char *str="rupeng";        // 定义字符指针，指向字符串
5   printf("%s\n",str);        // 以 %s 格式输出 str
6   printf("%c",str[2]);       // 以 %c 格式输出一个字符
7   getchar();
8   return 0;
9 }
```

运行结果如图 12-45 所示。

【程序分析】

rupeng
p

图 12-45　运行结果

1. 第 4 行，定义字符指针变量 str，指向字符串"rupeng"。

2. 第 5 行，以 %s 格式输出字符指针变量 str 指向的字符串。

3. 第 6 行，以 %c 格式输出字符指针变量 str 指向的字符串中的第 3 个字符。

需要注意的是，不管是通过字符数组，还是通过字符指针引用字符串。编译器都会自动在字符串末尾添加 0，下面通过内存工具，来查看字符串在内存中是如何存储的。

第1步 编写测试程序。

```
1 #include<stdio.h>
2 int main(void)
3 {
4   char *str="rupeng";
5   printf("%p\n",str);        // 输出字符串地址
6   getchar();
7   return 0;
8 }
```

第2步 在第 6 行添加断点，如图 12-46 所示。

第3步 运行程序，记录 str 指向字符串地址，如图 12-47 所示。

```
1   #include<stdio.h>
2   int main(void)
3   {
4       char *str="rupeng";
5       printf("%s\n",str);
6       getchar();
7       return 0;
8   }
```

图 12-46　添加断点

00F059E0

图 12-47　运行结果

第4步 在【内存 1】中输入字符串地址，然后按下回车键，如图 12-48 所示。

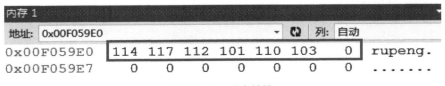

内存 1								
地址：0x00F059E0					▼	⟳	列：自动	
0x00F059E0	114	117	112	101	110	103	0	rupeng.
0x00F059E7	0	0	0	0	0	0	0	....

图 12-48　内存地址

说明： 如果没有显示出图 12-48 所示的效果，可以右键【内存 1】窗口中的任意位置，依次勾选【1 字节整数】、【不带符号显示】、【ANSI 文本】复选项，如图 12-49 所示。

图 12-49 选择显示方式

经过以上操作，就可以看到，字符串在内存中是按照 ASCII 码进行存储的，并且最后一位以 0 作为字符串的结束标志。

12.3.2 字符串长度与字符串有效长度

1. 字符串长度

字符串长度指的是字符串的总字符个数，包括字符串结束字符 '\0' 在内。例如："rupeng" 字符串的总长度为 7。

2. 字符串有效长度

字符串有效长度指的是 '\0' 之前的字符个数，不包括 '\0'。 例如，"rupeng" 字符串的有效长度为 6。

字符串长度与字符串有效长度对比如图 12-50 所示。

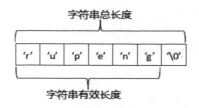

图 12-50 字符串长度与有效长度

3. 计算字符串长度

在 C 语言中，定义字符串分以下两种情况。

第一种，定义字符数组。

```
char str[ ]={'r','u','p','e','n','g','\0'}
```

或

```
char str[ ]="rupeng";
```

第二种，定义字符指针。

```
char* str="rupeng";
```

由于引用字符串的方式不同，计算字符串的长度和有效长度的方法也不相同，本节先介绍字符数组形式。

4. 字符数组形式的字符串长度、有效长度计算方式

字符串长度 =sizeof(数组名)/sizeof(char)

字符串有效长度 =sizeof(数组名)/sizeof(char)−1

【示例 12-23】字符串长度与字符串有效长度。

```
1 #include<stdio.h>
2 int main(void)
3 {
4    char name[ ]="rupeng";
5    printf("%d\n",sizeof(name)/sizeof(char));      // 字符串长度
6    printf("%d\n",sizeof(name)/sizeof(char)-1);  // 字符串有效长度
7    getchar();
8    return 0;
9 }
```

运行结果如图 12-51 所示。

【程序分析】

（1）第 4 行，定义字符串数组，编译器会自动在字符串末尾加上 '\0'。

图 12-51　运行结果

（2）第 5 行，先执行 sizeof(name)，结果为 7，再执行 sizeof(char)，结果为 1，sizeof(name)/sizeof(char) 的计算结果为 7。

（3）第 6 行，字符串的长度减 1 就是字符串的有效长度，结果为 6。

在 C 语言中，字符串的有效长度指的是 '\0' 之前的字符个数，虽然使用 sizeof(数组名)/sizeof(char)−1 可以得到字符串的有效长度，但是有缺陷，例如：

【示例 12-24】sizeof 计算字符串有效长度的缺陷。

```
1 #include<stdio.h>
2 int main(void)
3 {
4    char name[ ]="ru\0peng";
5    printf("%d\n",sizeof(name)/sizeof(char));
6    printf("%d\n",sizeof(name)/sizeof(char)-1);
7    getchar();
8    return 0;
9 }
```

运行结果如图 12-52 所示。

【程序分析】

第 4 行。字符串中插入了 '\0'，因此，该字符串的有效长度应该为 2，而实际输出结果却为 7，显然是不合理的。因为 sizeof 计算的是数组的字节个数，而不考虑其中的 '\0'。并且使用 sizeof 函算符不能计算字符指针形式的字符串长度，如下例所示。

图 12-52　运行结果

【示例 12-25】sizeof 计算字符指针形式的字符串长度。

```
1 #include<stdio.h>
2 #include<string.h>
3 int main(void)
4 {
5   char* str="rupeng";
6   printf("%d\n",sizeof(str)/sizeof(char));
7   getchar();
8   return 0;
9 }
```

运行结果如图 12-53 所示。

```
4
```

图 12-53　运行结果

【程序分析】

（1）第 5 行，定义字符指针 str，指向字符串 "rupeng"。

（2）第 6 行，str 是指针类型，在 32 位系统下，指针类型都占 4 个字节，因此 sizeof(str) 的结果为 4，sizeof(char) 的结果为 1，4/1 结果仍为 4。可以看到 sizoef 是无法计算出字符指针形式的字符串的有效长度，为了解决这个问题，下一小节将封装函数来计算字符串的有效长度。

12.3.3　自定义 strlen 函数的多种写法

【案例要求】

封装函数，要求传入字符串，返回字符串有效长度，也就是模仿 strlen 函数的功能。

【案例分析】

计算字符串的有效长度，相当于统计 '\0' 之前的字符个数，可以使用循环结构来实现，例如：

```
int i=0;
while(str[i] != '\0')
{
    i++;
}
```

其中 str[i]!='\0' 用于判断当前字符是否是 '\0'，如果不是则下标自加 1，如果退出 while 循环，最终 i 的值就是字符串的有效长度。

注意：strlen 是系统库函数，为了避免函数重名，我们将自定义的 strlen 函数命名为 myStrlen。

【示例 12-26】第一种，计算字符串有效长度的实现方式。

```
01 #include<stdio.h>
02 int myStrlen(char* str)          // 定义函数 myStrlen
03 {
04     int i=0;
05     while(str[i]!='\0')          // 判断当前字符是否为 '\0'
06     {
07         i++;                     // 下标加 1
08     }
09     return i;                    // 返回有效长度
10 }
11 int main(void)
12 {
```

```
13      char str1[ ]="rupeng";
14      char str2[ ]="ru\0peng";
15      int len1=myStrlen(str1);         // 计算 str1 有效长度
16      int len2=myStrlen(str2);         // 计算 str2 有效长度
17      printf("%d\n",len1);
18      printf("%d\n",len2);
19      getchar();
20      return 0;
21  }
```

运行结果如图 12-54 所示。

```
6
2
```

图 12-54　运行结果

【程序分析】

1. 第 2 行，定义函数 myStrlen，形参 str 指向传入的字符串，返回值为 int 类型，表示字符串有效长度。

2. 第 13 行，定义字符串 str1 并初始化。

3. 第 14 行，定义字符串 str2 并初始化，需要注意的是，该字符串中插入了 '\0'。

4. 第 15~16 行，调用 myStrlen 函数，计算字符串 str1、str2 的有效长度。

5. 第 17~18 行，输出 str1、str2 的有效长度分别为 6、2。

【示例 12-27】第二种，计算字符串有效长度的实现方式。

```
int myStrlen(char* str)
{
    int i=0;
    while(*str!='\0')          // 判断指针指向的元素是否为 '\0'
    {
        i++;                   // 计数加 1
        str++;                 // 指针，指向下一个字符
    }
    return i;                  // 返回有效长度
}
```

【程序分析】

1. 在第一种写法中，指针变量 str 的值是不变的。因此，需要使用下标的方式对数组元素进行遍历，例如，str[i]!='\0'。

2. 在第二种写法中，每循环一次，指针变量 str 的值自增 1，表示 str 指向下一个数组元素。因此，不需要使用下标对数组元素进行遍历，例如，*str!='\0'。

【示例 12-28】第三种，计算字符串有效长度的实现方式。

```
int myStrlen(char* str)
{
    char*p=str;
    while(*p!='\0')            // 判断指针指向的元素是否为 '\0'
    {
        p++;                   //str++，指向下一个数组元素
    }
    return p-str;              // 返回 2 个指针的差值
}
```

【程序分析】

首先，p 和 str 都指向字符数组第 1 个元素，p 经过多次循环后指向字符 '\0'，而此时 str 仍

指向第 1 个元素。p−str 是指针相减，表示 p 与 str 之间相差多少个字符数组元素，相当于计算出了字符串有效长度。

12.4 字符串处理函数

在 C 语言中，字符串是非常重要的概念，字符串处理函数是针对字符串进行操作的一系列函数，主要包含在 <string.h> 头文件中。本节将介绍常用的字符串处理函数，掌握了这些函数，再学习其他复杂的字符串处理函数就容易很多。

12.4.1 strcmp 字符串比较函数

【函数原型】

```
int strcmp(char*str1,char*str2);
```

【头文件】

```
#include<string.h>
```

【形参列表】

str1：字符串 1；

str2：字符串 2。

【函数功能】

从 str1 与 str2 的首字符开始逐个比较字符的 ASCII 码，直到出现不同的字符或遇到 '\0' 为止。遇到第一个不同的字符时，哪个字符串字符的 ASCII 码值大，就认为哪个字符串大。

返回值：

（1）当字符串 str1 小于 str2 时，返回值为负数。

（2）当字符串 str1 等于 str2 时，返回值为 0。

（3）当字符串 str1 大于 str2 时，返回值为正数。

说明：字符串比较大小，不能使用算术运算符进行比较，例如：

```
str1>str2; str1==str2; str1<str2
```

使用算术运算符比较的是字符串首元素的地址，并不是比较字符串中的内容。

【示例 12-29】应用 strcmp 函数比较字符串。

```
01 #include<stdio.h>
02 #include<string.h>
03 int main(void)
04 {
05     char *str1="rupeng";
06     char *str2="RUPENG";
07     int result=strcmp(str1,str2);
08     if (result<0)
09     {
10         printf("str1 小于 str2");
11     }
```

```
12        else if(0==result)
13        {
14            printf("str1 等于 str2");
15        }
16        else if(result>0)
17        {
18            printf("str1 大于 str2");
19        }
20        getchar();
21        return 0;
22 }
```

运行结果如图 12-55 所示。

【程序分析】

1. 第 5 行，str1 指向 "rupeng"。

2. 第 6 行，str2 指向 "RUPENG"。

3. 第 7 行，调用 strcmp 函数，比较 str1 与 str2 所指向字符串的大小，将比较结果赋值给变量 result。

4. 第 8~19 行，根据比较结果判断 str1 与 str2 的关系。字符 'R' 的 ASCII 码为 82，字符 'r' 的 ASCII 码为 114，114 大于 82，因此 str1 大于 str2，返回值为 1，同时执行第 18 行语句块输出 "str1 大于 str2"。

str1大于str2

图 12-55　运行结果

12.4.2　strcpy 字符串复制函数

【函数原型】

```
char *strcpy(char* dest, char *src);
```

【头文件】

```
#include<string.h>
```

【形参列表】

dest：目标字符数组；

src：源字符串。

【函数功能】

把 src 指向的字符串复制到 dest 指向的字符数组中。

【返回值】

返回 dest 指向的内存地址。

【示例 12-30】应用 strcpy 函数实现字符串复制。

```
01 #include<stdio.h>
02 #include <string.h>
03 int main(void)
04 {
05     char *src="rupeng";
06     char dest[10]={0};
07     strcpy(dest,src);
08     printf("%s\n",src);
```

```
09      printf("%s\n",dest);
10      getchar();
11      return 0;
12 }
```

运行结果如图 12-56 所示。

【程序分析】

图 12-56　运行结果

1. 第 5 行，定义字符指针 src 指向 "rupeng"，作为源字符串。

2. 第 6 行，定义字符数组 dest，将其初始化为 0，作为目标字符串。

3. 第 7 行，调用 strcpy 函数，将 src 所指向的字符串复制到 dest 字符数组中。

4. 第 8~9 行，分别输出源字符串、目标字符串，它们的内容是一样的，表示复制成功。

12.4.3　memcpy 内存复制函数

【函数原型】

```
void *memcpy(void*dest, const void *src, int size);
```

【头文件】

```
#include<string.h>
```

【形参列表】

dest：目标地址空间。

src: 源地址空间。

size: 要复制的字节个数。

【函数功能】

从 src 指向的内存空间起始位置开始，复制 size 个字节内容到 dest 指向的内存空间中。

【返回值】

返回 dest 指向的目标地址。

【示例 12-31】应用 memcpy 函数复制字符串。

```
01 #include<stdio.h>
02 #include <string.h>
03 int main(void)
04 {
05      char* src="rupeng.com";
06      char dest[7]={0};
07      memcpy(dest,src,6);
08      printf("%s",dest);
09      getchar();
10      return 0;
11 }
```

运行结果如图 12-57 所示。

rupeng

【程序分析】

图 12-57　运行结果

1. 第 5 行，src 指向字符串 "rupeng.com"。

2. 第 6 行，定义字符数组 dest 并初始化为 0。

3. 第 7 行，调用 memcpy 函数，将 dest 指向的字符串前 6 个字节内容复制到 dest 字符数组中。

4. 第 8 行，以 %s 格式输出字符数组 dest。

12.4.4　memcpy 与 strcpy 的区别

memcpy 与 strcpy 都是实现复制功能，但它们之间有所区别，具体有以下 3 点。

（1）复制的内容不同。strcpy 只能复制字符串，而 memcpy 可以复制任意内容，例如，字符数组、整型、结构体等。

（2）复制的方法不同。strcpy 不需要指定长度，它遇到被复制字符串的结束符"\0"时才结束。而 memcpy 则是根据其第 3 个参数决定复制的长度。

（3）用途不同。通常在复制字符串时用 strcpy，而在复制其他类型数据时一般用 memcpy。

12.4.5　atof 字符串转浮点型函数

【函数原型】

```
float atof(char*src);
```

【头文件】

```
#include<stdlib.h>
```

【形参列表】

src：被转换字符串。

【函数功能】

将 src 指向的字符串转换为浮点数。

【返回值】

返回转换后的浮点数。

【示例 12-32】应用 atof 函数将字符串转换为单精度浮点数。

```
01 #include<stdio.h>
02 #include<stdlib.h>
03 int main(void)
04 {
05     char* str="3.1415";
06     float f=atof(str);
07     printf("f=%f \n",f);
08     getchar();
09     return 0;
10 }
```

运行结果如图 12-58 所示。

`f=3.141500`

【程序分析】

1. 第 5 行，str 指向 "浮点数" 字符串 "3.1415"。

图 12-58　运行结果

2. 第 6 行，调用 atof 函数，将字符串 "3.1415" 转换为单精度浮点数 3.1415，然后赋值给变量 f。

3. 第 7 行，以 %f 格式输出转换结果。

12.5 课后习题

1. 已知 int a=10，请使用指针将变量 a 的值修改为 30。

2. 已知 int a=10，b=20。请使用指针比较 a、b 的大小，并输出最大值。

3. 已知 int a[5]，并且数组 a 的首地址为 0x1000，求 a+1 的值为多少？

4. 已知 int a[5]，并且 &a[4] 值为 0x1004，求 &a[4]−1 的值为多少？

5. 已知 int a[5]，求 &a[4]−&a[2] 的值为多少？

6. 简述 *(a+i) 与 a[i] 之间的关系。

12.6 习题答案

1.

```
#include<stdio.h>
int main(void)
{
    int a=10;
    int*p_a=&a;
    *p_a=30;
    printf("%d",a);
    getchar();
}
```

2.

```
#include<stdio.h>
int main(void)
{
        int a=10,b=20;
        int*p_a=&a;
        int*p_b=&b;
        if(*p_a>*p_b)
        {
                printf("最大值为:%d",a);
        }
        else
        {
                printf("最大值为:%d",b);
        }
        getchar();
}
```

3. a+1 的值为：0x1004。

因为在 C 语言中数组名等价于数组首元素地址，a+1 等价于 &a[0]+1，相当于加上一个数组元素单元。由于数组 a 是 int 类型，一个元素单元为 4 个字节，所以 &a[0] +1 的结果为

0x1000+4，也即 0x1004。

4．&a[4]-1 的值为：0x1000。

&a[4]-1 相当于减去一个数组元素单元。由于数组 a 是 int 类型，一个元素单元为 4 个字节，所以 &a[4]-1 的结果为 0x1004-4，也即 0x1000。

5．&a[4]-&a[2] 的值为：2。

因为在 C 语言中，同一个数组中的两个元素地址相减，相当于计算这 2 个数组元素之间间隔多个元素，答案为 2 个。

6．*(a+i) 与 a[i] 等价。具体详见 12.2.6 节。

第13章　内存管理

在 C 语言中，当一个程序被加载到内存中运行时，系统会为该程序分配一块独立的内存空间，并且这块内存空间又可以再被细分为很多区域，如栈区、堆区、静态区、全局区等。本章将介绍内存空间中常用的区域：栈区、堆区。

13.1　栈区与堆区

在 C 语言程序中，栈区、堆区是最常使用的内存区域。

栈区：保存局部变量。存储在栈区的变量，在函数执行结束后，会被系统自动释放。

堆区：由 malloc、calloc、realloc 等函数分配内存。其生命周期由 free 函数控制，在没有被释放之前一直存在，直到程序运行结束。

13.1.1　栈内存

定义在函数内部的局部变量，都保存在栈区。栈区的特点是：函数执行结束后，系统会"自动回收"局部变量所对应的内存空间。所谓的"自动回收"其实是操作系统将这块栈内存又分配给其他函数中的局部变量使用。

可以将栈区比作餐厅，局部变量比作客人，局部变量对应的栈内存比作餐具。客人吃饭时使用的餐具，在客人离开后由餐厅负责回收、清洗，然后再给其他客人使用。同理，局部变量与栈内存的关系也是如此，当定义局部变量时，系统会在栈区为其分配一块内存空间，当函数执行结束后系统负责回收这块内存，再分配给其他局部变量使用。

下面通过例子来了解局部变量被"自动回收"。

【示例 13-1】局部变量被"自动回收"。

```
01 #include<stdio.h>
02 void showA()                    // 定义函数 showA
03 {
04    int a;
05    printf("&a=%p\n",&a);         // 输出变量 a 的地址
06 }
07 void showB()                    // 定义函数 showB
08 {
09    int b;
10    printf("&b=%p\n",&b);         // 输出变量 b 的地址
11 }
12 int main(void)
13 {
14    showA();                      // 调用 showA 函数
15    showB();                      // 调用 showB 函数
```

```
16    getchar();
17    return 0;
18 }
```

运行结果如图 13-1 所示。

&a=0030F8A8
&b=0030F8A8

【程序分析】

图 13-1 运行结果

1. 第 2~6 行，定义 showA 函数，该函数的功能是输出局部变量 a 的地址。

2. 第 7~11 行，定义 showB 函数，该函数的功能是输出局部变量 b 的地址。

3. 第 14 行，调用 showA 函数，输出局部变量 a 的地址为 0030F8A8。

4. 第 15 行，调用 showB 函数，输出局部变量 b 的地址也为 0030F8A8，与 showA 函数中局部变量 a 的地址一致。因此，可以验证局部变量对应的内存在函数执行结束后，会被系统回收分配给其他函数中的局部变量使用。

13.1.2　栈内存注意事项

由于局部变量在函数执行结束后，会被系统"自动回收"并分配给其他函数中的局部变量使用。因此，在 C 语言程序中，不能将局部变量地址作为函数返回值，否则会出现一些错误结果。

下面通过例子来深入了解一下。

【示例 13-2】返回局部变量地址。

```
01 #include<stdio.h>
02 int* showA()                    // 定义 showA 函数
03 {
04    int a=1;
05    return &a;                   // 返回变量 a 的地址
06 }
07 void showB()                    // 定义 showB 函数
08 {
09    int b=200;
10 }
11 int main(void)
12 {
13    int* p_a=showA();
14    printf("%d ",*p_a);          // 输出 p_a 指向的变量的值
15    showB();                     // 调用 showB 函数
16    printf("%d ",*p_a);          // 输出 p_a 指向的变量的值
17    getchar();
18    return 0;
19 }
```

运行结果如图 13-2 所示。

1 200

【程序分析】

图 13-2 运行结果

1. 第 2~6 行，定义 showA 函数，该函数的功能是返回局部变量 a 的地址。

2. 第 7~10 行，定义 showB 函数，定义局部变量 b，并赋值为 200。

3. 第 13 行，调用 showA 函数，将局部变量 a 的地址赋值给 p_a，可以认为 p_a 指向局部变量 a。

4. 第 14 行，输出 p_a 指向的变量的值，1。

5. 第 15 行，调用 showB 函数

6. 第 16 行，再次输出 p_a 指向的变量的值，发现已经被修改为 200。

7. 之所以会出现这种情况，是由于 showA 函数执行结束后，局部变量 a 对应的栈内存被系统回收，之后分配给 showB 函数中的局部变量 b 使用。因此，变量 a 和变量 b 对应同一块栈内存，而指针变量 p_a 始终指向这块栈内存。可以认为，开始时 p_a 指向变量 a，调用 showB 函数后，p_a 指向变量 b，所以第 16 行 *p_a 的值为 200。

13.1.3 堆内存

使用 malloc 系列函数分配的内存都属于堆区，使用完后需调用 free 函数将其释放，否则可能会造成内存泄漏。

举个例子，堆区相当于自己家，malloc 分配的堆内存相当于盘子。在家里吃饭时使用的盘子，吃完后必须手动进行清洗，否则盘子将不能再使用。同理，堆内存也是如此，使用完毕后，需要调用 free 函数手动释放，否则这块堆内存将无法再次被使用。

malloc 函数

【函数原型】

```
void *malloc(int size);
```

【头文件】

```
#include <stdlib.h>
```

【形参列表】

size：分配多少个字节。

【函数功能】

申请指定大小的堆内存。

【返回值】

如果分配成功则返回指向被分配内存的指针，否则返回空指针 NULL。

注意：void* 表示"不确定指向类型"的指针，使用前必须进行强制类型转换，将 void* 转化为"确定指向类型"的指针。

free 函数

【函数原型】

```
void free(void* ptr);
```

【头文件】

```
#include <stdlib.h>
```

【形参列表】

ptr：指向要被释放的堆内存。

【函数功能】

释放 ptr 指向的内存空间。

下面通过例子来了解如何在堆区分配内存。

【示例 13-3】应用 malloc、free 函数分配堆内存。

```
01 #include<stdio.h>
02 #include<stdlib.h>
03 int main(void)
04 {
05     int*p_int=(int*)malloc(sizeof(int));
06     *p_int=200;
07     printf("%p %d",p_int,*p_int);
08     free(p_int);
09     getchar();
10     return 0;
11 }
```

运行结果如图 13-3 所示。

【程序分析】

1. 第 5 行，调用 malloc 函数，传入 int 类型对应的字节数。由于 malloc 函数返回的地址为 void* 类型，而指针变量 p_int 为 int* 类型，因此需要转换为 int* 类型。

2. 第 6 行，将 p_int 指向的堆内存空间初始化为 200。

3. 第 7 行，输出 p_int 指向的堆内存地址，以及该内存空间中的数据。

4. 第 8 行，调用 free 函数，释放 p_int 指向的堆内存。

```
00225168 200
```

图 13-3　运行结果

13.1.4　堆内存注意事项

在 C 语言程序中，被释放之后的堆内存，将会被操作系统回收，继续分配给其他地方使用，在该程序中不建议继续使用，否则将输出错误结果。

下面通过例子来了解使用被释放的堆内存。

【示例 13-4】被释放的堆内存。

```
01 #include<stdio.h>
02 #include<stdlib.h>
03 int main(void)
04 {
05     int*p_int = (int*)malloc(sizeof(int));
06     *p_int = 10;
07     printf("%p %d\n",p_int,*p_int);
08     free(p_int);
09     printf("%p %d\n",p_int,*p_int);
10     getchar();
11     return 0;
12 }
```

运行结果如图 13-4 所示。

【程序分析】

1. 第 5 行，p_int 指向分配的堆内存空间。

2. 第 6 行，将 p_int 指向的堆内存空间初始化为 10。

```
00495168 10
00495168 -17891602
```

图 13-4　运行结果

3. 第 7 行，输出 p_int 指向的堆内存地址，以及该内存空间中的数据。

4. 第 8 行，调用 free 函数，释放 p_int 指向的堆内存。

5. 第 9 行，输出 p_int 指向的堆内存地址，以及该内存空间中的数据，可以看到 p_int 指向的堆内存地址没变，但是该内存空间中的数据被修改了。这是因为被释放的堆内存会被系统回收，分配给其他地方使用，修改了这块堆内存中的数据。

13.1.5 内存分配

栈内存由系统自动分配、释放。常见形式如函数形参、局部变量等。栈内存比较小，在 VS2012 中，栈内存默认最大为 1Mb，如果局部变量占用的栈内存过大，会发生栈溢出。

下面通过例子来了解一下栈溢出。

【示例 13-5】栈溢出。

```
1 #include<stdio.h>
2 int main(void)
3 {
4   int a[1000000];
5   getchar();
6   return 0;
7 }
```

运行结果如图 13-5 所示。

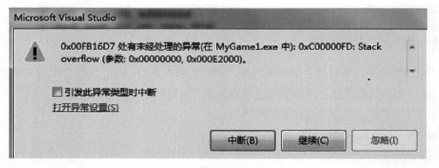

图 13-5 运行结果

【程序分析】

第 4 行，定义 int 类型数组 a 长度为 1 000 000 已经超过了 1Mb，发生栈溢出。其中 "Stack overflow" 的中文含意就是栈溢出。

堆内存由程序员自己申请、释放。如果没有释放，可能会发生内存泄漏，直至程序结束后由系统释放。堆内存比较大，可以分配超过 1Gb 的内存空间。

下面通过例子来了解一下使用 malloc 分配内存空间。

【示例 13-6】应用 malloc 分配内存空间。

```
01 #include<stdio.h>
02 #include<stdlib.h>
03 int main(void)
04 {
05     int *p_int=(int*)malloc(100000000);
```

```
06      *p_int=100;
07      printf("%d\n",*p_int);
08      free(p_int);
09      getchar();
10      return 0;
11 }
```

运行结果如图 13-6 所示。

【程序分析】

可以看到运行结果正确，编译没有报错，表示 malloc(100000000)

分配堆内存成功。

图 13-6　运行结果

13.1.6　返回函数内部数据的三种方法

编写函数的时候，有的函数有计算结果，比如编写一个程序，计算给定半径的圆的面积，此时就需要把计算结果返回。下面通过例子了解一下函数返回内部计算数据的三种方法。

【示例 13-7】第一种，在被调函数中使用 malloc 分配内存，在主调函数中使用 free 释放内存。

```
01 #include<stdio.h>
02 #include<stdlib.h>
03 int* getMemory()
04 {
05      int*p_int=(int*)malloc(sizeof(int));       // 被调函数分配内存
06      *p_int=100;
07      return p_int;
08 }
09 int main(void)
10 {
11      int* p=getMemory();
12      printf("%d\n",*p);
13      free(p);                                   // 主调函数释放内存
14      getchar();
15      return 0;
16 }
```

运行结果如图 13-7 所示。

【程序分析】

1.　第 3~8 行，定义函数 getMemory。该函数的功能是：在堆区分配 int 类型字节大小的内存空间并初始化为 100，最后将分配的堆内存返回给主调函数。

图 13-7　运行结果

2.　第 11 行，调用 getMemory 函数，然后使用指针变量 p 接收该函数返回的堆内存。此时，p 指向程序第 5 行分配的堆内存。

3.　第 12 行，输出 p 指向堆内存空间中的数据 100。

4.　第 13 行，调用 free 函数，释放 p 指向的堆内存。

说明：第一种方法分配内存与释放内存是分开的，程序员容易忘记在主调函数中释放内存，从而导致内存泄漏，因此不推荐使用第一种方法。

【示例 13-8】第二种，使用 static 修饰的局部变量。

```
01 #include<stdio.h>
02 int* getMemory()
03 {
04    static int a=100;
05    return &a;
06 }
07 int main(void)
08 {
09    int* p=getMemory();
10    printf("%d ",*p);
11    getchar();
12    return 0;
13 }
```

运行结果如图 13-8 所示。

【程序分析】

1. 第 2~6 行，定义函数 getMemory。该函数的功能是：定义静

图 13-8　运行结果

态局部变量 a，并返回变量 a 的地址。

2. 第 9 行，调用 getMemory 函数，然后使用指针变量 p 接收该函数返回的内存地址。此时，
p 指向静态局部变量 a。

3. 第 10 行，输出 p 指向的内存空间中的数据 100。

说明： 第二种方法不适用于多线程环境，因此这里只作简单介绍，读者不必深究。

【示例 13-9】第三种，在主调函数中分配堆内存，在被调函数中使用堆内存，最后又在主
调函数中释放堆内存。

```
01 #include<stdio.h>
02 #include<stdlib.h>
03 void fun(int *p_int)
04 {
05    *p_int=100;
06 }
07 int main(void)
08 {
09    int* p=(int*)malloc(sizeof(int));        // 主调函数分配堆内存
10    fun(p);
11    printf("%d",*p);
12    free(p);                                 // 主调函数释放堆内存
13    getchar();
14    return 0;
15 }
```

运行结果如图 13-9 所示。

【程序分析】

1. 第 3 行，定义函数 fun，形参 p_int 指向传入的内存地址。

图 13-9　运行结果

该函数的功能是：修改 p_int 指向内存空间中的数据。

2. 第 9 行，调用 malloc 函数，分配 int 类型字节大小的堆内存，然后赋值给指针变量 p。

3. 第 10 行，调用 fun 函数，将 p 指向的堆内存传递到 fun 函数中。此时，指针变量 p 与形

参 p_int 都指向同一块堆内存。在该函数中，通过 p_int 将这块堆内存空间中的数据修改为 100。

4. 第 11 行，输出 p 指向的堆内存空间中的数据 100。

5. 第 12 行，调用 free 函数，释放 p 指向的堆内存。

13.1.7 为什么要初始化内存

在 C 语言中定义局部变量时，系统会根据变量类型在栈区开辟对应大小的栈内存空间。不过需要注意的是，系统并不会为开辟的栈内存空间初始化。因此，若定义局部变量时未初始化，变量中的数据将是未知的。

要想验证这一结论，需要将 VS2012 从【Debug】模式切换到【Release】模式。因为 VS2012 不允许在【Debug】模式下使用未初始化的局部变量。操作方式如图 13-10 所示。

图 13-10　切换到【Release】模式

测试代码如下。

```
1 #include<stdio.h>
2 int main(void)
3 {
4   int num;
5   printf("%d",num);
6   getchar();
7   return 0;
8 }
```

运行结果如图 13-11 所示。

【程序分析】

1. 第 4 行，定义 int 变量 num，未初始化。

4021672

图 13-11　运行结果

2. 第 5 行，输出变量 num 的值，由于未初始化，所以输出结果是未知的。读者可以运行多次，会发现每次运行结果都是不一样的。

为了避免引用局部变量中的未知数据，一般在定义局部变量时，都会手动将变量初始化为 0，例如：

```
1 #include<stdio.h>
2 int main(void)
3 {
4   int num=0;
5   printf("%d",num);
6   getchar();
7   return 0;
8 }
```

0

运行结果如图 13-12 所示。

图 13-12　运行结果

【程序分析】

第 4 行，由于定义变量 num 时已经将其初始化为 0，所以第 5 行，无论程序执行多少次，运行结果都是确定的，始终为 0。

注意： 做完上述测试试验后，务必切换回【Debug】模式继续进行下面的学习。

在 C 语言中，不仅栈内存系统不会初始化，使用 malloc 函数分配的堆内存也不会初始化。因此，引用未初始化的堆内存，输出的数据也将是未知的。例如：

```
1 #include<stdio.h>
2 #include<stdlib.h>
3 int main(void)
4 {
5   int* p_int=(int*)malloc(sizeof(int));;
6   printf("%d",*p_int);
7   getchar();
8   return 0;
9 }
```

运行结果如图 13-13 所示。

-842150451

图 13-13　运行结果

【程序分析】

1. 第 5 行，指针变量 p_int 指向 int 类型字节大小的堆内存。

2. 第 6 行，输出 p_int 指向堆内存中数据，由于这块内存未初始化，因此输出结果将是未知的。

为了避免引用堆内存中的未知数据，一般使用 malloc 在堆区分配内存后，需要将这块堆内存初始化为 0。示例代码如下。

```
01 #include<stdio.h>
02 #include<stdlib.h>
03 int main(void)
04 {
05   int* p_int=(int*)malloc(sizeof(int));
06   *p_int=0;
07   printf("%d",*p_int);
08   getchar();
09   return 0;
10 }
```

运行结果如图 13-14 所示。

0

图 13-14　运行结果

【程序分析】

第 5 行，在堆区分配内存后，第 6 行将这块堆内存初始化为 0。后续程序中引用这块堆内存时，就不会出现未知的数据。

但上述第 6 行这种初始化堆内存的方式，只适合于单个基本类型大小的堆内存。如果分配多个基本类型大小的堆内存时，这种赋值方式就不合适了。例如：

```
int* p_int=(int*)malloc(sizeof(int)*10));
```

上述程序，分配了 10 个 int 类型字节大小的堆内存，如果仍采用赋值表达式进行初始化，就需要循环初始化 10 次，为了避免这种问题，C 语言提供了 memset 函数，下一节将详细介绍。

13.1.8 memset 内存初始化函数

【函数原型】

```
void* memset(void* dest,int value,int size);
```

【头文件】

```
#include<string.h>
```

【形参列表】

dest：被初始化的目标内存区域。

value：初始值。

size：初始化 size 个字节。

【函数功能】

将 dest 指向的内存空间前 size 个字节初始化为 value。

【返回值】

返回 dest 指向的内存地址。

下面通过例子来了解 memset 函数的使用。

【示例 13-10】使用 memset 函数初始化内存。

```
01 #include<stdio.h>
02 #include<stdlib.h>
03 #include<string.h>
04 int main(void)
05 {
06    int* p_int=(int*)malloc(sizeof(int)*10);
07    int i=0;
08    memset(p_int,0,sizeof(int)*10);              // 初始化堆内存
09    for (i=0;i<10;i++)
10    {
11        printf("%d ",p_int[i]);
12    }
13    free(p_int);
14    getchar();
15    return 0;
16 }
```

运行结果如图 13-15 所示。

【程序分析】

1. 第 6 行，p_int 指向 10 个 int 类型字节大小的堆内存空间
起始地址。

图 13-15　运行结果

2. 第 8 行，调用 memset 函数，p_int 表示要被初始化的内存，0 表示每个字节内容初始化为 0，
sizeof(int)*10 表示一共初始化 4×10 个字节大小的内存空间。

3. 第 9~12 行，遍历 p_int 指向的堆内存空间中的数据。

4. 第 13 行，调用 free 函数，释放 p_int 指向的堆内存。

下面对 memset 进行应用。

【案例要求】根据用户输入，动态生成指定长度的数组，并填充数字 1 到 n。

【示例 13-11】memset 函数应用案例。

```
01 #include<stdio.h>
02 #include<stdlib.h>
03 #include<string.h>
04 int main(void)
05 {
06    int n;
07    int *buffer;
08    int i;
09    printf(" 请输入长度 :\n");
10    scanf("%d",&n);                        // 接收用户输入
11    getchar();
12    buffer = (int*)malloc(n*sizeof(int));   // 分配堆内存空间
13    memset(buffer,0,n*sizeof(int));         // 初始化动态数组
14    for(i=0;i<n;i++)                        // 动态数组赋值
15    {
16        buffer[i] = i+1;
17    }
18    for(i=0;i<n;i++)                        // 遍历动态数组
19    {
20        printf("%d ",buffer[i]);
21    }
22    free(buffer);                          // 释放分配的堆内存
23    getchar();
24    return 0;
25 }
```

运行结果如图 13-16 所示。

【程序分析】

1. 第 9 行，输出提示语句"请输入长度"。

2. 第 10 行，接收用户输入，此时输入数字 10，它将以 %d 格式写入变量 n。

图 13-16 运行结果

3. 第 11 行，接收用户按下的回车键。

4. 第 13 行，调用 malloc 函数，分配 n*sizeof(int) 字节大小的堆内存，赋值给指针变量 buffer。

5. 第 14 行，调用 memset 函数，将 buffer 指向的堆内存的前 n*sizeof(int) 字节内容初始化为 0。

6. 第 15~18 行，对动态数组进行赋值。

7. 第 19~22 行，遍历动态数组元素。

8. 第 23 行，释放 buffer 指向的堆内存。

上述程序中，动态分配了 10 个 int 类型字节大小的堆内存，一共 40 个字节。有的读者为了简化程序，会写成以下形式：

```
buffer = (int*)malloc(40);
```

这种写法是不可取的，虽然可以实现功能，但是不够清晰，难以维护。正确写法如下：

```
buffer = (int*)malloc(n*sizeof(int));
```

变量 n 的值为 10，sizeof(int) 为 4，n*sizeof(int) 计算结果为 40，表示分配 10 个 int 类型字

节大小的堆内存，一共 40 个字节。这种写法比较清晰，推荐读者使用。

13.1.9　案例——分割文件名与扩展名

【案例要求】

1.　封装函数，传入文件全名，分割文件名与扩展名。

2.　文件名、扩展名以指针传参的形式返回给主调函数。

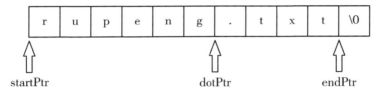

【案例效果】

运行结果如图 13-17 所示。

图 13-17　运行结果

【案例分析】

1.　文件名与扩展名之间以字符"."划分，"."之前为文件名，". 之后为扩展名"。

2.　将"rupeng.txt"起始位置至"."之间的字符串复制到指定内存空间中当作文件名，将"."之后的字符串复制到指定内存空间中当作扩展名（包括"."）。

3.　为了简化复制操作，需要定义 3 个指针变量，分别指向文件全名起始位置、"."位置、文件末尾，如图 13-18 所示。

| r | u | p | e | n | g | . | t | x | t | \0 |

⇑ startPtr　　　　　⇑ dotPtr　　　⇑ endPtr

图 13-18　指针变量指向

4.　startPtr 至 dotPtr 之间的内容是文件名，dotPtr 至 endPtr 之间的内容是文件扩展名。

5.　由于需要使用到字符串复制，所以采用 memcpy 函数比较合适，既可以指定复制的位置，又可以指定复制的长度。当然，用 strcpy 也可以。

【示例 13-12】分割文件名与扩展名。

```
01 #include<stdio.h>
02 #include<stdlib.h>
03 #include<string.h>
04 void parseFileName(char* fullName,char* fileName,char* extName)
05 {
06     char*startPtr=fullName;                    // 指向文件全名起始位置
07     char*dotPtr=fullName;
08     char*endPtr=fullName;
09     while (*endPtr!='\0')                       //endPtr 移动到 '\0' 位置
10     {
11         endPtr++;
12     }
13     while (*dotPtr!='.')                        // dotPtr 移动到 '.' 位置
14     {
15         dotPtr++;
16     }
17     memcpy(fileName,startPtr,dotPtr-startPtr); // 复制文件名
18     memcpy(extName,dotPtr,endPtr-dotPtr);      // 复制扩展名
19 }
```

```
20 int main(void)
21 {
22     char*fullName = "rupeng.txt";
23     char*fileName = (char*)malloc(strlen(fullName)+1);
24     char*extName = (char*)malloc(strlen(fullName)+1);
25     memset(fileName,0,sizeof(char)*10);
26     memset(extName,0,sizeof(char)*10);
27     parseFileName(fullName,fileName,extName);
28     printf(" 文件全名 : %s\n",fullName);
29     printf(" 文件名 : %s\n",fileName);
30     printf(" 扩展名 : %s\n",extName);
31     getchar();
32     return 0;
33 }
```

运行结果如图 13-19 所示。

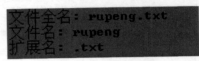

图 13-19　运行结果

【程序分析】

1. 第 4 行，定义函数 parseFileName，fullName 指向文件全名，fileName 指向用于保存文件名的内存空间，extName 指向用于保存扩展名的内存空间。

2. 第 6~8 行，分别定义 3 个指针变量，均指向文件全名起始位置。

3. 第 9~12 行，通过 while 循环，将 endPtr 移动到文件全名末尾位置。

4. 第 13~16 行，通过 while 循环，dotPtr 移动到 "." 位置。

5. 第 17 行，从 startPtr 位置起复制 dotPtr-startPtr 个字节到 filename 指向的内存空间中，当作文件名。如图 13-20 所示。

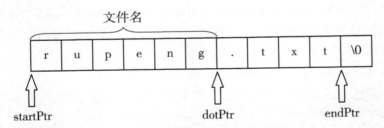

图 13-20　复制字节到内存空间为文件名

6. 第 18 行，从 dotPtr 位置起复制 endPtr −dotPtr 个字节到 extName 指向的内存空间中，当作扩展名。如图 13-21 所示。

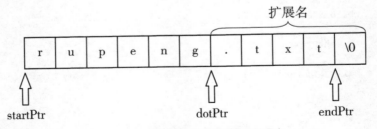

图 13-21　复制字节到内存空间作扩展名

7. 第 22 行，fullName 指向 "rupeng.txt"，代表文件全名。

8. 第 23 行，分配 strlen(fullName)+1 字节大小的堆内存，保证文件名不会超过文件全名的长度，并赋给 fileName，fileName 指向这块堆内存空间的首地址。

9. 第 24 行，分配 strlen(fullName)+1 字节大小的堆内存，保证后缀名不会超过文件全名的长度，并赋给 extName，extName 指向这块堆内存空间的首地址。

10. 第 25~26 行，将 fileName、extName 指向的堆内存初始化为 0。

11. 第 27 行，调用 parseFileName 函数，第 1 个参数传入文件全名，第 2 个参数传入保存文件名的内存空间地址，第 3 个参数传入保存扩展名的内存空间地址。

12. 第 28~30 行，分别输出文件全名、文件名和扩展名。

13.2 结构体

在 C 语言中，char、int、float 等属于系统内置的基本数据类型，往往只能解决简单的问题。当遇到比较复杂的问题时，只使用基本数据类型是难以满足实际开发需求的。因此，C 语言允许用户根据实际项目需求，自定义一些数据类型，并且用它们来定义变量。

13.2.1 结构体

前面章节中介绍了 C 语言的多种数据类型，例如，整型、字符型、浮点型、数组、指针等。但是在实际开发中，只有这些数据类型还难以胜任复杂的程序设计。例如，在员工信息管理系统中，员工的信息就是一类复杂的数据。每条记录中都包括员工的姓名、年龄、工号、工资等信息。姓名为字符数组，年龄为整型，工号为整型，工资为整型。

对于这类数据，显然不能使用数组存储，因为数组各个元素的类型都是相同的。为了解决这个问题，C 语言提供了一种组合数据类型—结构体。

结构体是一种组合数据类型，由用户自己定义。结构体类型中的元素既可以是基本数据类型，也可以是结构体类型。

定义结构体类型的一般格式为：

```
struct 结构体名
{
    成员列表
};
```

成员列表由多个成员组成，每个成员都必须作类型声明，成员声明的格式为：

```
数据类型 成员名；
```

下面来看一个具体的例子。

```
struct  Employee
{
    char      name[8];
    int       age;
    int       id;
    int       salary;
};
```

这段代码中 struct 是关键字，Employee 是结构体名，struct Employee 表示一种结构体类型。

该结构体中有 4 个成员，分别为 name、age、id、salary，使用这种结构体类型就可以表示员工的基本信息。

13.2.2 定义结构体变量

C 语言中，定义结构体变量的方式有三种。

第一种，先定义结构体类型，再定义结构体变量

一般形式为：

```
struct 结构体名
{
    成员列表
};
struct 结构体名 变量名；
```

例如：

```
struct  Employee
{
    char    name[8];
    int     age;
    int     id;
    int     salary;
};
struct Employee emp;
```

这种方式和基本类型的变量定义方式相同，其中 struct Employee 是结构体类型名，emp 是结构体变量名。

第二种，在定义结构体类型的同时定义变量

一般形式为：

```
struct 结构体名
{
    成员列表
} 变量名；
```

例如：

```
struct  Employee
{
    char    name[8];
    int     age;
    int     id;
    int     salary;
}emp;
```

这种方式将结构体类型定义与变量定义放在一起，可以直接看到结构体的内部结构，比较直观。

第三种，直接定义结构体变量，不需指定结构体名

一般形式为：

```
struct
{
```

```
        成员列表
    }变量名；
```

例如：

```
    struct
    {
        char        name[8];
        int         age;
        int         id;
        int         salary;
    }emp;
```

这种方式由于没有指定结构体名，显然不能再使用该结构体类型去定义其他变量，在实际开发中很少用到。

13.2.3 初始化、引用结构体变量

1．结构体变量初始化

在 C 语言中，结构体变量初始化，本质上是对结构体变量中的成员进行初始化，方式是使用 "{ }" 在初始化列表中对结构体变量中各个成员进行初始化，例如：

```
    struct Employee emp={"rupeng",20,1,10000}
```

或

```
    struct    Employee
    {
        char    name[8];
        int     age;
        int     id;
        int     salary;
    }emp={"rupeng",20,1,10000};
```

编译器会将 "rupeng"、20、1、10000 按照顺序依次赋值给结构体变量 emp 中的成员 name、age、id、salary。

2．引用结构体变量

引用结构体变量的本质，是引用结构体变量中不同类型的成员，引用的一般形式为：

```
    结构体变量名．成员名；
```

例如，emp.name 表示引用 emp 变量中的 name 成员，emp.id 表示引用 emp 变量中的 id 成员。

其中 "." 是成员运算符，它的优先级在所有运算符中是最高的。

下面通过例子来了解结构体变量的初始化和引用。

【示例 13-13】结构体变量的初始化和引用。

```
01 #include<stdio.h>
02 struct   Employee
03 {
04     char    name[8];
05     int     age;
06     int     id;
07     int     salary;
```

```
08 };
09 int main(void){
10     struct  Employee emp={"rupeng",20,1,10000};
11     printf("%s\n",emp.name);
12     printf("%d\n",emp.age);
13     printf("%d\n",emp.id);
14     printf("%d\n",emp.salary);
15     getchar();
16     return 0;
17 }
```

运行结果如图 13-22 所示。

【程序分析】

（1）第 2~8 行，定义结构体类型 struct Employee，成员分别为 name、age、id、salary。

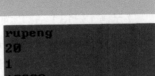

图 13-22　运行结果

（2）第 10 行，定义 struct Employee 类型变量 emp，并使用初始化列表对成员进行初始化。

（3）第 11~14 行，分别输出 emp 中各个成员的值。

除了采用初始化列表，还可以使用赋值运算符，对成员进行初始化。

【示例 13-14】使用赋值运算符初始化结构体成员。

```
01 #include<stdio.h>
02 #include<string.h>
03 struct Employee
04 {
05     char    name[8];
06     int     age;
07     int     id;
08     int     salary;
09 };
10 int main(void){
11     struct Employee emp;
12     strcpy(emp.name,"rupeng");
13     emp.age=20;
14     emp.id=1;
15     emp.salary=10000;
16     printf("%s\n",emp.name);
17     printf("%d\n",emp.age);
18     printf("%d\n",emp.id);
19     printf("%d\n",emp.salary);
20     getchar();
21     return 0;
22 }
```

运行结果如图 13-23 所示。

【程序分析】

（1）第 2~8 行，定义结构体类型 struct Employee。

（2）第 11 行，定义结构体变量 emp，并未初始化。

图 13-23　运行结果

（3）第 12~15 行，分别对变量 emp 中各个成员进行赋值。

（4）第 16~19 行，分别输出 emp 中各个成员的值。

当使用成员列表的方式初始化时，编译器会自动将字符串"rupeng"复制到字符数组 name 中。而使用成员赋值方式初始化时，需要调用 strcpy 函数，将字符串"rupeng"复制到字符数组 name 中。

13.2.4　结构体类型大小

结构体类型大小，也即结构体类型所占字节数，就是结构体各个成员类型所占字节数的总和，例如：

```
struct Employee
{
  char    name[8]
  int     age;
  int     id;
  int     salary;
};
```

其中 name 是长度为 8 的字符数组，占 8 个字节，age 是 int 类型，占 4 个字节，id 是 int 类型，占 4 个字节，salary 是 int 类型，占 4 个字节。因此，struct Employee 类型所占字节数为 8+4+4+4=20 个字节。

下面通过例子来了解一下。

【示例 13-15】计算结构体类型大小。

```
01 #include<stdio.h>
02 struct Employee
03 {
04     char    name[8];
05     int     age;
06     int     id;
07     int     salary;
08 };
09 int main(void)
10 {
11     printf("%d\n",sizeof(struct Employee));
12     getchar();
13     return 0;
14 }
```

运行结果如图 13-24 所示。

【程序分析】

1. 第 2~8 行，定义结构体类型 struct Employee。

2. 第 11 行，使用 sizeof 函数计算 struct Employee 类型所占字节数，并输出结果 20。

图 13-24　运行结果

13.2.5　结构体指针

指向结构体变量的指针就是结构体指针，如果指针变量中保存一个结构体变量的地址，则这个指针变量指向该结构体变量，需要注意的是指针变量的类型必须和结构体变量的类型相同。

定义结构体指针变量的一般形式为：

struct 结构体名 *指针变量名

例如：

```
struct Employee emp;
struct Employee * p_emp=&emp;
```

其中 emp 为结构体变量，p_emp 为结构体指针，将 emp 取地址赋给指针变量 p_emp，表示 p_emp 指向 emp。

在 C 语言中，通过结构体指针 p 也可以引用结构体中的成员，主要有以下两种方式：

（1）(*p). 成员名；

（2）p→成员名。

例如：

```
struct Employee * p_emp=&emp;
```

(*p_emp) 表示指向的结构体变量 emp，(*p_emp).age 表示指向的结构体变量 emp 中的成员 age。注意，"."运算符优先级是最高的，(*p_emp) 两侧的括号不能省略。

为了简化操作，C 语言允许将"(*p). 成员名"用"p–> 成员名"替换，(*p_emp).age 等价于 p_emp->age，"–>"称为指向运算符。

下面通过例子来了解结构体指针变量。

【示例 13-16】指向结构体的指针。

```
01 #include<stdio.h>
02 struct Employee
03 {
04     char    name[8];
05     int     age;
06     int     id;
07     int     salary;
08 };
09 int main(void)
10 {
11     struct Employee emp={"rupeng",20,1,10000};
12     struct Employee*p_emp      =&emp;
13     printf("%s\n", (*p_emp).name);
14     printf("%d\n", (*p_emp).age);
15     printf("%d\n", (*p_emp).id);
16     printf("%d\n", (*p_emp).salary);
17     getchar();
18     return 0;
19 }
```

运行结果如图 13-25 所示。

【程序分析】

1. 第 2~8 行，定义结构体类型 struct Employee。

2. 第 11 行，定义结构体变量 emp 并初始化。

3. 第 12 行，p_emp 指向结构体变量 emp。

4. 第 13~16 行，输出 p_emp 指向的结构体变量中的各个成员。

下面通过例子来了解以"–>"方式访问结构体成员。

图 13-25　运行结果

【**示例 13-17**】以 "->" 方式访问结构体成员。

```
01 #include<stdio.h>
02 struct Employee
03 {
04     char    name[8];
05     int     age;
06     int     id;
07     int     salary;
08 };
09 int main(void)
10 {
11     struct Employee emp={"rupeng",20,1,10000};
12     struct Employee*p_emp      =&emp;
13     printf("%s\n", p_emp->name);
14     printf("%d\n", p_emp->age);
15     printf("%d\n", p_emp->id);
16     printf("%d\n", p_emp->salary);
17     getchar();
18     return 0;
19 }
```

运行结果如图 13-26 所示。

【**程序分析**】

1. 第 2~8 行，定义结构体类型 struct Employee。

2. 第 11 行，定义结构体变量 emp 并初始化。

3. 第 12 行，p_emp 指向结构体变量 emp。

4. 第 13~16 行，输出 p_emp 指向的结构体变量中的各个成员。

图 13-26　运行结果

13.2.6　typedef 类型另起名函数

在 C 语言中，除了使用 C 语言提供的标准类型名：char、int、double 以及自定义的结构体类型，还可以使用 typedef 关键字指定一个新的类型名来代替已有的类型名，相当于给已有类型另起名。类似于现实生活中，给一个人起外号一样。

typedef 的一般使用形式为：

```
typedef 原类型名 新类型名
```

例如：

```
typedef int integer
```

其中 integer 是 int 类型的别名，在程序中可以使用 integer 代替 int 来定义整型变量。

例如：

```
integer a,b;
```

等价于

```
int a,b;
```

下面通过例子来了解 typedef 的应用。

【**示例 13-18**】typedef 应用。

```
1 #include<stdio.h>
2 typedef int integer;
3 int main(void)
4 {
5     integer a=10;
6     printf("%d",a);
7     getchar();
8     return 0;
9 }
```

运行结果如图 13-27 所示。

10

图 13-27　运行结果

【程序分析】

1. 第 2 行，使用 typedef 关键字，给 int 类型另起名为 integer。

2. 第 5 行，使用 integer 类型定义变量 a，等价于 int a。

3. 第 6 行，输出变量 a 的值 10。

typedef 不仅可以为基本类型起别名，还可以为自定义数据类型起别名，例如：

```
struct    Employee
{
    char    name[8];
    int     age;
    int     id;
    int     salary;
};
typedef struct Employee t_Employee;
```

其中 struct Employee 为自定义结构体类型名，t_Employee 为 struct Employee 的别名。在程序中可以使用 t_Employee 替换 struct Employee。

下面通过例子来了解 typedef 在结构体中的应用。

【示例 13-19】typedef 在结构体中的应用。

```
01 #include<stdio.h>
02 struct Employee
03 {
04     char    name[8];
05     int     age;
06     int     id;
07     int     salary;
08 };
09 typedef struct Employee t_Employee;    // 定义别名
10 int main(void)
11 {
12     t_Employee emp={"rupeng",20,1,10000};
13     printf("%s\n",emp.name);
14     printf("%d\n",emp.age);
15     printf("%d\n",emp.id);
16     printf("%d\n",emp.salary);
17     getchar();
18     return 0;
19 }
```

rupeng
20
1
10000

运行结果如图 13-28 所示。

图 13-28　运行结果

【程序分析】

1. 第 2~8 行，定义结构体类型 struct Employee。

2. 第 9 行，为 struct Employee 起一个别名为 t_Employee。

3. 第 12 行，使用 t_Employee 定义结构体变量 emp 并初始化，t_Employee emp 等价于 struct Employee emp。

4. 第 13~16 行，输出变量 emp 各个成员的值。

13.2.7 结构体复制

在 C 语言中，允许相同类型的结构体变量之间相互赋值。

例如：

```
t_Employee emp={"rupeng",20,1,10000};
t_Employee emp2=emp;
```

执行 emp2=emp，会将结构体变量 emp 中各个成员的值复制一份到变量 emp2 各个成员中。和基本类型变量的赋值规则相同，emp2 是 emp 的一个复制体。这种赋值方式，被称为 "结构体复制"。

下面通过例子来了解结构体复制。

【示例 13-20】结构体复制。

```
01 #include<stdio.h>
02 struct Employee
03 {
04     char     name[8];
05     int      age;
06     int      id;
07     int      salary;
08 };
09 typedef struct Employee t_Employee;
10 int main(void)
11 {
12     t_Employee emp={"rupeng",20,1,10000};
13     t_Employee emp2;
14     emp2=emp;
15     printf("%s\n",emp2.name);
16     printf("%d\n",emp2.age);
17     printf("%d\n",emp2.id);
18     printf("%d\n",emp2.salary);
19     getchar();
20     return 0;
21 }
```

运行结果如图 13-29 所示。

【程序分析】

1. 第 12 行，定义结构体变量 emp 并初始化。

2. 第 13 行，定义结构体变量 emp2，并未初始化。

3. 第 14 行，将结构体变量 emp 赋值给结构体变量 emp2，

图 13-29　运行结果

编译器会将结构体变量 emp 各个成员的值原样复制一份到变量 emp2 的各个成员中。

4. 第 15~18 行，输出变量 emp2 各个成员的值，可以看到 emp2 各个成员和变量 emp 中各个成员的值是一致的。

13.3　课后习题

1. 栈内存与堆内存，哪一个会被系统自动回收？
2. 栈区与堆区，哪一个适合存储大容量数据？
3. 释放堆内存，应该调用哪个系统函数？
4. 简述结构体与数组的区别。
5. 简述 typedef 的作用。

13.4　习题答案

1. 栈内存。

2. 堆区。

3. free 函数

4. 结构体中各个成员的数据类型可以是相同的，也可以是不同的。数组中各个成员的数据类型都是相同的。

5. 为已经存在的数据类型起别名。